国家重点图书

专家为您答疑丛书

大豆关键技术百问百答

（第二版）

陈应志 主编

中国农业出版社

图书在版编目（CIP）数据

大豆关键技术百问百答/陈应志主编. —2版. —北京：中国农业出版社，2008.8

ISBN 978-7-109-12855-2

Ⅰ.大… Ⅱ.陈… Ⅲ.大豆—栽培—问答 Ⅳ.S565.1-44

中国版本图书馆CIP数据核字（2008）第115671号

中国农业出版社出版

（北京市朝阳区农展馆北路2号）

（邮政编码 100125）

责任编辑　徐建华

中国农业出版社印刷厂印刷　　新华书店北京发行所发行

2009年1月第2版　　2009年1月第2版北京第1次印刷

开本：850mm×1168mm 1/32　　印张：10.5

字数：255千字　　印数：1～8 000册

定价：20.00元

第二版作者名单

主　编　陈应志

副主编　闫晓艳　胡国华　智海剑

　　　　李卫东　朱秀清

编　委　傅小华　王羡国　裴玉荣

　　　　王　佳

第一版作者名单

主　编　陈应志

副主编　智海剑　李卫东　闫晓艳

　　　　朱秀清

编　委　宋国栋　张思涛　裴玉荣

　　　　王　佳　孙树坤　姚　磊

目 录

栽培技术篇 ………………………………………… 111

品种篇

1.《中华人民共和国种子法》是何时颁布的？何时开始实施？

2000 年 7 月 8 日第九届全国人民代表大会常务委员会第十六次会议审议通过了《中华人民共和国种子法》（以下简称《种子法》），《种子法》自 2000 年 12 月 1 日起施行。1989 年 3 月 13 日国务院发布的《中华人民共和国种子管理条例》同时废止。

2.《种子法》对主要农作物品种在推广应用前有何要求？主要农作物品种范围是如何规定的？

根据《种子法》第十五条和第十七条规定，主要农作物品种在推广应用前应当通过国家级或者省级审定，申请者可以直接申请省级审定或者国家级审定。由省、自治区、直辖市人民政府农业行政主管部门确定的主要农作物品种实行省级审定。应当审定的农作物品种未经审定通过的，不得发布广告、不得经营、推广。《种子法》第六十四条规定，经营、推广应当审定而未经审定通过的种子，由县级以上人民政府农业行政主管部门责令停止种子的经营、推广，没收种子和违法所得，并处以 1 万元以上 5 万元以下罚款。

除《种子法》规定的稻、小麦、玉米、棉花、大豆等五种作物为主要农作物外，根据 2001 年 2 月 26 日农业部第 51 号令发布的《主要农作物范围规定》第二条，农业部确定油菜、马铃薯为主要农作物。各省、自治区、直辖市农业行政主管部门可以根据本地区的实际情况，确定其他 1～2 种农作物为主要农作物，予以公布并报农业部备案。

根据《种子法》及其配套法规，大豆属于主要农作物，大豆新品种在推广应用之前必须经过国家级或者省级审定。

3. 黑河 12 是哪一年通过审定的？其主要特征特性和适宜推广范围怎样？

黑河 12 是由黑龙江省农科院黑河农科所选育的，于 2000 年通过国审，审定编号：国审豆 20000001。品种来源：辐射育种（黑辐 81－133×黑交 79－2017）F_2。该品种属北方春大豆极早熟品种，需≥10℃活动积温 1 800℃左右。亚有限结荚习性，株高 80 厘米，紫花，圆叶、灰毛，主茎结荚，有短分枝，结荚部位高，秆较强，适宜机械收获；百粒重 20 克左右，籽粒黄色，有光泽；脂肪含量 18.97%，蛋白质含量 40.0%；中抗灰斑病，病虫粒率低。1991 年、1992 年黑龙江省区试平均 667 米^2 产 124.1 千克，比对照品种增产 18.2%。1993 年、1994 年内蒙古区试平均 667 米^2 产 154.7 千克，比对照品种增产 6.26%。1993 年、1994 年黑龙江省生产试验，平均 667 米^2 产 154.9 千克，比对照品种增产 18.3%。1995 年内蒙古生产试验，平均 667 米^2 产 155.8 千克，比对照品种增产 7.86%。栽培技术要点：（1）对土壤肥力要求不严，适宜一般肥力地块种植。（2）在北部高寒地区以大垄栽培为宜，667 米^2 保苗 2 万株左右。（3）黑龙江省南部地区迟播救灾，可 5 月下旬至 6 月上旬播种。（4）南部种植以及作毛豆地区可适当加大播种量。该品种适宜在黑龙江省北部和内蒙古呼盟北部高寒地区种植。

4. 齐黄27号是哪一年通过审定的？其主要特征特性和适宜推广范围怎样？

齐黄27号（原代号887020-1）是由山东省农科院作物所选育的，于2000年通过国审，审定编号：国审豆20000002。品种来源：鲁豆4号×40A。该品种夏播生育期103天左右，株高60～80厘米，主茎14～15节，分枝少，0.6个左右。叶片为宽尖形叶。白花、棕毛、有限结荚习性。多为三四粒荚，籽粒近圆形，脐褐色。品质优良，百粒重20克左右，籽粒含蛋白质45.01%，脂肪19.16%。抗病毒病，较抗倒伏。1998年、1999年参加黄淮（中片）区试，二年平均667米^{2}产175.9千克，比对照鲁豆4号增产9.1%。1999年生产试验平均667米^{2}产168.1千克，比对照鲁豆4号增产14.3%。栽培技术要点：(1)在豫北、山西运城等地种植，植株变矮要注意增加密度，667米^{2}留苗1.6万～1.8万株。(2)适于在较肥和肥地种植，在瘠薄地种植注意施用N、P、K肥料。该品种适宜在山东省中部、东北部，河北省东南部地区种植。

5. 合豆1号是哪一年通过审定的？其主要特征特性和适宜推广范围怎样？

合豆1号（原名蒙90-32-1-7）是由安徽省农科院作物所选育的，于2000年通过国审，审定编号：国审豆20000003。品种来源：蒙84-20×油88-86。该品种全生育期100天左右，属早中熟夏大豆品种。有限结荚习性，株高70～80cm，有效分枝2～3个。叶片椭圆形，淡绿色，中等大小，主茎17节左右，百粒重17克左右，籽粒椭圆形、黄色，脐色浅褐。成熟时荚色棕黄，不裂荚，粗蛋白含量

37.51%，粗脂肪含量20.38%。1998年、1999年参加黄淮区试，平均667米^{2}产156.5千克，比对照中豆19增产8.04%。1999年黄淮生产试验，平均667米^{2}产161.14千克，比对照中豆19增产13.89%。栽培技术要点：(1) 争取早播，足墒下种，保证一播全苗。适宜播期为6月上、中旬，可用种衣剂拌种。(2) 合理稀植，中上等肥力田块适宜密度667米^{2}1.2万～1.5万株，低产田块适宜密度667米^{2}2万～2.2万株。(3) 注意合理施肥。该品种适宜在安徽北部、江苏北部及河南东南部地区种植。

6. 沧豆4号是哪一年通过审定的？其主要特征特性和适宜推广范围怎样？

沧豆4号（原名沧8901）是由河北省沧州市农科院选育的，于2000年通过国审，审定编号：国审豆20000004。品种来源：中作83-D50×7510。该品种属黄淮夏大豆早熟种，生育期94天左右。株高75～80厘米，主茎15～16节，结果高度11～17厘米，有效分枝0.8个左右，单株有效荚35个左右。圆叶，紫花，棕毛，亚有限结荚习性，抗倒伏，不裂荚。籽粒圆形，种皮黄色有光泽，深褐脐。单株粒数85粒左右，单株粒重15～18克，百粒重22克左右。蛋白质含量42.82%，粗脂肪含量21.21%。1998—1999年黄海夏大豆中组区试平均667米^{2}产178.1千克，比对照鲁豆4号增产10.4%。1999年黄淮夏大豆中组生产试验，平均667米^{2}产179.6千克，比对照鲁豆4号增产22.1%。栽培技术要点：(1) 播期：6月中下旬为播期。(2) 密度：667米^{2}留苗密度1.2万～1.5万株为宜，留苗要均匀一致。该品种适宜在河北、山东、山西省夏大豆产区种植。

7. 豫豆22号是哪一年通过审定的？其主要特征特性和适宜推广范围怎样？

豫豆22号是由河南省农科院经济作物研究所选育的，于2000年通过国审，审定编号：国审豆20000005。品种来源：郑84174×郑84240。该品种属黄淮海夏大豆中熟品种，生育期100天左右，其根系发达，苗期长势旺，茎秆粗壮，主茎节数22节，分枝中等，植株直立，株高100厘米左右，叶片下部偏大，上部渐小，叶柄叶片呈上举型，通风透光性好，叶色浓绿。花紫色，茸毛和荚皮呈灰色，落叶性好。有限结荚习性，结荚稠密，成熟一致，抗裂荚性强，籽粒黄色，圆型，脐淡褐色，百粒重22克左右。蛋白质含量46.5%，脂肪含量18.07%。抗旱能力中上。1993年河南省区试，平均667米^{2}产163.56千克，较对照豫豆8号增产10.41%，增产达极显著。1994年平均单产183.1千克，较对照豫豆8号增产15.38%。1998年平均667米^{2}产145.1千克，较对照增产1.4%。1995年河南省生产试验，平均667米^{2}产169.71千克，较对照豫豆8号增产7.4%，1996年平均667米^{2}产181.16千克，较对照增产15.6%。1998年安徽省生产试验平均667米^{2}产145.95千克，比对照增产6.06%。栽培技术要点：(1) 适宜播种期为6月上旬，麦收前10天播种。(2) 密度为667米^{2}1.25万～1.5万株。(3) 合理施肥。(4) 注意防止倒伏。该品种适宜在河南、江苏和安徽省北部地区种植。

8. 冀豆12是哪一年通过审定的？其主要特征特性和适宜推广范围怎样？

冀豆12是由河北省农科院粮油作物所选育的，该品种自1999年以来，相继完成了国家黄淮北片、西北片大豆品种区域试验和生产试验，分别于 2001 年和 2003 年通过国审，审定编号：国审豆 2001001 和国审豆 2003017。品种来源：油 83-14×晋大 7826。该品种紫花、茸毛灰色，圆叶，春播生育期 149 天，夏播生育期 100 天左右。株高春播 85.1 厘米，夏播 70～80 厘米。平均单株有效荚数春播 43.6 个，夏播 36.5 个。百粒重春播 21.4 克，夏播 22～24 克。粒型椭圆，浅脐，籽粒整齐，商品性好。抗病性和抗倒伏性一般，成熟时有轻度裂荚。蛋白质含量 46.41%，脂肪含量 17.47%。1999—2000 年参加全国黄淮海夏大豆北组区域试验，两年平均 667 米^2 产 195.42 千克，比对照早熟 18 增产 7.47%。生产试验平均 667 米^2 产 170.53 千克，比对照增产 4.68%。2000—2001 年参加西北春大豆区试，2000 年平均 667 米^2 产 180.09 千克，比对照增产 30.48%，极显著，居 9 个参试品种（系）第一位。2001 年平均 667 米^2 产 164.6 千克，比对照增产 8.65%，极显著，居 7 个参试品种（系）第四位。两年区试平均 667 米^2 产 172.35 千克，比对照增产 19.06%。2001 年生产试验平均 667 米^2 产 177.6 千克，比对照晋豆 19 增产 6.58%。栽培技术要点：夏播播期 6 月 10 日～25 日，春播播期 5 月上、中旬为宜；机播播量每 667 米^{2}5.5～6.5 千克，人工点播每 667 米^{2}4 千克左右；肥力较好地块每 667 米^2 留苗 1.5 万株左右，肥力较低的沙土地 667 米^2 留苗 2.0 万株；除特殊干旱年份外，苗期一般不浇水。蹲苗防倒；开花期结合浇水追施纯氮 667 米^{2}5～7 千克；干旱年份，鼓粒期要浇水。及时除草，注意防治病虫害，及时收获。该品种适宜在河北省、山东中北部、山西中南部、天津市、北京市、新疆南部、宁夏银川地区、陕西北部以及甘肃中部地区种植。

9. 豫豆 19 号是哪一年通过审定的？其主要特征特性和适宜推广范围怎样？

豫豆 19 号是由河南省农科院棉花油料研究所选育的，于

2001年通过国审，审定编号：国审豆2001002。品种来源：郑8218×油84—30。该品种属中熟品种，夏播生育期102天左右，植株直立，株高80厘米左右，幼苗长势旺，椭圆叶，叶柄叶片呈上举型，遮光性好，叶色浓绿，花色、茸毛和荚皮呈灰色，落叶性好。有限结荚习性，有效分枝1个，单株荚数32.8个，结荚稠密，成熟一致，不裂荚，圆型黄粒，脐褐色，百粒重22克左右。蛋白质含量46.22%，脂肪含量19.79%。抗花叶病毒病，紫斑病及疫霉病、根腐病。1998年、1999年参加国家黄淮海南一组试验，两年区试平均667米^{2}产190.57千克，较对照豫豆8号增产4.26%。1999年参加生产试验，平均667米^{2}产211.38千克，较对照增产15.38%。栽培技术要点：黄淮海夏大豆产区，适宜播期为6月上中旬。667米^{2}保苗1.0万～1.5万株为宜，出苗后进行深中耕灭麦茬，破除板结，促进幼苗根系发育。7月中旬分枝期进行适量追肥，追肥应以磷、钾肥为主，中等以下肥力，加追适量氮肥。注意做到及时中耕除草，防治病虫害，遇旱灌水，遇涝排水。该品种适宜在河南、江苏北部、山东南部等地夏大豆区推广种植。

10. 淮豆6号是哪一年通过审定的？其主要特征特性和适宜推广范围怎样？

淮豆6号是由江苏省徐淮地区淮阴农科所选育的，于2001年通过国审，审定编号：国审豆2001003。品种来源：淮87-21×周8313-1-12。该品种为夏大豆中熟类型品种。全生育期102～106天。幼苗健壮，卵圆形叶，中等大小，叶色绿。有限结荚习性，株型紧凑，株高70厘米左右，主茎16节。紫花，灰毛。荚弯镰形，黄色，每荚2.15粒。种皮黄色，籽粒椭圆形，有微光，脐浅褐色，百粒重19～21克。抗倒伏性强，不裂荚，落叶性好。抗旱、抗病性中等。分枝性强，一般2～3个。蛋白质含量 41.08%，脂肪含量 20.79%。1998 年、1999 年参加黄淮南二组夏大豆品种区域试验，平均 667 米^2 产 158.21 千克，较对照中豆 19 增产 9.22%。1999 年参加黄淮南二组夏大豆生产试验，平均 667 米^2 产 154.93 千克，较对照中豆 19 增产 9.46%。栽培技术要点：一般以 6 月 5 日至 25 日为宜；每 667 米^2 留苗 1.2 万～1.6 万株，播量 6 千克；每 667 米^2 施 25%三元素复合肥 30 千克作为基肥，初花期追施尿素 5 千克，鼓粒后期叶面喷洒磷酸二氢钾溶液。鼓粒期遇旱及时灌溉；播前用药剂拌种防治地下害虫，播后苗前化学除草，生育中后期防治食叶（荚）害虫。该品种适宜在河南，以及安徽和江苏的淮河流域地区种植。

11. 濮海 10 号是哪一年通过审定的？其主要特征特性和适宜推广范围怎样？

濮海 10 号是由河南省濮阳市农业科学研究所选育的，于 2001 年通过国审，审定编号：国审豆 2001004。品种来源：豫豆 10 号×豫豆 8 号。该品种属有限结荚习性，植株直立，株高 88 厘米左右，主茎节数 16 节，有效分枝 2～3 个，结荚高度 20 厘米左右。灰毛、灰荚、紫花，叶形椭圆，叶色浓绿。籽粒椭圆形，种皮黄色，脐色浅褐，百粒重 18 克左右，籽粒大小整齐，商品性好。夏播生育期 107 天，属中熟品种类型，苗期生长健壮，枝叶茂盛，成熟时落叶完全，不裂荚。根系发达，抗旱、耐瘠薄性较强。蛋白质含量 42.44%，脂肪含量 18.38%。1998—2000 年参加黄淮海中片区试，三年平均 667 米^2 产 182.41 千克，较对照鲁豆 4 号增产 13.89%。2000 年参加生产试验，平均 667 米^2 产 194.43 千克，较对照增产 28.62%。栽培技术要点：在黄淮海中部地区，适宜播期为 6 月上中旬，麦垄套种可在麦收前 10 天播种。每 667 米^2 播量 4～5 千克左右，行距 40～50 厘米，株距 10～13 厘米，667 米^2 留苗 1.1 万～1.4 万株，麦垄套种

667 米^{2}5 000 穴，每穴留苗 2～3 株。适宜中等以上肥水地种植，肥力越高越能发挥其生产潜力，中下等肥力地块，应注意施足底肥，增施有机肥。足墒适时播种，出苗后及时进行查补苗和间定苗、中耕灭茬。看地看苗追肥，没施底肥可结合中耕每 667 米^2 施二铵 10 千克，过磷酸钙 15～30 千克；施底肥的苗子瘦弱时可 667 米^2 施尿素 5 千克。结合中耕进行培土防倒。初花期应视苗情追施氮肥或复合肥 15 千克左右。及时防治病虫害，注意防旱排涝，花荚期遇旱灌水、叶面喷肥，可增加结荚率。该品种适宜在河南北部、山东中北部、河北南部及山西中南部夏大豆区种植。

12. 黑河 26 号是哪一年通过审定的？其主要特征特性和适宜推广范围怎样？

黑河 26 号是由黑龙江省农科院黑河农业科学研究所选育的，于 2001 年通过国审，审定编号：国审豆 2001005。品种来源：黑交 83－1205×美丁。该品种属春大豆早熟品种，生育期 110 天左右，亚有限结荚习性，株高 68.9 厘米，主茎 14.7 节，秆强，株型繁茂收敛，抗病，抗倒伏。不裂荚，适于机械收获。白花，尖叶，灰毛。籽粒圆形，种皮黄色，淡黄脐，有光泽，百粒重 18.2 克左右。蛋白质含量 40.11%，脂肪含量 20.96%。1999 年、2000 年参加北方春大豆（早熟组）区试，两年区试平均 667 米^2 产 190.6 千克，较对照品种黑河 9 号增产 7.3%。2000 年生产试验，平均 667 米^2 产 171.7 千克，较对照品种增产 11.9%。栽培技术要点：5 月上旬播种，667 米^2 留苗 2 万株左右；667 米^2 施磷酸二胺 10 千克，尿素 2.5 千克，钾肥 3.3 千克；生育期间及时进行田间管理，花荚期喷施生长调节剂和营养剂 2～3 次；适时收获。该品种适宜在黑龙江省第三和第四积温带过渡带以及内蒙古呼盟、吉林敦化地区种植。

13. 晋大53是哪一年通过审定的？其主要特征特性和适宜推广范围怎样？

晋大53是由山西省农业大学选育的，于2001年通过国审，审定编号：国审豆2001006。品种来源：321×海94。该品种在山西北部春播生育期130天，在黄淮海中片夏播生育期107天左右。亚有限结荚习性，单株有效分枝平均2个，株高100厘米左右，植株繁茂，圆叶，白花，棕毛。主茎节数20～25个，百粒重20～22克，籽粒椭圆形，种皮黄色，褐脐。单株有效荚果数43.5个，单株粒数101.7粒，单株粒重15.6克，蛋白质含量40.06%，脂肪含量20.58%。抗旱性强，抗花叶病毒病。1998—2000年参加国家黄淮区试，三年平均667米^{2}产180.93千克，较对照鲁豆4号增产12.97%。2000年生产试验，平均667米^{2}产188.21千克，较对照增产24.41%。栽培技术要点：植株高大，增产潜力大，产量高，必须注意合理密植。夏播密度667米^2 12 000株。行距50厘米，株距11厘米，始花期施尿素10千克左右，鼓粒期遇旱应注意浇水，中耕锄草疏松土壤，及时防治病虫害。该品种适宜在山西中部旱地春播，黄淮海中片的河北南部、河南北部，山东滨州、济南、潍坊，陕西关中地区夏播种植。

14. 中豆31是哪一年通过审定的？其主要特征特性和适宜推广范围怎样？

中豆31是由中国农业科学院油料作物研究所选育的，于2001年通过国审，审定编号：国审豆2001007。品种来源：油88-5109×驻8305。该品种属夏大豆早熟品种，全生育期约105天，有限结荚习性。浅棕色茸毛，白花，阔叶；株高90厘米左右，主茎约17节，分枝较多而发达。成熟时落叶完全；三粒荚较多，荚熟时呈草黄色弯镰形，不裂荚；籽粒椭圆形，种皮黄色，脐浅褐色，百粒重约18克。蛋白质45.54%左右，脂肪含量17.48%左右。抗大豆花叶病毒病，较抗食心虫；其根系发达，抗旱、耐涝和耐瘠薄性较好。1997—1999年参加国家黄淮海南二组试验，三年平均667米^{2}产152.9千克。1999年生产试验，平均667米^{2}产158.57千克，较对照中豆19增产12.04%。栽培技术要点：注重有机肥的施用、实行测土平衡施肥。在黄淮南部地区，宜在麦收后尽早抢墒播种。适宜播种期为6月初～夏至前。植株较高大，分枝多而发达，因此密度不宜过大，在中等肥力地块667米^{2}1.1万～1.3万株，高水肥地块667米^2 1万株左右，在低水肥地块667米^{2}可达1.5万株。适宜在河南中、南部，安徽北部，苏北等地麦豆二熟制地区种植。

15. 中黄13是哪一年通过审定的？其主要特征特性和适宜推广范围怎样？

中黄13是由中国农业科学院作物育种栽培研究所选育的，于2001年通过国审，审定编号：国审豆2001008。品种来源：豫豆8号×中90052-76。该品种夏播生育期105～108天。春播为130～135天。株高50～70厘米，系半矮秆品种，适于密植，抗倒伏性强。主茎节数14～16节，结荚高度在10～13厘米，有效分枝3～5个。粒形圆，种皮黄色，脐褐色，百粒重24～26克，紫斑粒率和虫蚀率低，商品品质较好。中抗孢囊线虫和根腐病。1999年、2000年参加安徽省区试，两年区试平均667米^{2}产202.73千克。1998年和2000年参加天津市区试，1998年平均667米^{2}产163.8千克，与对照持平；2000年平均667米^{2}产157.6千克，较对照增产5.1%。栽培技术要点：每667米^{2}密度1.7万～2万株，根据土壤肥力来调节，肥地宜稀，瘦地宜密。667 米^2 施有机肥 2 000～3 000 千克，每 667 米^2 施磷酸二铵 10～15 千克，钾肥 5 千克。开花前后，注意防治蚜虫。整个生育期注意防治病虫害。注意前期锄草，后期及时拔大草。本品种属大粒型，在出苗及鼓粒期需要充足水分，应及时灌溉。该品种适宜在安徽省沿淮、淮北地区、天津市推广种植。

16. 中黄 17 是哪一年通过审定的？其主要特征特性和适宜推广范围怎样？

中黄 17 是由中国农业科学院作物育种栽培研究所选育的，于 2001 年通过国审，审定编号：国审豆 2001009。品种来源：遗 2×Hobbit。该品种生育期 102 天左右，夏播。株高 85.6 厘米，有效分枝 1.34 个，亚有限结荚习性，椭圆形叶，落叶性好，不裂荚。粒型圆，种皮黄色，百粒重 19.12～22.0 克。中抗孢囊线虫病及根腐病，病毒病轻。蛋白质 44.13%，脂肪 20.25%。1999 年、2000 年参加国家区试，两年平均 667 米^2 产 191.80 千克，较对照早熟 18 增产 5.48%。2000 年生产试验，平均 667 米^2 产 166.58 千克，较对照增产 2.31%。栽培技术要点：密度每 667 米^2 可在 1.5 万～1.7 万株，根据土壤肥力来调节，肥地宜稀，瘦地宜密；667 米^2 施有机肥 2 000～3 000 千克，最好在前茬施进或播前施进。每 667 米^2 施磷酸二铵 10～15 千克，钾肥 5 千克；开花前后，注意防治蚜虫。整个生育期注意防治病虫害；注意前期及时锄草，后期拔大草；粒型大，在出苗及鼓粒期需要充足水分，应及时灌溉。该品种适宜在黄淮海夏大豆产区北部种植。

17. 科新 3 号是哪一年通过审定的？其主要特征特性和适宜推广范围怎样？

科新 3 号是由中国科学院遗传研究所选育的，于 2001 年通过国审，审定编号：国审豆 2001010。品种来源：由豫豆 2 号诱变育成。该品种亚有限—无限结荚习性，北京地区春播株高95～105 厘米，黄淮地区夏播 70～80 厘米，结荚高度 10～15 厘米，有效分枝 3～5 个，主茎节数 19～20 节，株形收敛。中、下部叶片椭圆形，顶部叶略尖，叶色浓绿，成熟时落叶性好。紫花、灰白色茸毛。荚黄色，中等大小，3 粒荚居多，籽粒圆形，种皮黄色，种脐浅褐色。平均单株荚数春播 55 个，夏播 35 个。单株粒重春播 23.5 克、夏播 15.5 克。百粒重春播 24 克，夏播 21 克。全生育期北京地区春播 124～129 天，山东地区夏播 89～95 天。该品种为高蛋白品种，粗蛋白质含量 49.98%，粗脂肪含量 18.13%。高抗大豆花叶病毒病。1992—1994 年参加北京市区试，三年平均 667 米^2 产 160.65 千克，比对照增产 9.3%。1993 年、1994 年参加山东省夏播区试，1993 年平均 667 米^2 产 141.54 千克，比对照增产 7.72%；1994 年平均 667 米^2 产 136.07 千克，比对照增产 10.73%。栽培技术要点：春播一般在 4 月 25 日～5 月 20 日，夏播 6 月 10 日～6 月 25 日。足墒播种，保证齐苗。高肥水地春播留苗 667 米^{2}0.8 万～0.9 万株，夏播 667 米^{2}1.1 万～1.2 万株；一般肥力地块春播 667 米^2 1.0 万～1.2 万株，夏播 667 米^2 1.3 万～1.4 万株；瘠薄和干旱地块播种密度适当增加。大豆开花期、结荚期和鼓粒期应保证肥水充足供应，成熟后及时收获。该品种适宜在北京、天津、河北中北部春播种植，山东、河南、江苏北部、安徽北部适宜地区夏播种植。

18. 晋豆 23 号是哪一年通过审定的？其主要特征特性和适宜推广范围怎样？

晋豆 23 号是由山西省农科院经济作物研究所选育的，于 2001 年通过国审，审定编号：国审豆 2001011。品种来源：晋大

28×诱变 30 号。该品种生育期 128～133 天，株高 100 厘米左右，主茎节数 18～21，分枝 4～5 个，株型收敛，柔韧性好；圆叶，叶色深绿，棕色茸毛，白花，无限结荚习性。圆粒，种皮黄色，有光泽，黑脐，百粒重 21～23.5 克。蛋白质含量 40.11%，脂肪含量 18.48%。该品种抗旱性强，抗病毒病。1999 年、2000 年参加国家区试，平均 667 米^2 产 168.6 千克，比对照铁丰 27 号增产 11.5%，2000 年生产试验，平均 667 米^2 产 193.2 千克，较对照增产 2.4%。栽培技术要点：春播 4 月下旬～5 月上旬播种，667 米^2 播量 4～6 千克，667 米^2 种植密度 8 000～10 000 株。麦茬复播，6 月上旬～中旬播种，667 米^2 播量 7.5 千克左右，667 米^2 留苗 1.6 万株左右，要注意抢时、抢墒播种。该品种适宜在山西、甘肃、陕西、宁夏无霜期 170 天以上地区春播种植。

19. 徐豆 10 号是哪一年通过审定的？其主要特征特性和适宜推广范围怎样？

徐豆 10 号是由江苏省徐州农业科学研究所选育的，于 2001 年通过国审，审定编号：国审豆 2001012。品种来源：徐 7512×徐 8226。该品种属夏大豆中熟品种，生育期 104 天左右，植株直立，亚有限结荚习性，白花，棕毛，叶片卵圆。株高 90 厘米左右，主茎节数 18 节，有效分枝 1 个。较抗花叶病毒病，抗倒性中等，成熟时落叶性好，不裂荚。籽粒黄色，圆粒，灰脐，百粒重 23 克左右。蛋白质 43.7%，脂肪 18.68%。1998 年、1999 年参加黄淮海南一组区试，两年平均 667 米^2 产 205.3 千克，较对照豫豆 8 号增产 12.2%。2000 年生产试验，平均 667 米^2 产 179.4 千克，较对照增产 3.75%。栽培技术要点：该品种适宜在 6 月上旬到下旬播种，最佳播期为 6 月中旬，晚播和早播要适当增加或减少密度，一般中等肥力水平每 667 米^2 种植密度为 1.2 万～1.6 万株，肥力水平较高适当降低密度，每 667 米^{2}1.0 万株左右。在栽培过程中要获得200千克以上的产量，最好在播种前每667米^{2}施基肥15～25千克或磷酸二铵10千克和氯化钾5千克。高产栽培田块还要注意在花期喷施多效唑防止倒伏，有条件的还可在鼓粒期喷施磷酸二氢钾。该品种适宜在苏北、淮北、豫中以及鲁南地区种植。

20. 中黄25是哪一年通过审定的？其主要特征特性和适宜推广范围怎样？

中黄25是由中国农科院作物所选育的，于2003年通过国审，审定编号：国审豆2003001。品种来源：中黄4×诱变30。该品种株型收敛，紫花，灰毛，圆叶形，亚有限结荚习性。株高90厘米左右，有效分枝1～2个，百粒重22克。种皮黄色，褐脐，粒形椭圆，籽粒整齐，商品性好。成熟时荚呈深褐色，不裂荚，落叶性好，生育期108天。抗逆性强，综合性状良好。蛋白质含量43.35%，脂肪含量19.86%。2000年、2001年参加黄淮海（北片）区试，两年区试平均667米^{2}产205.61千克，比对照早熟18增产11.94%。2001年生产试验，平均667米^{2}产196.13千克，比对照早熟18增产7.56%。栽培技术要点：（1）适宜在中等肥力土壤种植，6月中旬播种，麦收后力争早播。（2）适宜密度667米^{2}1.4万～1.6万株。（3）确保全苗，苗匀苗壮。前期重施底肥，中期追肥不缺水。（4）后期注意防虫。该品种适宜在北京、河北中部、天津、山东西北部、山西中部平川地区夏播种植。

21. 科丰14号是哪一年通过审定的？其主要特征特性和适宜推广范围怎样？

科丰14号是由中国科学院遗传所选育的，于2003年通过国审，审定编号：国审豆2003002。品种来源：早熟3号×安徽大青豆。该品种株型收敛，白花，茸毛灰色，披针叶，有限结荚习性。株高70厘米左右，有效分枝2～3个，百粒重23克左右。种皮黄色，褐脐，粒形椭圆，籽粒整齐，商品性好。成熟时荚呈深褐色，不裂荚，落叶性好，生育期103天。抗病、抗倒伏性较好。蛋白质含量45.04%，脂肪含量18.14%。1999—2001年参加黄淮海北片大豆品种区试，三年区试平均667米^{2}产195.32千克，比对照早熟18增产6.13%。2001年生产试验，平均667米^{2}产180.97千克。栽培技术要点：（1）麦收后适时早播，一般6月10日至25日播种，要求足墒播种保全苗。（2）种植密度为667米^{2}1.0万～1.2万株。（3）喜肥水，保证花荚期充足的肥水供应。（4）及时去除杂草和防治病虫害，成熟时及时收获。该品种适宜在北京、天津、河北、山东西北部、山西中部地区夏播种植。

22. 中黄24是哪一年通过审定的？其主要特征特性和适宜推广范围怎样？

中黄24是由中国农科院作物所选育的，于2003年通过国审，审定编号：国审豆2003003。品种来源：吉林21×（汾豆31×中豆19）F_1。该品种株型收敛，紫花，棕毛，长叶形，亚有限结荚习性。株高94厘米，百粒重18.36克。种皮黄色，微有光泽，粒形椭圆，褐脐。生育期106天，抗病性好，抗倒性一般，成熟不裂荚。蛋白质含量38.61%，脂肪含量22.48%。2000—2001年参加黄淮海（中片）区试，两年区试平均667米^{2}产185.05千克，比对照鲁豆11增产12.1%。2001年生产试验，平均667米^{2}产183.54千克，比对照鲁豆11增产10.73%。栽培技术要点：（1）适宜于中上等肥力的土壤种植，麦收后足墒早播。（2）密度为667米^{2}1.4万～1.6万株。确保全苗及时定苗，做到苗匀苗壮。(3)前期重施底肥，花期追肥不缺水。适宜在河北南部、豫中北、山西南部、陕西中部、山东南部地区夏播种植。

23. 中黄19是哪一年通过审定的？其主要特征特性和适宜推广范围怎样？

中黄19是由中国农科院作物所选育的，于2003年通过国审，审定编号：国审豆2003004。品种来源：中品661×豫豆10号［郑8431（父本）］。该品种全生育日数108天。平均株高72.5厘米，分枝1.4，主茎节数15.6个，单株荚数32.3。籽粒黄色，百粒重24.4克，紫花，灰毛。落叶性好，秆强，不易倒伏，不裂荚。抗病性较好。蛋白质含量44.45%，脂肪含量18.04%。1998—2001年参加黄淮海南片大豆品种区试和生试。1998—1999年共计安排六个试验点，平均667米^{2}产量为193.09千克，增产5.12%。栽培技术要点：(1)喜肥水，适宜在高肥水条件下栽培。(2)种植密度为667米^2 1.6万～1.9万株。(3)667米^{2}施有机肥2～3吨，并配合667米^{2}施10千克磷酸二铵及5千克钾肥。(4)注意防治病虫害，开花前后注意防治蚜虫等危害。(5)加强田间管理，及时除草。(6)出苗及鼓粒期需充足水分。适宜在河北南部、河南中北部、山西南部、陕西中部、山东南部地区夏播种植。

24. 中黄20是哪一年通过审定的？其主要特征特性和适宜推广范围怎样？

中黄20是由中国农科院作物所选育的，于2003年通过国审，审定编号：国审豆2003005。品种来源：遗2×Hobbit。亚有限结荚习性，以主茎结荚为主，上下结荚均匀，株高70～80

厘米，底荚高 15～20 厘米，生育期夏播 100 天，春播 120 天。紫花，灰毛，圆粒，种皮黄色，黄脐。百粒重在 19～21 克。脂肪含量 23.03%。2000—2001 年北京两年区域试验平均 667 米^{2}产 165.6 千克，比对照早熟 18 增产 7%。在辽宁省的 4 个试验点平均 667 米^2 产为 302.0 千克，平均比对照增产 20.16%。栽培技术要点：播种量 4～5 千克，667 米^2 保苗在 1.5 万～1.8 万株；播种前施腐熟有机肥 2～3 吨，播种时施磷钾肥作为种肥；在分枝期、花期和鼓粒期注意防止干旱；适时收获。该品种适宜在北京、天津、辽宁省南部、河北省北部地区种植。

25. 晋大 70 是哪一年通过审定的？其主要特征特性和适宜推广范围怎样？

晋大 70 是由山西农业大学选育的，于 2003 年通过国审，审定编号：国审豆 2003006。品种来源：复 61×晋大 28。该品种株型收敛，白花，棕毛，有限结荚习性，椭圆叶，平均株高 74.3 厘米，单株有效荚数 44.5 个，百粒重 16.6 克，种皮黄色，微有光泽，粒形椭圆，淡白脐。生育期 106.4 天。抗病、抗倒性一般。蛋白质含量 41.18%，脂肪含量 22.06%。2000—2001 年参加黄淮海大豆区试，两年区试平均 667 米^2 产 179.2 千克，比对照鲁豆 11 增产 8.46%。2001 年生产试验，平均 667 米^2 产 172.11 千克，比对照鲁豆 11 增产 4.22%。栽培技术要点：合理密植，保证全苗，春播密度控制在 667 米^{2}1 万株，夏播密度控制在 667 米^{2}1.2 万株。适宜在河北南部、河南中北部、山西南部、陕西中部、山东南部地区夏播种植。

26. 齐黄 28 是哪一年通过审定的？其主要特征特性和适宜推广范围怎样？

齐黄 28 是由山东省农科院作物所选育的，于 2003 年通过国审，审定编号：国审豆 2003007。品种来源：济 3045×潍 8640。该品种株型收敛，白花，棕毛，有限结荚习性，叶片卵圆形。平均株高 69.17 厘米，单株有效荚数 46.87 个，百粒重 18.1 克，种皮淡黄色，微有光泽，粒形椭圆，褐脐。生育期 104 天，抗病、抗倒性好。蛋白质含量 40.68%，脂肪含量 21.42%。2000—2001 年参加黄淮海（中片）夏大豆区试，两年区试平均 667 米^2 产 173.73 千克，比对照鲁豆 11 增产 5.15%。2001 年生产试验，平均 667 米^2 产 174.21 千克，比对照鲁豆 11 增产 5.1%。栽培技术要点：（1）种植密度一般在 667 米^{2}1.3 万～1.5 万株，南部地区密度可适当增加到 667 米^{2}1.7 万～1.8 万株。（2）足墒播种，一次全苗。开花末期、拉荚鼓粒期正值秋旱，遇旱应及时浇水，并注意防治病虫害。（3）适于肥地和较肥地种植，施肥以磷钾肥为主。该品种适宜在河北南部、河南中北部、山西南部、陕西中部、山东南部地区夏播种植。

27. 商豆 1099 是哪一年通过审定的？其主要特征特性和适宜推广范围怎样？

商豆 1099 是由河南省商丘市农科所选育的，于 2003 年通过国审，审定编号：国审豆 2003008。品种来源：商 86118×阜 8329～1。该品种株型收敛，紫花，棕毛，有限结荚习性，圆叶形，平均生育期 106.5 天，株高 78.2 厘米，单株有效荚数 51.2 个，百粒重 14.7 克，籽粒扁圆型，种皮黄色，有光泽，脐褐色。抗病性较好，抗倒伏。蛋白质含量 41.46%，脂肪含量 20.98%。2000—2001 年参加黄淮海南片大豆区试，两年区试平均 667 米^2 产 195.16 千克，比对照中豆 20 增产 13.82%。2001 年生产试验平均 667 米^2 产 184.05 千克，比对照中豆 20 增产 12.03%。栽培技术要点：（1）6 月上、中旬播种，密度 667 米^{2}1.0 万～1.2 万株。（2）多施有机肥，增施磷、钾肥。（3）生育前期中耕除草

2～3次，及时防治食叶性害虫，花荚期遇旱及时进行浇水。该品种适宜在河南东南部、安徽、江苏淮北地区、山东西南部地区夏播种植。

28. 蒙91-413是哪一年通过审定的？其主要特征特性和适宜推广范围怎样？

蒙91-413是由安徽省农科院豆类研究所选育的，于2003年通过国审，审定编号：国审豆2003009。品种来源：皖豆16×豫豆10号。该品种株型收敛，紫花，茸毛灰色，有限结荚习性，平均生育期104.5天，株高77.1厘米，单株有效荚数48.4个，百粒重16.8克。籽粒椭圆型，黄色，脐色浅褐。成熟时荚色褐色，不裂荚。抗病性较好，抗倒伏性一般。蛋白质含量42.24%，脂肪含量20.78%。2000—2001年参加黄淮海南片大豆区试，两年区试平均667米^{2}产183.89千克，比对照中豆20增产7.24%。2001年生产试验，平均667米^{2}产180.32千克，比对照中豆20增产9.76%。栽培技术要点：(1)提早足墒播种，密度667米^{2}1.1万株左右。(2)重施底肥，合理追肥，巧施叶面肥。(3)适时防治虫害和草害。(4)注意防倒伏。该品种适宜在河南东部、安徽、江苏淮北地区、山东西南部地区夏播种植。

29. 辽豆15号是哪一年通过审定的？其主要特征特性和适宜推广范围怎样？

辽豆15号是由辽宁省农科院作物所选育的，于2003年通过国审，审定编号：国审豆2003010。品种来源：辽85062×郑州长叶～18。该品种紫花，茸毛灰色，平均生育期144.5天，株高79厘米，单株有效荚数37.2个，籽粒圆形，黄种皮，无色脐，百粒重 24.3 克。较抗病，抗倒性较好。蛋白质含量 42.07%，脂肪含量 20.49%。2000—2001 年参加西北地区大豆品种区试，两年区试平均 667 米^2 产 173.43 千克，比对照增产 19.81%。2001 年生产试验，平均 667 米^2 产 181.33 千克，比对照晋豆 19 增产 8.82%。栽培技术要点：（1）选择不重茬、不迎茬中等以上肥力土壤。（2）以农家肥为主，增施 N、P、K 复合肥。（3）合理密植。肥地每 667 米^{2}1.0 万～1.1 万株，中等肥力土壤的种植密度 667 米^2 1.1 万～1.2 万株。（4）加强田间管理，及时铲趟，防治虫害。该品种适宜在新疆南部、甘肃中部、宁夏灌区、陕西北部地区春播种植。

30. 黑河 23 是哪一年通过审定的？其主要特征特性和适宜推广范围怎样？

黑河 23 是由黑龙江省农科院黑河农科所选育的，于 2003 年通过国审，审定编号：国审豆 2003011。品种来源：黑交 83～889 ×美丁。该品种株型收敛，生育期 112 天，长叶，白花，亚有限结荚习性。平均株高 73.2 厘米，百粒重 18.7 克，单株有效荚数 30.1 个。成熟时落叶，不裂荚。种皮黄色，黄脐，籽粒圆形。比较抗病和抗倒伏，综合性状良好。蛋白质含量 41.74%，脂肪含量 19.53%。2000—2001 年参加北方春大豆区试和生产试验，两年区试平均 667 米^2 产 172.0 千克，比对照增产 9.6%。2001 年生产试验，平均 667 米^2 产 174.1 千克，比对照黑河 9 号增产 10.0%。栽培技术要点：（1）5 月上旬播种，用种衣剂拌种，公顷保苗 30 万株左右。（2）公顷施磷酸二铵 150 千克、尿素 40 千克、钾肥 50 千克。（3）适宜选中上等肥力地块种植。（4）生育期间及时进行田间管理。（5）适时收获。该品种适宜在内蒙古兴安盟、呼伦贝尔市早熟区、吉林东部早熟区、黑龙江省早熟区春播种植。

31. 吉育65号是哪一年通过审定的？其主要特征特性和适宜推广范围怎样？

吉育65号是由吉林省农科院大豆所选育的，于2003年通过国审，审定编号：国审豆2003012。品种来源：公交8347-27×U87-63041。该品种株型收敛，生育期131天，圆叶，白花，亚有限结荚习性。平均株高98.9厘米，百粒重21.6克，单株有效荚数42.7个。成熟时落叶，基本不裂荚。种皮黄色，黄脐，籽粒圆形。比较抗病和抗倒伏。蛋白质含量39.35%，脂肪含量20.00%。1999—2000年参加北方春大豆品种区试，两年区试平均667米^{2}产197.7千克，比对照增产5.2%。2001年生产试验，平均667米^{2}产185.2千克，比对照吉林30增产6.4%。栽培技术要点：适于中上等肥力土地种植，播种期以4月末至5月初为宜，每公顷播种量60千克，出苗后间苗，每平方米保苗17～19株；加强田间管理，及时防治大豆蚜虫和大豆食心虫。该品种适宜在吉林省中晚熟区、辽宁省东部山区、内蒙古赤峰、甘肃省河西地区、新疆伊宁和石河子地区春播种植。

32. 辽豆14号是哪一年通过审定的？其主要特征特性和适宜推广范围怎样？

辽豆14号是由辽宁省农科院作物所选育的，于2003年通过国审，审定编号：国审豆2003013。品种来源：辽86-5453×Mecury。该品系株型半开张，生育期131天，圆叶，白花，亚有限结荚习性。平均株高89.3厘米，百粒重16.8克，单株有效荚数55.4个。成熟时部分落叶，轻度裂荚。种皮黄色，黑脐，籽粒圆形。比较抗病和抗倒伏。蛋白质含量37.48%，脂肪含量22.04%。1999年、2000年参加北方春大豆区试，两年区试平均667米^{2}产169.0千克，比对照增产13.7%。2001年生产试验，平均667米^{2}产208.2千克，比对照1铁丰27增产8.2%，比对照2开育10增产16.2%。栽培技术要点：(1) 选择不重茬，不迎茬中等肥力土壤，精细整地。(2) 以农家肥为主，增施N、P、K肥。(3) 合理密植，中等肥力土壤种植密度667米^2 1.5万～1.7万株。(4) 加强田间管理，防止杂草，及时铲趟，防止虫害。该品种适宜在辽宁中北部、山西中部平川地区、陕西中部、新疆南部、宁夏灌区春播种植。

33. 承豆6号是哪一年通过审定的？其主要特征特性和适宜推广范围怎样？

承豆6号是由河北省承德市农科所选育的，于2003年通过国审，审定编号：国审豆2003014。品种来源：承7907-2-3-2-1×铁丰25号。该品种株型半开张，生育期133天，长叶，白花，有限结荚习性。平均株高121.1厘米，百粒重22.6克，单株有效荚数42.5个。成熟时部分落叶和裂荚。种皮黄色，褐脐，籽粒圆形。抗病和抗倒伏，综合性状较好。蛋白质含量38.94%，脂肪含量20.62%。1999年、2000年参加北方春大豆区试，两年区试平均667米^{2}产171.7千克，比对照增产8.9%。2001年生产试验，平均667米^{2}产189.3千克，比对照1铁丰27增产1.4%，比对照2开育10增产5.6%。栽培技术要点：春播以4月25日至5月5日为宜。足墒播种，667米^{2}留苗1.3万株。不适合与玉米间作。6月下旬趟地培土。8月份降雨少时，注意灌溉。避免重茬和迎茬。该品种适宜在辽宁南部、山西中部平川地区、甘肃中部、新疆南部、陕西中部、宁夏灌区春播种植。

34. 鲁宁1号（济96～2343）是哪一年通过审定的？其主要特征特性和适宜推广范围怎样？

鲁宁1号（济96～2343）是由山东省济宁市农科所选育的，于2003年通过国审，审定编号：国审豆2003015。品种来源：特大粒（早熟巨丰×中遗特大粒）F_1×高丰大豆。该品种生育期95～100天，有限结荚习性，株高60～95厘米，叶片小，株型紧凑。百粒重12～16克，籽粒圆形，种皮黄色，有光泽，脐浅褐色。高抗倒伏，耐密植。蛋白质含量45.3%～45.94%，脂肪含量18.34%～20.1%。1998—2000年参加黄淮海大豆品种区试和生试，1998年平均667米^{2}产164.12千克，比对照豫豆8号增产9.3%；1999年平均667米^{2}产214.51千克，比对照豫豆8号减产0.26%；2000年在黄淮海南片5点的平均667米^{2}产为190.48千克，比对照中豆20增产5.7%。栽培技术要点：耐密植，在中等肥力地块667米^{2}留苗2万株左右，在中等偏下地块667米^{2}留苗2.5万株左右为宜。加强肥水管理，保证肥水充足。该品种适宜在山东西南部、江苏徐州地区夏播种植。

35. 郑92116是哪一年通过审定的？其主要特征特性和适宜推广范围怎样？

郑92116是由河南省农科院棉油所选育的，于2003年通过国审，审定编号：国审豆2003016。品种来源：郑506×郑100-0-4-5。生育期105.9天，中熟品种。有限结荚习性，植株直立，平均株高72.8厘米，分枝2.5个，单株荚45.6个，底荚高19.3厘米，荚熟色灰。叶形圆，叶色绿。紫花，灰毛。粒形圆，种皮黄色，有光泽，脐色褐，百粒重20.8克左右。抗倒伏性很强，落叶性好，抗裂荚。蛋白质含量43.48%，脂肪含量

18.62%。异黄酮含量4.66毫克/克。经河南农大生物工程学院接种鉴定，郑92116抗病毒病、炭疽病和紫斑病。经中国农科院品种资源所作物抗病虫鉴定及检疫研究室接种鉴定，郑92116抗大豆疫霉根腐病，耐胞囊线虫病，共计抗4种病害耐1种病害。2000年、2001年参加黄淮海（中片）区试，两年区试平均667米^{2}产185.0千克，较对照鲁豆11号平均增产11.97%。2001年生产试验，平均667米^{2}产172.95千克，较对照鲁豆11号增产4.34%。栽培技术要点：避免夏季大豆连作。夺高产除注意施磷肥外，还应施一定量的钾肥和少量氮肥。一般施底肥磷酸铵20千克，尿素3～4千克，氯化钾6～7千克；未施底肥可在7月中旬开花前追肥，一般追磷酸铵7～10千克，尿素1.5～2千克，氯化钾3～4千克。6月上中旬为适播期，667米^{2}播量4～5千克，行距0.4米，株距0.13米，667米^{2}密度1.2万株左右。该品种适宜在河南、山东南部、河北南部、山西南部、陕西中部地区夏播种植。

36. 中黄22（原名：中作011）是哪一年通过审定的？其主要特征特性和适宜推广范围怎样？

中黄22（原名：中作011）是由中国农科院作物育种栽培研究所选育的，于2003年通过国审，审定编号：国审豆2003018。品种来源：中品661×91-1。该品种紫花，灰毛，圆叶，株型收敛，亚有限结荚习性。两年区试平均生育期106天，株高88.2厘米，有效分枝2.3个，单株有效荚数38.8个，单株粒数85.5个，单株粒重18.6克，百粒重22.4克。种皮黄色，脐淡褐，粒圆形，籽粒整齐，商品性好。成熟时荚呈黄色，不裂荚，落叶性好，丰产、稳产性好，抗病、抗倒伏。平均粗蛋白质含量47.05%，粗脂肪含量17.4%。2001—2002年参加黄淮海北片夏大豆品种区域试验，两年区试平均667米^{2}产202.9千克，比对照增产6.41%。2002年参加黄淮海北片夏大豆品种生产试验，平均667米^{2}产204.0千克，比对照早熟18增产8.92%。栽培技术要点：(1)该品种在肥水充足的条件下分枝较多，种植密度不宜过大，667米^{2}保苗一般在1.2万～1.6万株。(2)在苗期、开花期和结荚期可多施有机肥和磷钾肥，配合施用微量元素。(3)遇旱浇水，特别是前期和鼓粒期。该品种属黄淮海夏大豆早熟高蛋白品种，适宜在北京、天津、河北中部和山东北部地区夏播种植。

37. 齐黄29号（原名：鲁99-10）是哪一年通过审定的？其主要特征特性和适宜推广范围怎样？

齐黄29号（原名：鲁99-10）是由山东省农科院作物研究所选育的，于2003年通过国审，审定编号：国审豆2003019。品种来源：济3045×潍8640。该品种紫花，棕毛，圆叶，株型收敛，有限结荚习性。两年区试平均生育期103.5天，株高67.6厘米，有效分枝2.1个，单株有效荚数50.2个，单株粒数98.4个，单株粒重15.97克，百粒重17.17克。种皮黄色，褐脐，粒形椭圆，成熟时荚呈褐色，不裂荚，落叶性好。高抗大豆胞囊线虫病，抗倒性好。平均粗蛋白质含量41.55%，粗脂肪含量21.17%。2001—2002年参加黄淮海北片夏大豆品种区域试验，两年区试平均667米^{2}产193.6千克，2002年参加黄淮海北片夏大豆品种生产试验，平均667米^{2}产193.5千克，比对照早熟18增产3.32%。栽培技术要点：(1)种植密度一般每667米^{2}1.6万～1.8万株为宜。(2)要抢墒或足墒播种，一次全苗。在分枝、花荚期、鼓粒期遇旱浇水。(3)适于肥地和较肥地种植。苗期、初花期每667米^{2}追施磷酸二铵或复合肥10～20千克。该品种属黄淮海夏大豆早熟品种，适宜在北京、天津、河北中部和山东北部地区夏播种植。

38. 沧豆5号是哪一年通过审定的？其主要特征特性和适宜推广范围怎样？

沧豆5号是由河北省沧州市农林科学院选育的，于2003年通过国审，审定编号：国审豆2003020。品种来源：7102×晋遗D90。该品种紫花，灰毛，椭圆形叶，亚有限结荚习性。两年区试平均生育期104.5天，株高88.8厘米，有效分枝1.7个，单株有效荚数31.2个，单株粒数72.7个，百粒重22克。种皮黄色，微光，椭圆形粒，褐脐。抗病性较好，抗倒性一般。平均粗蛋白质含量40.57%，粗脂肪含量21.86%。2001年、2002年参加黄淮海中片夏大豆品种区域试验，两年区试平均667米^{2}产163.6千克，比对照增产5.26%。2002年参加黄淮海中片夏大豆品种生产试验，平均667米^{2}产158.7千克，比对照鲁豆11增产5.17%。栽培技术要点：(1) 适宜播期在6月中旬。(2) 667米^{2}播种量5千克左右，667米^{2}留苗1.2万～1.5万株。(3) 肥水管理：有机肥与化肥配合施用，增施磷钾肥。底肥为主，追肥为辅，追肥时间一般在初花期。生育期间遇旱浇水，尤其在花荚期遇旱，必须浇水。该品种适宜在河南北部、陕西中部、河北中部和南部、山东西北部地区夏播种植。

39. 五星1号（原名：冀黄105）是哪一年通过审定的？其主要特征特性和适宜推广范围怎样？

五星1号（原名：冀黄105）是由河北省农林科学院粮油作物研究所选育的，于2003年通过国审，审定编号：国审豆2003021。品种来源：冀豆9号×Century。该品种紫花，棕毛，卵圆形叶，亚有限结荚习性。两年区试平均生育期105天，株高84.7厘米，主茎节数17.1节，底荚高度11.8厘米，单株有效分枝1.7个，单株有效荚数36.7个，单株粒数77.6个，百粒重20.4克。种皮黄色，粒形椭圆，褐脐。抗倒伏、抗病性较好。品质优，脂肪氧化酶Ⅱ、Ⅲ缺失，无豆腥味。平均粗蛋白质含量42.39％，平均粗脂肪含量20.27％。2001年、2002年参加黄淮海中片夏大豆品种区域试验，两年区试平均667米^{2}产156.0千克，比对照鲁豆11增产2.92％。2002年参加黄淮海中片夏大豆品种生产试验，平均667米^{2}产144.5千克。栽培技术要点：（1）适宜播期：6月10日—25日。（2）机播播量每667米^2 5.5～6.5千克，人工点播每667米^{2}4千克左右。肥力较好地块667米^{2}留苗1.5万株左右，肥力较低的沙土地667米^{2}留苗1.8万株。（3）苗期较抗旱，可蹲苗防倒。开花期结合浇水追施二铵667米^{2}15～20千克。花期和结荚期根据土壤墒情或降雨量遇旱注意浇水。鼓粒期不可缺水。该品种属黄淮海夏大豆无豆腥味专用品种，适宜在山东中部和南部、河北南部、山西南部平原地区、河南北部和中部、陕西关中地区夏播种植。

40. 邯豆4号（原名：邯195）是哪一年通过审定的？其主要特征特性和适宜推广范围怎样？

邯豆4号（原名：邯195）是由河北省邯郸市农业科学院选育的，于2003年通过国审，审定编号：国审豆2003022。品种来源：邯73×邯81。该品种紫花，棕毛，披针形叶，株型收敛，亚有限结荚习性。两年区试平均生育期105天，株高92.8厘米，单株有效荚数33.6个，百粒重18.95克。种皮黄色，微有光泽，圆粒，微光，黄脐。抗病、抗倒性较好。粗蛋白质含量39.16％，粗脂肪含量23.36％。2000年、2001年参加黄淮海中片夏大豆品种区域试验，两年区试平均667米^{2}产175.7千克，比对照增产6.34％。2002年参加黄淮海中片夏大豆品种生产试验，平均667米^{2}产156.7千克，比对照鲁豆11增产3.8％。栽培技术要点：（1）合理密植，每667米²1.4万～2.2万株为宜，要及时间苗和中耕除草。（2）施足底肥，尽早追肥，注意增施磷肥。（3）及时防治虫害，主要是红蜘蛛、豆天蛾、棉铃虫、甜菜夜蛾等。（4）花荚期和鼓粒期遇旱浇水。该品种属黄淮海夏大豆高油品种，适宜在山东中部和南部、河北南部、山西南部平原地区、河南北部和中部、陕西关中地区夏播种植。

41. 合豆3号（原名：蒙9235）是哪一年通过审定的？其主要特征特性和适宜推广范围怎样？

合豆3号（原名：蒙9235）是由安徽省农科院作物研究所选育的，于2003年通过国审，审定编号：国审豆2003023。品种来源：（蒙84-20×荷84-5）F_1×泗豆11。该品种紫花，灰毛，圆叶，株型收敛，有限结荚习性。两年区试平均生育期103天，株高69.6厘米，有效分枝1.0个，单株有效荚数38.8个，单株粒重16.7克，百粒重22.1克。种皮黄色，籽粒圆形，微有光泽，脐浅黄，成熟时荚呈灰褐色。抗病、抗倒伏性较好。粗蛋白质含量43.37%，粗脂肪含量20.34%。2001年、2002年参加黄淮海南片夏大豆品种区域试验，两年区试平均667米²产196.1千克，比对照增产5.13%。2002年参加黄淮海南片夏大豆品种生产试验，平均667米²产208.9千克，比对照中豆20增产10.23%。栽培技术要点：（1）足墒早播。该品种籽粒较大，要求足墒播种，保证全苗齐苗。从5月下旬至6月下旬均可播种，6月上旬为最佳播期。晚播和早播要适当增加或减少密度。（2）合理密植。一般中等肥力水平每667米²1.6万～2.0万株，高肥力田块每667米²种植1.2万～1.5万株。（3）增施肥料。要获得每667米²200千克以上产量，播前要每667米²施基肥15～25千克，三元复合肥或磷酸二铵10千克，氯化钾5千克。花期追施尿素5～8千克，鼓粒期喷施磷酸二氢钾。（4）加强田间管理，鼓粒期遇旱及时灌水。该品种适宜在河南驻马店、山东西南部、安徽北部、江苏北部夏播种植。

42. 丰收24号（原名：克交88223-1）是哪一年通过审定的？其主要特征特性和适宜推广范围怎样？

丰收24号（原名：克交88223-1）是由黑龙江省农科院克山农业科学研究所选育的，于2003年通过国审，审定编号：国审豆2003024。品种来源：黑83-889×绥83-708。该品种紫花，灰毛，长叶，株型收敛，亚有限结荚习性。两年区试平均生育期112天，株高73.5厘米，单株有效荚数25.8个，每荚粒数2.5个，百粒重19.3克。成熟时落叶，轻度裂荚。种皮黄色，黄脐，籽粒圆形。抗病、抗倒伏。平均粗蛋白质含量40.10%，粗脂肪含量19.97%。2001年、2002年参加北方春大豆早熟组品种区域试验，两年区试平均667米^{2}产196.9千克，比对照增产8.3%。2002年参加北方春大豆早熟组品种生产试验，平均667米^{2}产192.6千克，比对照增产8.5%。栽培技术要点：(1)适时播种，采用精量播种点播等距播种，667米^{2}保苗1.9万株左右。(2)选择中等以上肥力地块种植，667米^{2}施有机肥2 000千克或磷酸二铵10～12.5千克。该品种属北方春大豆早熟品种，适宜在内蒙古兴安盟和呼伦贝尔市、吉林东部早熟区、黑龙江省第四积温带及新疆阿尔泰地区早熟区春播种植。

43. 九丰9号（原名：九三96-127）是哪一年通过审定的？其主要特征特性和适宜推广范围怎样？

九丰九号（原名：九三96-127）是由黑龙江省农垦总局九三科学研究所选育的，于2003年通过国审，审定编号：国审豆

2003025。品种来源：黑河九号×合丰25。该品种紫花，长叶，株型收敛，亚有限结荚习性。两年区试平均生育期113天，株高67.6厘米，百粒重19.2克，单株有效荚数29.0个，每荚粒数2.3个。成熟时落叶，不裂荚。种皮黄色，黄脐，籽粒圆形。抗病和抗倒伏。平均粗蛋白质含量40.94%，粗脂肪含量20.31%。2001年、2002年参加北方春大豆早熟组品种区域试验，两年区试平均667米^{2}产186.6千克，比对照增产7.1%。2002年参加北方春大豆早熟组品种生产试验，平均667米^{2}产194.1千克，比对照黑河18增产9.3%。栽培技术要点：（1）5月上旬播种，667米^{2}保苗数2.2万株左右。（2）要求中上等土壤肥力，采用“三垄栽培”技术种植。（3）一般667米^{2}施化肥氮、磷、钾纯量为9～11千克，比例为1∶1.5∶0.5。该品种属北方春大豆早熟品种，适宜在内蒙古兴安盟和呼伦贝尔市、吉林东部早熟区、黑龙江省第四积温带及新疆阿尔泰地区早熟区春播种植。

44. 黑农46（原名：哈94-318）是哪一年通过审定的？其主要特征特性和适宜推广范围怎样？

黑农46（原名：哈94-318）是由黑龙江省农科院大豆研究所选育的，于2003年通过国审，审定编号：国审豆2003026。品种来源：哈857－1×吉8028。该品种白花，白毛，圆叶，株型收敛，亚有限结荚习性。两年区试平均生育期125天，株高77.9厘米，百粒重21.2克，单株有效荚数37.6个，每荚粒数2.3个。成熟时轻度裂荚。种皮黄色，黄脐，籽粒椭圆形。抗病和抗倒伏性一般。平均粗蛋白质含量38.57%，粗脂肪含量20.57%。2001年、2002年参加北方春大豆中早熟组品种区域试验，两年区试平均667米^{2}产213.2千克，比对照增产5.2%。2002年参加北方春大豆中早熟组品种生产试验，平均667米^{2}产186.0千克，比对照增产

10.5%。栽培技术要点：(1) 选择中等以上肥力的地块或平岗地上种植，避免重茬。(2) 每667米^{2}施二铵9千克，尿素2千克，钾肥2千克，深施或分层施。(3) 播种前用硼钼微肥种衣剂包衣处理。(4) 适宜种植密度为每667米^{2}1.7万～1.9万株，精量播种。(5) 5月上旬播种。(6) 生育期间要求三铲三趟，拔大草二次或采用化学除草。该品种属北方春大豆中熟品种，适宜在黑龙江省第一二积温带、吉林省东部中早熟区及新疆新源和昌吉地区中早熟区春播种植。

45. 晋遗30是哪一年通过审定的？其主要特征特性和适宜推广范围怎样？

晋遗30是由山西省农科院作物遗传研究所选育的，于2003年通过国审，审定编号：国审豆2003027。品种来源：晋豆19×晋豆11。该品种紫花，棕毛，圆叶，株型收敛或半开张，亚有限结荚习性。两年区试平均生育期140天，株高101.8厘米，百粒重21.5克，单株有效荚数54.7个，每荚粒数2.0个。成熟时半落叶，轻度裂荚。种皮黄色，黑脐，籽粒椭圆形。抗病性一般。平均粗蛋白质含量41.28%，粗脂肪含量21.74%。2001年、2002年参加北方春大豆晚熟组区域试验，两年区试平均667米^{2}产217.2千克，比对照开育10增产9.8%。2002年参加北方春大豆晚熟组生产试验，平均667米^{2}产208.7千克，比对照开育10增产1.3%。栽培技术要点：(1) 施足基肥：667米^{2}施农家肥2 000千克，过磷酸钙35千克，尿素15～20千克。(2) 适期播种：春播在4月下旬到5月上旬。(3) 适宜密度：春播每667米^{2}0.8万～1.0万株。(4) 适时防治大豆食心虫，在结荚期抓住有利时机防治大豆食心虫。该品种属北方春大豆晚熟高油品种，适宜在山西中部、甘肃中部、陕西中部、宁夏灌区春播种植。

46. 徐豆12号（原名：徐9125）是哪一年通过审定的？其主要特征特性和适宜推广范围怎样？

徐豆12号（原名：徐9125）是由江苏徐淮地区徐州农业科学研究所选育的，于2003年通过国审，审定编号：国审豆2003028。品种来源：泗豆11×（豫豆15×徐8216－17）F_1。该品种白花，棕毛，卵圆叶，株型直立，分枝少，亚有限结荚习性。两年区试平均生育期102天，株高90厘米，结荚高度11厘米，有效分枝1.0个，每荚粒数2.0粒，百粒重20克。籽粒黄色，有光泽，灰黑脐。植株中抗倒伏，较抗病毒病。平均粗蛋白质含量41.36%，粗脂肪含量21.86%。2000年、2001年参加黄淮海南片夏大豆品种区域试验，两年区试平均667米^{2}产175.0千克，比对照增产2.04%。2002年参加黄淮海南片夏大豆品种生产试验，平均667米^{2}产189.0千克。栽培技术要点：（1）最佳播种适期为6月中旬。（2）在一般肥力田块，每667米^{2}密度为1.5万株；在中等肥力田块，每667米^{2}密度为1.25万株；在高肥力田块每667米^{2}1.0万株。（3）每667米^{2}施复合肥25千克以上作基肥，花期追施尿素5～8千克，开花期株高在70厘米左右喷施多效唑。（4）遇干旱时要及时灌溉，特别是在大豆鼓粒期即8月下旬到9月上旬遇干旱及时灌溉能显著增加产量。该品种属黄淮海夏大豆高油品种，适宜在安徽北部、河南驻马店、江苏北部、山东西南部夏播种植。

47. 邯豆3号（原名：邯93－420）是哪一年通过审定的？其主要特征特性和适宜推广范围怎样？

邯豆三号（原名：邯93－420）是由河北省邯郸市农业科学院选育的，于2003年通过国审，审定编号：国审豆2003029。

品种来源：邯73×中作87-D06。该品种紫花，棕毛，圆叶，亚有限结荚习性。在西北地区春播平均生育期138.1天，在黄淮海地区夏播平均生育期102天，株高85厘米，单株有效荚数30个，单株粒重16.5克，百粒重21.4克。圆粒，褐脐。高抗病毒病，抗霜霉病，抗倒性较好。平均粗蛋白质含量41.26%，粗脂肪含量20.95%。1998—2000年参加黄淮海中片夏大豆品种区域试验，三年区试平均667米^{2}产173.4千克，比对照增产8.42%。1999年参加黄淮海中片夏大豆品种生产试验，平均667米^{2}产166.1千克，比对照增产12.9%。2000年、2001年参加西北春大豆品种区域试验，两年区试平均667米^{2}产172.1千克，比对照增产18.9%。2001年参加西北春大豆品种生产试验，平均667米^{2}产175.3千克，比对照晋豆19增产5.19%。栽培技术要点：注意及时防治病虫害，如红蜘蛛、蚜虫、豆天蛾、大豆食心虫、棉铃虫等。该品种适宜在河北南部、河南北部、山西南部、陕西中部夏播种植；在甘肃中部、陕西北部、新疆库尔勒地区、宁夏灌区春播种植。

48. 郑90007是哪一年通过审定的？其主要特征特性和适宜推广范围怎样？

郑90007是由河南省农科院棉花油料作物研究所选育的，于2003年通过国审，审定编号：国审豆2003030。品种来源：郑84285×郑84240。该品种紫花，灰毛，圆叶，株型收敛，有限结荚习性。两年区试平均生育期104.5天，株高74.2厘米，单株有效荚数48个，单株粒重16.1克，百粒重16.1克。种皮黄色，有光泽，圆粒，褐脐。较抗病。平均粗蛋白质含量41.16%，粗脂肪含量20.46%。2000年、2001年参加黄淮海南片夏大豆品种区域试验，两年区试平均667米^{2}产185.6千克，比对照增产8.26%。2001年参加黄淮海南片夏大豆品种生产试验，平均 667 米^2 产 176.7 千克，比对照增产 7.56%。栽培技术要点：(1) 6 月上、中旬播种，豫北、豫西麦垄套种可在麦收前 10 天播种，每 667 米^2 播种量 4～5 千克，667 米^2 留苗 1 万～1.5 万株。(2) 667 米^2 施钙镁磷肥 40～50 千克，或二铵 40 千克，初花期追施尿素 5～10 千克，也可叶面喷肥。(3) 该品种多枝、花期集中、开花多，花夹期遇旱浇水是夺取高产的关键。该品种适宜在河南中部和南部、山东西南部、江苏北部、安徽北部夏播种植。

49. 豫豆 29 号（原名：郑 89013）是哪一年通过审定的？其主要特征特性和适宜推广范围怎样？

豫豆 29 号（原名：郑 89013）是由河南省农科院棉花油料作物研究所选育的，于 2003 年通过国审，审定编号：国审豆 2003031。品种来源：郑 87260×郑 85212。该品种紫花，灰毛，圆叶，株型收敛，有限结荚习性。两年区试平均生育期 109 天，株高 81 厘米，百粒重 20.06 克。种皮黄色，强光泽，椭圆粒，浅褐脐。抗倒、抗病性好。平均粗蛋白质含量 42.8%，粗脂肪含量 20.34%。2000 年、2001 年参加黄淮海中片夏大豆品种区域试验，两年区试平均 667 米^2 产 181.0 千克，比对照增产 9.55%。2001 年参加黄淮海中片夏大豆品种生产试验，平均 667 米^2 产 174.5 千克，比对照增产 5.25%。栽培技术要点：(1) 6 月上、中旬播种，每 667 米^2 播种量 4 千克，667 米^2 留苗 1.2 万～1.5 万株为宜。行距 40～50 厘米，株距 10～13 厘米。要求麦收后足墒播种，力争全苗。(2) 肥水管理：在结荚期、鼓粒期遇旱浇水，可增加结荚数，提高粒重。该品种适宜在河南中部和北部、河北南部、山西南部、陕西中部、山东西南部夏播种植。

50. 绥农14号是哪一年通过审定的？其主要特征特性和适宜推广范围怎样？

绥农14号是由黑龙江省农科院绥化农业科学研究所选育的，于2003年通过国审，审定编号：国审豆2003032。品种来源：合丰25号×绥农8号。该品种紫花，灰毛，长叶，亚有限结荚习性。平均生育期122天，株高78.9厘米，单株有效荚数33.7个，每荚粒数2.4个，百粒重20.3克。种皮黄色，圆粒，黄脐。中抗灰斑病，秆强不倒。平均粗蛋白质含量38.66%，粗脂肪含量21.93%。2001年、2002年参加北方春大豆品种区域试验，2001年平均667米^{2}产201.9千克，2002年平均667米^{2}产215.8千克。2002年参加北方春大豆品种生产试验，平均667米^{2}产168.3千克。栽培技术要点：(1) 适宜五月上旬播种。(2) 种植密度：667米^{2}播种量4千克左右，667米^{2}保苗1.5万～1.7万株。(3) 肥水管理：每667米^{2}施种肥磷酸二铵10千克、尿素3千克、钾肥1.5千克。该品种属高油高产型大豆品种，适宜在黑龙江省第一二积温带土壤较肥沃地区、吉林东部延边和北山市、新疆昌吉和石河子及其周边地区春播种植。

51. 东农46（原名：东农434）是哪一年通过审定的？其主要特征特性和适宜推广范围怎样？

东农46（原名：东农434）是由东北农业大学大豆研究所选育的，于2003年通过黑龙江省审定，审定编号：黑审豆2003001。品种来源：东农A111-8×东农A95。该品种为无限结荚习性，分枝能力强，株高80～90厘米左右，长叶、白花、灰毛，荚弯镰型，成熟时为黄褐色；籽粒圆形，黄色有光泽，百粒重20～21克，蛋白质含量37.17%，脂肪含量23.32%。生育期115天左右，需活动积温2 350～2 450℃。灰斑病接种鉴定结果为中抗类型。2000—2001年区域试验平均公顷产量2 884.8千克，较对照品种增产3.8%；2002年生产试验平均公顷产量2 800.9千克，较对照品种增产5.8%。栽培技术要点：该品种一般在5月初播种，一般公顷保苗22万株为宜或667米^{2}用种3.5千克。窄行平播公顷密度以30万～35万株为宜。一般667米^{2}施二铵、尿素和硫酸钾5千克、2.5千克、2.5千克即可。注意防治蚜虫，8月上旬防治食心虫。该品种适宜在黑龙江省第二积温带下限、第三积温带上限种植。

52. 中黄25是哪一年通过审定的？其主要特征特性和适宜推广范围怎样？

中黄25是中国农科院作物所选育，于2003年通过国审，审定编号：国审豆2003001。品种来源：是黄4×诱变30。该品种株型收敛，紫花，灰毛，圆叶形，亚有限结荚习性。株高90厘米左右，有效分枝1～2个，百粒重22克。种皮黄色，褐脐，粒形椭圆，籽粒整齐，商品性好。成熟时荚呈深褐色，不裂荚，落叶性好，生育期108天。抗逆性强，综合性状良好。蛋白质含量43.35%，脂肪含量19.86%。2000—2001年参加黄淮海（北片）区试，2000年10点汇总，平均667米^{2}产199.1千克，比对照早熟18增产11.29%，达极显著，居第二位；2001年9点汇总，平均667米^{2}产212.1千克，比第一对照早熟18增产12.55%，极显著，比第二对照冀豆7增产18.11%，居10个参试品种（系）第一位。两年区试平均667米^{2}产205.61千克，比对照早熟18增产11.94%。2001年生产试验，平均667米^{2}产196.13千克，比对照早熟18增产7.56%。栽培技术要点：（1）适宜在中等肥力土壤种植，6月中旬播种，麦收后力争早播。（2）适宜密度667米^{2}1.4万～1.6万株。(3) 确保全苗，苗匀苗壮。前期重施底肥，中期追肥不缺水。(4) 后期注意防虫。该品种适宜在北京、河北中部、天津、山东西北部、山西中部平川地区夏播种植。

53. 科丰14是哪一年通过审定的？其主要特征特性和适宜推广范围怎样？

科丰14是中国科学院遗传所选育的，于2003年通过国审，审定编号：国审豆2003002。品种来源：早熟3号×安徽大青豆。该品种株型收敛，白花，茸毛灰色，叶披针，有限结荚习性。株高70厘米左右，有效分枝2～3个，百粒重23克左右。种皮黄色，褐脐，粒形椭圆，籽粒整齐，商品性好。成熟时荚呈深褐色，不裂荚，落叶性好，生育期103天。抗病、抗倒伏性较好。蛋白质含量45.04%，脂肪含量18.14%。1999—2001年参加黄淮海北片大豆品种区试，1999年平均667米^{2}产187.02千克，比对照增产1.22%，居第五位；2000年平均667米^{2}产198.42千克，比对照早熟18增产10.90%，居第三位；2001年平均667米^{2}产200.54千克，较对照早熟18增产6.42%，居第三位；三年区试平均667米^{2}产195.32千克，比对照早熟18增产6.13%。2001年生产试验平均667米^{2}产180.97千克，比对照早熟18减产0.75%。栽培技术要点：(1) 麦收后适时早播，一般6月10日至25日播种，要求足墒播种保全苗。(2) 种植密度为667米^{2}1.0万～1.2万株。(3) 喜肥水，保证花荚期充足的肥水供应。(4) 及时去除杂草和防治病虫害，成熟时及时收获。该品种适宜在北京、天津、河北、山东西北部、山西中部地区夏播种植。

54. 中黄24是哪一年通过审定的？其主要特征特性和适宜推广范围怎样？

中黄24是中国农科院作物所选育的，于2003年通过国审，审定编号：国审豆2003003。品种来源：吉林21×（汾豆31×中豆19）F_1。该品种株型收敛，紫花，棕毛，长叶形，亚有限结荚习性。株高94厘米，百粒重18.36克。种皮黄色，微有光泽，粒形椭圆，褐脐。生育期106天，抗病性好，抗倒性一般，成熟不裂荚。蛋白质含量38.61%，脂肪含量22.48%。2000—2001年参加黄淮海（中片）区试，2000年9点，平均667米^{2}产194.72千克，比对照鲁豆11增产11.90%，极显著，居13个参试品种（系）第四位。2001年11点汇总，平均667米^{2}产175.37千克，比对照鲁豆11增产12.11%，极显著，居11个参试品种（系）第一位。两年区试平均667米^{2}产185.05千克，比对照鲁豆11增产12.1%。2001年生产试验，平均667米^{2}产183.54千克，比对照鲁豆11增产10.73%，居第一位。栽培技术要点：(1) 适宜于中上等肥力的土壤种植，麦收后足墒早播。(2) 密度为667米^{2}1.4万～1.6万株。确保全苗及时定苗，做到苗匀苗壮。(3) 前期重施底肥，花期追肥不缺水。该品种适宜在河北南部、豫中北、山西南部、陕西中部、山东南部地区夏播种植。

55. 中黄19是哪一年通过审定的？其主要特征特性和适宜推广范围怎样？

中黄19是中国农科院作物所选育的，于2003年通过国审，审定编号：国审豆2003004。品种来源：中品661×豫豆10 [郑8431（父本）]。该品种生育日数108天。平均株高72.5厘米，分枝1.4，主茎节数15.6个，单株荚数32.3。籽粒黄色，百粒重24.4克，紫花，灰毛。落叶性好，秆强，不易倒伏，不裂荚。抗病性较好。蛋白质含量44.45%，脂肪含量为18.04%。1998—2001年参加黄淮海南片大豆品种区试和生试。1998—1999年共计安排6个试验点，5个试验点增产，一个试验点减产，平均667米^{2}产量为193.09千克，增产5.12%。栽培技术要点：（1）喜肥水，适宜在高肥水条件下栽培。（2）种植密度为667米^{2}1.6万～1.9万株。（3）667米^{2}施有机肥2～3吨，并配合667米^{2}施10千克磷酸二铵及5千克钾肥。（4）注意防治病虫害，开花前后注意防治蚜虫等危害。（5）加强田间管理，及时除草。（6）出苗及鼓粒期需充足水分。该品种适宜在河北南部、河南中北部、山西南部、陕西中部、山东南部地区夏播种植。

56. 中黄20是哪一年通过审定的？其主要特征特性和适宜推广范围怎样？

中黄20是中国农科院作物所选育的，于2003年通过国审，审定编号：国审豆2003005。品种来源：遗2×Hobbit。该品种亚有限结荚习性，以主茎结荚为主，上下结荚均匀，株高70～80厘米，底荚高15～20厘米，生育期夏播100天，春播120天。紫花，灰毛，圆粒，种皮黄色，黄脐。百粒重在19～21克。脂肪含量23.03%。2000—2001年北京两年区域试验平均667米^{2}产165.6千克，比对照早熟18增产7%。在辽宁省的4个试验点平均667米^{2}产为302.0千克，平均比对照增产20.16%。栽培技术要点：播种量4～5千克，667米^{2}保苗在1.5万～1.8万株；播种前施腐熟有机肥2～3吨，播种时施磷钾肥作为种肥；在分枝期、花期和鼓粒期注意防止干旱；适时收获。该品种适宜在北京、天津、辽宁省南部、河北省北部地区种植。

57. 晋大70是哪一年通过审定的？其主要特征特性和适宜推广范围怎样？

晋大70是山西农业大学选育的，于2003年通过国审，审定编号：国审豆2003006。品种来源：复61×晋大28。该品种株型收敛，白花，棕毛，有限结荚习性，叶型椭圆，平均株高74.3厘米，单株有效荚数44.5个，百粒重16.6克，种皮黄色，微有光泽，粒形椭圆，淡白脐。生育期106.4天。抗病、抗倒性一般。蛋白质含量41.18%，脂肪含量22.06%。2000—2001年参加黄淮海大豆区试，2000年平均667米^{2}产191.33千克，比对照鲁豆11增产9.95%，极显著，居13个参试品种（系）第五位。2001年平均667米^{2}产167.06千克，比对照鲁豆11增产6.70%，极显著，居11个参试品种（系）四位。两年区试平均667米^{2}产179.2千克，比对照鲁豆11增产8.46%。2001年生产试验平均667米^{2}产172.11千克，比对照鲁豆11增产4.22%。栽培技术要点：合理密植，保证全苗，春播密度控制在667米^{2}1万株，夏播密度控制在667米^{2}1.2万株。该品种适宜在河北南部、河南中北部、山西南部、陕西中部、山东南部地区夏播种植。

58. 齐黄28是哪一年通过审定的？其主要特征特性和适宜推广范围怎样？

齐黄28是山东省农科院作物所选育的，于2003年通过国审，审定编号：国审豆2003007。品种来源：济3045×潍8640。该品种株型收敛，白花，棕毛，有限结荚习性，叶片卵圆形。平均株高69.17厘米，单株有效荚数46.87个，百粒重18.1克，种皮淡黄色，微有光泽，粒形椭圆，褐脐。生育期104天，抗病、抗倒性好。蛋白质含量 40.68%，脂肪含量 21.42%。2000—2001 年参加黄淮海（中片）夏大豆区试，2000 年，平均 667 米^2 产 184.42 千克，比对照鲁豆 11 增产 5.98%，极显著，居 13 个参试品种（系）第八位。2001 年，平均 667 米^2 产 163.04 千克，比对照鲁豆 11 增产 4.23%，不显著，居 11 个参试品种（系）第八位。两年区试平均 667 米^2 产 173.73 千克，比对照鲁豆 11 增产 5.15%。2001 年生产试验，平均 667 米^2 产 174.21 千克，比对照鲁豆 11 增产 5.1%。栽培技术要点：(1) 种植密度一般在 667 米^{2}1.3 万～1.5 万株，南部地区密度可适当增加到 667 米^{2}1.7 万～1.8 万株。(2) 足墒播种，一次全苗。开花末期、拉荚鼓粒期正值秋旱，遇旱应及时浇水，并注意防治病虫害。(3) 适于肥地和较肥地种植，施肥以磷钾肥为主。该品种适宜在河北南部、河南中北部、山西南部、陕西中部、山东南部地区夏播种植。

59. 商豆 1099 是哪一年通过审定的？其主要特征特性和适宜推广范围怎样？

商豆 1099 是河南省商丘市农科所选育的，于 2003 年通过国审，审定编号：国审豆 2003008。品种来源：商 86118×阜 8329～1。该品种株型收敛，紫花，棕毛，有限结荚习性，圆叶形，平均生育期 106.5 天，株高 78.2 厘米，单株有效荚数 51.2 个，百粒重 14.7 克，籽粒扁圆型，粒黄有光泽，脐褐色。抗病性较好，抗倒伏。蛋白质含量 41.46%，脂肪含量 20.98%。2000—2001 年参加黄淮海南片大豆区试，2000 年平均 667 米^2 产 188.35 千克，比对照中豆 20 增产 14.88%，极显著，居 12 个参试品种（系）第一位。2001 年平均 667 米^2 产 201.97 千克，比对照中豆 20 增产 12.85%，极显著，居 13 个参试品种（系）第一位。两年区试平均 667 米^2 产 195.16 千克，比对照中豆 20

增产 13.82%。2001 年生产试验平均 667 米^2 产 184.05 千克，比对照中豆 20 增产 12.03%。栽培技术要点：(1) 6 月上、中旬播种，密度 667 米^{2}1.0 万～1.2 万株。(2) 多施有机肥，增施磷、钾肥。(3) 生育前期中耕除草 2～3 次，及时防治食叶性害虫，花荚期遇旱及时进行浇水。该品种适宜在河南东南部、安徽、江苏淮北地区、山东西南部地区夏播种植。

60. 蒙 91－413 是哪一年通过审定的？其主要特征特性和适宜推广范围怎样？

蒙 91－413 是安徽省农科院豆类研究所选育的，于 2003 年通过国审，审定编号：国审豆 2003009。品种来源：皖豆 16×豫豆 10 号。该品种株型收敛，紫花，茸毛灰色，有限结荚习性，平均生育期 104.5 天，株高 77.1 厘米，单株有效荚数 48.4 个，百粒重 16.8 克。籽粒椭圆型，黄色，脐色浅褐。成熟时荚色褐色，不裂荚。抗病性较好，抗倒伏性一般。蛋白质含量 42.24%，脂肪含量 20.78%。2000—2001 年参加黄淮海南片大豆区试，2000 年平均 667 米^2 产 179.54 千克，比对照增产 9.50%，极显著，居 12 个参试品种第二位。2001 年平均 667 米^2 产 188.24 千克，比对照中豆 20 增产 5.17%，达极显著水平，居 13 个参试品种第五位。两年区试平均 667 米^2 产 183.89 千克，比对照中豆 20 增产 7.24%。2001 年生产试验平均 667 米^2 产 180.32 千克，比对照中豆 20 增产 9.76%。栽培技术要点：(1) 提早足墒播种，密度 667 米^{2}1.1 万株左右。(2) 重施底肥，合理追肥，巧施叶面肥。(3) 适时防治虫害和草害。(4) 注意防倒伏。该品种适宜在河南东部、安徽、江苏淮北地区、山东西南部地区夏播种植。

61. 辽豆15是哪一年通过审定的？其主要特征特性和适宜推广范围怎样？

辽豆15是辽宁省农科院作物所选育的，于2003年通过国审，审定编号：国审豆2003010。品种来源：辽85062×郑州长叶～18。该品种紫花，茸毛灰色，平均生育期144.5天，株高79厘米，单株有效荚数37.2个，籽粒圆形，黄种皮，无色脐，百粒重24.3克。较抗病，抗倒性较好。蛋白质含量42.07%，脂肪含量20.49%。2000—2001年参加西北地区大豆品种区试，2000年平均667米^{2}产178.60千克，比对照增产29.40%，极显著，居9个参试品种（系）第二位。2001年平均667米^{2}产168.26千克，比对照增产11.07%，居7个参试品种（系）第三位。两年区试平均667米^{2}产173.43千克，比对照增产19.81%。2001年生产试验平均667米^{2}产181.33千克，比对照晋豆19增产8.82%。栽培技术要点：（1）选择不重茬、不迎茬中等以上肥力土壤。（2）以农家肥为主，增施N、P、K复合肥。（3）合理密植肥地每667米^{2}1.0万～1.1万株，中等肥力土壤的种植密度667米^{2}1.1万～1.2万株。（4）加强田间管理，及时铲趟，防治虫害。该品种适宜在新疆南部、甘肃中部、宁夏灌区、陕西北部地区春播种植。

62. 黑河23是哪一年通过审定的？其主要特征特性和适宜推广范围怎样？

黑河23是黑龙江省农科院黑河农科所选育的，于2003年通过国审，审定编号：国审豆2003011。品种来源：黑交83-889×美丁。该品种株型收敛，生育期112天，长叶，白花，亚有限结荚习性。平均株高73.2厘米，百粒重18.7克，单株有效荚数

30.1 个。成熟时落叶，不裂荚。种皮黄色，黄脐，籽粒圆形。比较抗病和抗倒伏，综合性状良好。蛋白质含量 41.74%，脂肪含量 19.53%。2000—2001 年参加北方春大豆区试和生产试验，2001 年区试四点平均 667 米^2 产 184.3 千克，比对照黑河 9 号增产 7.9%，列第二位。2000—2001 两年区试平均 667 米^2 产 172.0 千克，比对照增产 9.6%。2001 年生产试验四点平均 667 米^2 产 174.1 千克，比对照黑河 9 号增产 10.0%。栽培技术要点：(1) 5 月上旬播种，用种衣剂拌种，公顷保苗 30 万株左右。(2) 公顷施磷酸二铵 150 千克、尿素 40 千克、钾肥 50 千克。(3) 适宜选中上等肥力地块种植。(4) 生育期间及时进行田间管理。(5) 适时收获。该品种适宜在内蒙古兴安盟、呼伦贝尔市早熟区、吉林东部早熟区、黑龙江省早熟区春播种植。

63. 吉育 65 是哪一年通过审定的？其主要特征特性和适宜推广范围怎样？

吉育 65 是吉林省农科院大豆所选育的，于 2003 年通过国审，审定编号：国审豆 2003012。品种来源：公交 8347-27×U87-63041。该品系株型收敛，生育期 131 天，圆叶，白花，亚有限结荚习性。平均株高 98.9 厘米，百粒重 21.6 克，单株有效荚数 42.7 个。成熟时落叶，基本不裂荚。种皮黄色，黄脐，籽粒圆形。比较抗病和抗倒伏。蛋白质含量 39.35%，脂肪含量 20.00%。1999—2000 年参加北方春大豆品种区试，2000 年平均 667 米^2 产 201.3 千克，比对照吉林 30 增产 7.5%，列第一位。1999—2000 两年区试平均 667 米^2 产 197.7 千克，比对照增产 5.2%。2001 年生产试验六点平均 667 米^2 产 185.2 千克，比对照吉林 30 增产 6.4%。栽培技术要点：适于中上等肥力土地种植，播种期以 4 月末至 5 月初为宜，每公顷播种量 60 千克，出苗后间苗，每平方米保苗 17 至 19 株；加强田间管理，及时防治大豆蚜虫和大豆食心虫。该品种适宜在吉林省中晚熟区、辽宁省东部山区、内蒙古赤峰、甘肃省河西地区、新疆伊宁和石河子地区春播种植。

64. 辽豆14是哪一年通过审定的？其主要特征特性和适宜推广范围怎样？

辽豆14是辽宁省农科院作物所选育的，于2003年通过国审，审定编号：国审豆2003013。品种来源：辽86－5453×Mecury。该品系株型半开张，生育期131天，圆叶，白花，亚有限结荚习性。平均株高89.3厘米，百粒重16.8克，单株有效荚数55.4个。成熟时部分落叶，个别承试点轻度裂荚。种皮黄色，黑脐，籽粒圆形。比较抗病和抗倒伏。蛋白质含量37.48%，脂肪含量22.04%。1999—2000年参加北方春大豆区试，2000年区试平均667米^{2}产192.6千克，比对照铁丰27增产18.4%，列第二位；1999—2000两年区试平均667米^{2}产169.0千克，比对照增产13.7%。2001年生产试验平均667米^{2}产208.2千克，比对照1铁丰27增产8.2%，比对照2开育10增产16.2%。栽培技术要点：（1）选择不重茬，不迎茬中等肥力土壤，精细整地。（2）以农家肥为主，增施N、P、K肥。（3）合理密植，中等肥力土壤种植密度667米^{2}1.5万～1.7万株。（4）加强田间管理，防止杂草，及时铲趟，防止虫害。该品种适宜在辽宁中北部、山西中部平川地区、陕西中部、新疆南部、宁夏灌区春播种植。

65. 承豆6号是哪一年通过审定的？其主要特征特性和适宜推广范围怎样？

承豆6号是河北省承德市农科所选育的，于2003年通过国审，审定编号：国审豆2003014。品种来源：承7907-2-3-2×铁丰25。该品种株型半开张，生育期133天，长叶，白花，有限结荚习性。平均株高121.1厘米，百粒重22.6克，单株有效荚数42.5个。成熟时个别承试点部分落叶和裂荚。种皮黄色，褐脐，籽粒圆形。抗病和抗倒伏，综合性状较好。蛋白质含量38.94%，脂肪含量20.62%。1999—2000年参加北方春大豆区试，1999年区试平均667米^{2}产153.1千克，比对照铁丰27增产2.3%；2000年区试平均667米^{2}产190.2千克，比对照铁丰27增产16.9%，列第三位；1999—2000年两年区试平均667米^{2}产171.7千克，比对照增产8.9%。2001年生产试验平均667米^{2}产189.3千克，比对照1铁丰27增产1.4%，比对照2开育10增产5.6%。栽培技术要点：春播以4月25日至5月5日为宜。足墒播种，667米^{2}留苗1.3万株。不适合与玉米间作。6月下旬趟地培土。8月份降雨少时，注意灌溉。避免重茬和迎茬。该品种适宜在辽宁南部、山西中部平川地区、甘肃中部、新疆南部、陕西中部、宁夏灌区春播种植。

66. 鲁宁1号是哪一年通过审定的？其主要特征特性和适宜推广范围怎样？

鲁宁1号是山东省济宁市农科所选育的，于2003年通过国审，审定编号：国审豆2003015。品种来源：特大粒（早熟巨丰×中遗特大粒）F_1×高丰大豆。该品种生育期95～100天，有限结荚习性，株高60～95厘米，叶片小，株型紧凑。百粒重12～16克，籽粒圆形，种皮黄色有光泽，脐浅褐色。高抗倒伏，耐密植。蛋白质含量45.3%～45.94%，脂肪含量18.34%～20.1%。1998—2000年参加黄淮海大豆品种区试和生试，1998年平均667米^{2}产164.12千克，比对照豫豆8号增产9.3%；1999年平均667米^{2}产214.51千克，比对照豫豆8号减产

0.26%；2000 年在黄淮海南片 5 点的平均 667 米^2 产为 190.48 千克，比对照中豆 20 增产 5.7%。栽培技术要点：耐密植，在中等肥力地块 667 米^2 留苗 2 万株左右，在中等偏下地块 667 米^2 留苗 2.5 万株左右为宜。加强肥水管理，保证肥水充足。该品种适宜在山东西南部、江苏徐州地区夏播种植。

67. 郑 92116 是哪一年通过审定的？其主要特征特性和适宜推广范围怎样？

郑 92116 是河南省农科院棉油所选育的，于 2003 年通过国审，审定编号：国审豆 2003016。品种来源：郑 506×郑 100-0-4-5。该品种生育期 105.9 天，中熟品种。有限结荚习性，植株直立，平均株高 72.8 厘米，分枝 2.5 个，单株荚 45.6 个，底荚高 19.3 厘米，荚熟色灰。叶形圆，叶色绿。紫花，灰毛。粒形圆，种皮色黄，有光泽，脐色褐，百粒重 20.8 克左右。抗倒伏性很强，落叶性好，抗裂荚。蛋白质含量 43.48%，脂肪含量 18.62%。异黄酮含量 4.66 毫克/克。经河南农大生物工程学院接种鉴定，郑 92116 抗病毒病、炭疽病和紫斑病。经中国农科院品种资源所作物抗病虫鉴定及检疫研究室接种鉴定，郑 92116 抗大豆疫霉根腐病，耐胞囊线虫病，共计抗 4 种病害耐 1 种病害。2000 年参加黄淮海（中片）区试，平均 667 米^2 产 197.22 千克，9 点试验 8 点比对照鲁豆 11 号增产，平均增产 13.34%，极显著，居 13 个参试品种第二位。2001 年参加国家区试，平均 667 米^2 产 172.78 千克，11 点试验 10 点增产，较对照鲁豆 11 号平均增产 10.45%，极显著，居 11 个参试品种第二位。两年国家区试汇总平均 667 米^2 产 185.0 千克，较对照鲁豆 11 号平均增产 11.97%。黄淮海中片生产试验 2001 年 7 点平均 667 米^2 产 172.95 千克，较对照鲁豆 11 号增产 4.34%，居五个参试品种第二位。栽培技术要点：避免夏季大豆连作。夺高产除注意施磷肥外，还应施一定量的钾肥和少量氮肥。一般施底肥磷酸铵 20 千克，尿素 3～4 千克，氯化钾 6～7 千克；未施底肥可在 7 月中旬开花前追肥，一般追磷酸铵 7～10 千克，尿素 1.5～2 千克，氯化钾 3～4 千克。6 月上中旬为适播期，667 米^2 播量 4～5 千克，行距 0.4 米，株距 0.13 米，667 米^2 密度 1.2 万株左右。该品种适宜在河南、山东南部、河北南部、山西南部、陕西中部地区夏播种植。

68. 冀豆 12 是哪一年通过审定的？其主要特征特性和适宜推广范围怎样？

冀豆 12 是河北省农科院粮油作物所选育的，于 2003 年通过国审，审定编号：国审豆 2003017。品种来源：油 83－14×晋大 7826。该品种紫花、茸毛灰色，圆叶，春播生育期 149 天，夏播生育期 100 天左右。株高春播 85.1 厘米，夏播 70～80 厘米。平均单株有效荚数春播 43.6 个，夏播 36.5 个。百粒重春播 21.4 克，夏播 22～24 克。粒型椭圆，浅脐，籽粒整齐，商品性好。抗病性和抗倒伏性一般，成熟时有轻度裂荚。蛋白质含量 46.41%，脂肪含量 17.47%。1999—2000 年参加全国黄淮海夏大豆北组区域试验，两年平均 667 米^2 产 195.42 千克，比对照早熟 18 增产 7.47%。生产试验平均 667 米^2 产 170.53 千克，比对照增产 4.68%。2000—2001 年参加西北春大豆区试，2000 年平均 667 米^2 产 180.09 千克，比对照增产 30.48%，极显著，居 9 个参试品种（系）第一位。2001 年平均 667 米^2 产 164.6 千克，比对照增产 8.65%，极显著，居 7 个参试品种（系）第四位。两年区试平均 667 米^2 产 172.35 千克，比对照增产 19.06%。2001 年生产试验平均 667 米^2 产 177.6 千克，比对照晋豆 19 增产 6.58%。栽培技术要点：夏播播期 6 月 10 日～25 日，春播播期 5 月上中旬为宜；机播播量每 667 米^{2}5.5～6.5 千克，人工点播每667米^{2}4千克左右；肥力较好地块每667米^{2}留苗1.5万株左右，肥力较低的沙土地667米^{2}留苗2.0万株；除特殊干旱年份外，苗期一般不浇水。蹲苗防倒；开花期结合浇水追施纯氮667米^{2}5～7千克；干旱年份，鼓粒期要浇水。及时除草，注意防治病虫害，及时收获。该品种适宜在河北省、山东中北部、山西中南部、天津市、北京市、新疆南部、宁夏银川地区、陕西北部、以及甘肃中部地区种植。

69. 中黄22是哪一年通过审定的？其主要特征特性和适宜推广范围怎样？

中黄22是中国农科院作物栽培研究所选育的，于2003年通过国审，审定编号：国审豆2003018。品种来源：中品661×91-1。该品种紫花，灰毛，圆叶，株型收敛，亚有限结荚习性。两年区试平均生育期106天，株高88.2厘米，有效分枝2.3个，单株有效荚数38.8个，单株粒数85.5个，单株粒重18.6克，百粒重22.4克。种皮黄色，脐淡褐，粒圆形，籽粒整齐，商品性好。成熟时荚呈黄色，不裂荚，落叶性好，丰产、稳产性好，抗病、抗倒伏。平均粗蛋白质含量47.05%，粗脂肪含量17.4%。2001—2002年参加黄淮海北片夏大豆品种区域试验，2001年平均667米^{2}产198.6千克，比对照早熟18增产5.39%，极显著。2002年平均667米^{2}产207.2千克，比对照增产7.39%，极显著。两年区试平均667米^{2}产202.9千克，比对照增产6.41%。2002年参加黄淮海北片夏大豆品种生产试验，平均667米^{2}产204.0千克，比对照早熟18增产8.92%。栽培技术要点：（1）该品种在肥水充足的条件下分枝较多，种植密度不宜过大，667米^{2}保苗一般在1.2万～1.6万株。（2）在苗期、开花期和结荚期可多施有机肥和磷钾肥，配合施用微量元素。（3）遇旱浇水，特别是前期和鼓粒期。该品种适宜在北京、天津、河北中部和山东北部地区夏播种植。

70. 齐黄29是哪一年通过审定的？其主要特征特性和适宜推广范围怎样？

齐黄29是山东省农科院作物所选育的，于2003年通过国审，审定编号：国审豆2003019。品种来源：济3045×潍8640。该品种紫花，棕毛，圆叶，株型收敛，有限结荚习性。两年区试平均生育期103.5天，株高67.6厘米，有效分枝2.1个，单株有效荚数50.2个，单株粒数98.4个，单株粒重15.97克，百粒重17.17克。种皮黄色，褐脐，粒形椭圆，成熟时荚呈褐色，不裂荚，落叶性好。高抗大豆胞囊线虫病，抗倒性好。平均粗蛋白质含量41.55%，粗脂肪含量21.17%。2001—2002年参加黄淮海北片夏大豆品种区域试验，2001年平均667米^{2}产198.7千克，比对照早熟18增产5.41%（极显著），2002年平均667米^{2}产188.5千克，比对照减产2.3%（不显著），两年区试平均667米^{2}产193.6千克，比对照增产1.5%。2002年参加黄淮海北片夏大豆品种生产试验，平均667米^{2}产193.5千克，比对照早熟18增产3.32%。栽培技术要点：（1）种植密度一般每667米^{2}1.6万～1.8万株为宜。（2）要抢墒或足墒播种，一次全苗。在分枝、花荚期、鼓粒期遇旱浇水。（3）适于肥地和较肥地种植。苗期、初花期每667米^{2}追施磷酸二铵或复合肥10～20千克。该品种适宜在北京、天津、河北中部和山东北部地区夏播种植。

71. 沧豆5号是哪一年通过审定的？其主要特征特性和适宜推广范围怎样？

沧豆5号是河北省沧州市农林科学院选育的，于2003年通过国审，审定编号：国审豆2003020。品种来源：7102×晋遗在

D90。该品种紫花，灰毛，椭圆形叶，亚有限结荚习性。两年区试平均生育期104.5天，株高88.8厘米，有效分枝1.7个，单株有效荚数31.2个，单株粒数72.7个，百粒重22克。种皮黄色，微光，椭圆形粒，褐脐。抗病性较好，抗倒性一般。平均粗蛋白质含量40.57%，粗脂肪含量21.86%。2001—2002年参加黄淮海中片夏大豆品种区域试验，2001年平均667米^{2}产164.4千克，比对照鲁豆11增产5.08%（极显著）。2002年平均667米^{2}产162.8千克，比对照增产5.43%（极显著）。两年区试平均667米^{2}产163.6千克，比对照增产5.26%。2002年参加黄淮海中片夏大豆品种生产试验，平均667米^{2}产158.7千克，比对照鲁豆11增产5.17%。栽培技术要点：（1）适宜播期在6月中旬。（2）667米^{2}播种量5千克左右，667米^{2}留苗1.2万～1.5万株。（3）肥水管理：有机肥与化肥配合施用，增施磷钾肥。底肥为主，追肥为辅，追肥时间一般在初花期。生育期间遇旱浇水，尤其在花荚期遇旱，必须浇水。该品种适宜在河南北部、陕西中部、河北中部和南部、山东西北部地区夏播种植。

72. 五星1号（冀黄105）是哪一年通过审定的？其主要特征特性和适宜推广范围怎样？

五星1号（冀黄105）是河北省农林科学院粮油作物研究所选育的，于2003年通过国审，审定编号：国审豆2003021。品种来源：冀豆9号×Century。该品种紫花，棕毛，卵圆形叶，亚有限结荚习性。两年区试平均生育期105天，株高84.7厘米，主茎节数17.1节，底荚高度11.8厘米，单株有效分枝1.7个，单株有效荚数36.7个，单株粒数77.6个，百粒重20.4克。种皮黄色，粒形椭圆，褐脐。抗倒伏、抗病性较好。品质优，脂肪氧化酶Ⅱ、Ⅲ缺失，无豆腥味。平均粗蛋白质含量42.39%，平均粗脂肪含量20.27%。2001—2002年参加黄淮海中片夏大豆品种区域试验，2001年平均667米^{2}产164.5千克，比对照鲁豆11增产5.15%（极显著）。2002年平均667米^{2}产155.4千克，比对照增产0.67%（不显著）。两年区试平均667米^{2}产156.0千克，比对照增产2.92%。2002年参加黄淮海中片夏大豆品种生产试验，平均667米^{2}产144.5千克，比对照鲁豆11减产4.27%。栽培技术要点：(1) 适宜播期：6月10日～25日。(2) 机播播量每667米^{2}5.5～6.5千克，人工点播每667米^{2}4千克左右。肥力较好地块667米^{2}留苗1.5万株左右，肥力较低的沙土地667米^{2}留苗1.8万株。(3) 苗期较抗旱，可蹲苗防倒。开花期结合浇水追施二铵667米^{2}15～20千克。花期和结荚期根据土壤墒情或降雨量遇旱注意浇水。鼓粒期不可缺水。该品种适宜在山东中部和南部、河北南部、山西南部平原地区、河南北部和中部、陕西关中地区夏播种植。

73. 邯豆4号（邯195）是哪一年通过审定的？其主要特征特性和适宜推广范围怎样？

邯豆4号（邯195）是河北省邯郸市农业科学院选育的，于2003年通过国审，审定编号：国审豆2003022。品种来源：邯73×邯81。该品种紫花，棕毛，披针形叶，株型收敛，亚有限结荚习性。两年区试平均生育期105天，株高92.8厘米，单株有效荚数33.6个，百粒重18.95克。种皮黄色，微有光泽，圆粒，微光，黄脐。抗病、抗倒性较好。粗蛋白质含量39.16%，粗脂肪含量23.36%。2000—2001年参加黄淮海中片夏大豆品种区域试验，2000年平均667米^{2}产187.8千克，比对照鲁豆11增产7.90%（极显著）。2001年平均667米^{2}产163.6千克，比对照增产4.60%（不显著）。两年区试平均667米^{2}产175.7千克，比对照增产6.34%。2002年参加黄淮海中片夏大豆品种生产试验，平均667米^{2}产156.7千克，比对照鲁豆11增产

3.8%。栽培技术要点：(1) 合理密植，每667米^{2}1.4万～2.2万株为宜，要及时间苗和中耕除草。(2) 施足底肥，尽早追肥，注意增施磷肥。(3) 及时防治虫害，主要是红蜘蛛、豆天蛾、棉铃虫、甜菜夜蛾等。(4) 花荚期和鼓粒期遇旱浇水。该品种适宜在山东中部和南部、河北南部、山西南部平原地区、河南北部和中部、陕西关中地区夏播种植。

74. 合豆3号（蒙9235）是哪一年通过审定的？其主要特征特性和适宜推广范围怎样？

合豆3号（蒙9235）是安徽省农科院作物研究所选育的，于2003年通过国审，审定编号：国审豆2003023。品种来源：（蒙84－20×荷84－5）F_1×泗豆11。该品种紫花，灰毛，圆叶，株型收敛，有限结荚习性。两年区试平均生育期103天，株高69.6厘米，有效分枝1.0个，单株有效荚数38.8个，单株粒重16.7克，百粒重22.1克。种皮黄色，籽粒圆形，微有光泽，脐浅黄，成熟时荚呈灰褐色。抗病、抗倒伏性较好。粗蛋白质含量43.37%，粗脂肪含量20.34%。2001—2002年参加黄淮海南片夏大豆品种区域试验，2001年平均667米^{2}产193.2千克，比对照中豆20增产7.93%（极显著）。2002年平均667米^{2}产199.0千克，比对照增产2.32%（不显著）。两年区试平均667米^{2}产196.1千克，比对照增产5.13%。2002年参加黄淮海南片夏大豆品种生产试验，平均667米^{2}产208.9千克，比对照中豆20增产10.23%。栽培技术要点：(1) 足墒早播。该品种籽粒较大，要求足墒播种，保证全苗齐苗。从5月下旬至6月下旬均可播种，6月上旬为最佳播期。晚播和早播要适当增加或减少密度。(2) 合理密植。一般中等肥力水平每667米^{2}1.6万～2.0万株，高肥力田块每667米^{2}种植1.2万～1.5万株。(3) 增施肥料。要获得每667米^{2}200

千克以上产量，播前要每 667 米^2 施基肥 15～25 千克，三元复合肥或磷酸二铵 10 千克，氯化钾 5 千克。花期追施尿素 5～8 千克，鼓粒期喷施磷酸二氢钾。(4) 加强田间管理，鼓粒期遇旱及时灌水。该品种适宜在河南驻马店、山东西南部、安徽北部、江苏北部夏播种植。

75. 丰收 24 是哪一年通过审定的？其主要特征特性和适宜推广范围怎样？

丰收 24 是黑龙江省农科院克山农业科学研究所选育的，于 2003 年通过国审，审定编号：国审豆 2003024。品种来源：黑 83－889×绥 83－708。该品种紫花，灰毛，长叶，株型收敛，亚有限结荚习性。两年区试平均生育期 112 天，株高 73.5 厘米，单株有效荚数 25.8 个，每荚粒数 2.5 个，百粒重 19.3 克。成熟时落叶，轻度裂荚。种皮黄色，黄脐，籽粒圆形。抗病、抗倒伏。平均粗蛋白质含量 40.10%，粗脂肪含量 19.97%。2001—2002 年参加北方春大豆早熟组品种区域试验，2001 年平均 667 米^2 产 195.8 千克，比对照黑河 18 增产 10.8%（显著）。2002 年平均 667 米^2 产 198.0 千克，比对照增产 6.0%（显著）。两年区试平均 667 米^2 产 196.9 千克，比对照增产 8.3%。2002 年参加北方春大豆早熟组品种生产试验，平均 667 米^2 产 192.6 千克，比对照增产 8.5%。栽培技术要点：(1) 适时播种，采用精量播种点播等距播种，667 米^2 保苗 1.9 万株左右。(2) 选择中等以上肥力地块种植，667 米^2 施有机肥 2 000 千克或磷酸二铵 10～12.5 千克。该品种适宜在内蒙古兴安盟和呼伦贝尔市、吉林东部早熟区、黑龙江省第四积温带及新疆阿尔泰地区早熟区春播种植。

76. 九丰9号是哪一年通过审定的？其主要特征特性和适宜推广范围怎样？

九丰9号是黑龙江省农垦总局九三科学研究所选育的，于2003年通过国审，审定编号：国审豆2003025。品种来源：黑河九号×合丰25。该品种紫花，长叶，株型收敛，亚有限结荚习性。两年区试平均生育期113天，株高67.6厘米，百粒重19.2克，单株有效荚数29.0个，每荚粒数2.3个。成熟时落叶，不裂荚。种皮黄色，黄脐，籽粒圆形。抗病和抗倒伏。平均粗蛋白质含量40.94%，粗脂肪含量20.31%。2001—2002年参加北方春大豆早熟组品种区域试验，2001年平均667米^{2}产175.7千克，比对照黑河18增产8.6%（显著）。2002年平均667米^{2}产197.4千克，比对照增产5.6%（显著）。两年区试平均667米^{2}产186.6千克，比对照增产7.1%。2002年参加北方春大豆早熟组品种生产试验，平均667米^{2}产194.1千克，比对照黑河18增产9.3%。栽培技术要点：（1）5月上旬播种，667米^{2}保苗数2.2万株左右。（2）要求中上等土壤肥力，采用“三垄栽培”技术种植。（3）一般667米^{2}施化肥氮、磷、钾纯量为9～11千克，比例为1∶1.5∶0.5。该品种适宜在内蒙古兴安盟和呼伦贝尔市、吉林东部早熟区、黑龙江省第四积温带及新疆阿尔泰地区早熟区春播种植。

77. 黑农46是哪一年通过审定的？其主要特征特性和适宜推广范围怎样？

黑农46是黑龙江省农科院大豆研究所选育的，于2003年通过国审，审定编号：国审豆2003026。品种来源：哈857-1×吉8028。该品种白花，白毛，圆叶，株型收敛，亚有限结荚习性。

两年区试平均生育期125天，株高77.9厘米，百粒重21.2克，单株有效荚数37.6个，每荚粒数2.3个。成熟时轻度裂荚。种皮黄色，黄脐，籽粒椭圆形。抗病和抗倒伏性一般。平均粗蛋白质含量38.57%，粗脂肪含量20.57%。2001—2002年参加北方春大豆中早熟组品种区域试验，2001年平均667米^{2}产201.2千克，比对照绥农14增产6.1%（显著）。2002年平均667米^{2}产225.1千克，比对照增产4.3%（显著）。两年区试平均667米^{2}产213.2千克，比对照增产5.2%。2002年参加北方春大豆中早熟组品种生产试验，平均667米^{2}产186.0千克，比对照增产10.5%。栽培技术要点：(1) 选择中等以上肥力的地块或平岗地上种植，避免重茬。(2) 每667米^{2}施二铵9千克，尿素2千克，钾肥2千克，深施或分层施。(3) 播种前用硼钼微肥种衣剂包衣处理。(4) 适宜种植密度为每667米^{2}1.7万～1.9万株，精量播种。(5) 五月上旬播种。(6) 生育期间要求三铲三趟，拔大草二次或采用化学除草。该品种适宜在黑龙江省第一二积温带、吉林省东部中早熟区及新疆新源和昌吉地区中早熟区春播种植。

78. 晋遗30是哪一年通过审定的？其主要特征特性和适宜推广范围怎样？

晋遗30是山西省农科院作物遗传研究所选育的，于2003年通过国审，审定编号：国审豆2003027。品种来源：晋豆19×晋豆11。该品种紫花，棕毛，圆叶，株型收敛或半开张，亚有限结荚习性。两年区试平均生育期140天，株高101.8厘米，百粒重21.5克，单株有效荚数54.7个，每荚粒数2.0个。成熟时半落叶，轻度裂荚。种皮黄色，黑脐，籽粒椭圆形。抗病性一般。平均粗蛋白质含量41.28%，粗脂肪含量21.74%。2001—2002年参加北方春大豆晚熟组品种区域试验，2001年平均667米^{2}产225.6千克，比对照开育10增产18.2%。2002年平均667米^2

产208.7千克，比对照增产2.0%。两年区试平均667米^{2}产217.2千克，比对照增产9.8%。2002年参加北方春大豆晚熟组品种生产试验，平均667米^{2}产208.7千克，比对照开育10增产1.3%。栽培技术要点：(1) 施足基肥：667米^{2}施农家肥2 000千克，过磷酸钙35千克，尿素15～20千克。(2) 适期播种：春播在4月下旬到5月上旬。(3) 适宜密度：春播每667米^{2}0.8万～1.0万株。(4) 适时防治大豆食心虫，在结荚期抓住有利时机防治大豆食心虫。该品种适宜在山西中部、甘肃中部、陕西中部、宁夏灌区春播种植。

79. 徐豆12是哪一年通过审定的？其主要特征特性和适宜推广范围怎样？

徐豆12是江苏徐淮地区徐州农业科学研究所选育的，于2003年通过国审，审定编号：国审豆2003028。品种来源：泗豆11×（豫豆15×徐8216-17）F_1。该品种白花，棕毛，卵圆叶，株型直立，分枝少，亚有限结荚习性。两年区试平均生育期102天，株高90厘米，结荚高度11厘米，有效分枝1.0个，每荚粒数2.0粒，百粒重20克。籽粒黄色，有光泽，灰黑脐。植株中抗倒伏，较抗病毒病。平均粗蛋白质含量41.36%，粗脂肪含量21.86%。2000—2001年参加黄淮海南片夏大豆品种区域试验，2000年平均667米^{2}产173.7千克，比对照中豆20增产5.94%（极显著）。2001年平均667米^{2}产176.2千克，比对照减产1.54%（不显著）。两年区试平均667米^{2}产175.0千克，比对照增产2.04%。2002年参加黄淮海南片夏大豆品种生产试验，平均667米^{2}产189.0千克，比对照中豆20减产0.31%。栽培技术要点：(1) 最佳播种适期为6月中旬。(2) 在一般肥力田块，每667米^{2}密度为1.5万株；在中等肥力田块，每667米^{2}密度为1.25万株；在高肥力田块每 667 米^{2}1.0 万株。（3）每 667 米^2 施复合肥 25 千克以上作基肥，花期追施尿素 5～8 千克，开花期株高在 70 厘米左右喷施多效唑。（4）遇干旱时要及时灌溉，特别是在大豆鼓粒期即 8 月下旬到 9 月上旬遇干旱及时灌溉能显著增加产量。该品种适宜在安徽北部、河南驻马店、江苏北部、山东西南部夏播种植。

80. 邯豆 3 号是哪一年通过审定的？其主要特征特性和适宜推广范围怎样？

邯豆 3 号是河北省邯郸市农业科学院选育的，于 2003 年通过国审，审定编号：国审豆 2003029。品种来源：邯 73×中作 87-D06。该品种紫花，棕毛，圆叶，亚有限结荚习性。在西北地区春播平均生育期 138.1 天，在黄淮海地区夏播平均生育期 102 天，株高 85 厘米，单株有效荚数 30 个，单株粒重 16.5 克，百粒重 21.4 克。圆粒，褐脐。高抗病毒病，抗霜霉病，抗倒性较好。平均粗蛋白质含量 41.26%，粗脂肪含量 20.95%。1998—2000 年参加黄淮海中片夏大豆品种区域试验，1998 年平均 667 米^2 产 171.4 千克，比对照鲁豆四号增产 6.2%。1999 年平均 667 米^2 产 167.7 千克，比对照增产 4.09%。2000 年平均 667 米^2 产 181.0 千克，比对照增产 14.55%。三年区试平均 667 米^2 产 173.4 千克，比对照增产 8.42%。1999 年参加黄淮海中片夏大豆品种生产试验，平均 667 米^2 产 166.1 千克，比对照增产 12.9%。2000—2001 年参加西北春大豆品种区域试验，2000 年平均 667 米^2 产 174.8 千克，比对照晋豆 19 增产 26.27%。2001 年平均 667 米^2 产 169.3 千克，比对照增产 11.78%。两年区试平均 667 米^2 产 172.1 千克，比对照增产 18.9%。2001 年参加西北春大豆品种生产试验，平均 667 米^2 产 175.3 千克，比对照晋豆 19 增产

5.19%。栽培技术要点：注意及时防治病虫害，如红蜘蛛、蚜虫、豆天蛾、大豆食心虫、棉铃虫等。该品种适宜在河北南部、河南北部、山西南部、陕西中部夏播种植；在甘肃中部、陕西北部、新疆库尔勒地区、宁夏灌区春播种植。

81. 郑 90007 是哪一年通过审定的？其主要特征特性和适宜推广范围怎样？

郑 90007 是河南省农科院棉花油料作物研究所选育的，于 2003 年通过国审，审定编号：国审豆 2003030。品种来源：郑 84285×郑 84240。该品种紫花，灰毛，圆叶，株型收敛，有限结荚习性。两年区试平均生育期 104.5 天，株高 74.2 厘米，单株有效荚数 48 个，单株粒重 16.1 克，百粒重 16.1 克。种皮黄色，有光泽，圆粒，褐脐。较抗病。平均粗蛋白质含量 41.16%，粗脂肪含量 20.46%。2000—2001 年参加黄淮海南片夏大豆品种区域试验，2000 年平均 667 米^2 产 178.0 千克，比对照中豆 20 增产 8.57%（极显著）。2001 年平均 667 米^2 产 193.3 千克，比对照增产 7.97%（极显著）。两年区试平均 667 米^2 产 185.6 千克，比对照增产 8.26%。2001 年参加黄淮海南片夏大豆品种生产试验，平均 667 米^2 产 176.7 千克，比对照增产 7.56%。栽培技术要点：（1）6 月上、中旬播种，豫北、豫西麦垄套种可在麦收前 10 天播种，每 667 米^2 播种量 4～5 千克，667 米^2 留苗 1 万～1.5 万株。（2）667 米^2 施钙镁磷肥 40～50 千克，或二铵 40 千克，初花期追施尿素 5～10 千克，也可叶面喷肥。（3）该品种多枝、花期集中、开花多，花夹期遇旱浇水是夺取高产的关键。该品种适宜在河南中部和南部、山东西南部、江苏北部、安徽北部夏播种植。

82. 豫豆29是哪一年通过审定的？其主要特征特性和适宜推广范围怎样？

豫豆29是河南省农科院棉花油料作物研究所选育的，于2003年通过国审，审定编号：国审豆2003031。品种来源：郑87260×郑85212。该品种紫花，灰毛，圆叶，株型收敛，有限结荚习性。两年区试平均生育期109天，株高81厘米，百粒重20.06克。种皮黄色，强光泽，椭圆粒，浅褐脐。抗倒、抗病性好。平均粗蛋白质含量42.8%，粗脂肪含量20.34%。2000—2001年参加黄淮海中片夏大豆品种区域试验，2000年平均667米^{2}产189.7千克，比对照鲁豆11号增产9.95%（极显著）。2001年平均667米^{2}产172.3千克，比对照增产10.15%（极显著）。两年区试平均667米^{2}产181.0千克，比对照增产9.55%。2001年参加黄淮海中片夏大豆品种生产试验，平均667米^{2}产174.5千克，比对照增产5.25%。栽培技术要点：（1）6月上中旬播种，每667米^{2}播种量4千克，667米^{2}留苗1.2万～1.5万株为宜。行距40～50厘米，株距10～13厘米。要求麦收后足墒播种，力争全苗。（2）肥水管理：在结荚期、鼓粒期遇旱浇水，可增加结荚数，提高粒重。该品种适宜在河南中部和北部、河北南部、山西南部、陕西中部、山东西南部夏播种植。

83. 绥农14是哪一年通过审定的？其主要特征特性和适宜推广范围怎样？

绥农14是黑龙江省农科院绥化农业科学研究所选育的，于2003年通过国审，审定编号：国审豆2003032。品种来源：合丰25号×绥农8号。该品种紫花，灰毛，长叶，亚有限结荚习性。平均生育期122天，株高78.9厘米，单株有效荚数33.7个，每荚粒数 2.4 个，百粒重 20.3 克。种皮黄色，圆粒，黄脐。中抗灰斑病，秆强不倒。平均粗蛋白质含量 38.66%，粗脂肪含量 21.93%。2001—2002 年参加北方春大豆品种区域试验，2001 年平均 667 米^2 产 201.9 千克，2002 年平均 667 米^2 产 215.8 千克。2002 年参加北方春大豆品种生产试验，平均 667 米^2 产 168.3 千克。栽培技术要点：（1）适宜五月上旬播种。（2）种植密度：667 米^2 播种量 4 千克左右，667 米^2 保苗 1.5 万～1.7 万株。（3）肥水管理：每 667 米^2 施种肥磷酸二铵 10 千克、尿素 3 千克、钾肥 1.5 千克。该品种适宜在黑龙江省第一二积温带土壤较肥沃地区、吉林东部延边和北山市、新疆昌吉和石河子及其周边地区春播种植。

84. 冀黄 13 是哪一年通过审定的？其主要特征特性和适宜推广范围怎样？

冀黄 13 是河北省农林科学院粮油作物研究所选育的，于 2004 年通过国审，审定编号：国审豆 2004001。品种来源：中品 661×8032（7322-111×威廉姆斯）该品种白花，棕毛，披针形叶，亚有限结荚习性。平均生育期 139 天，株高 102.7 厘米，有效分枝 1.3 个，单株有效荚数 41.2 个，单株粒数 91.6 个，单株粒重 17.8 克，百粒重 19.9 克。种皮黄色，褐脐，圆粒。经吉林省农科院大豆研究中心接种鉴定，中抗花叶病毒病 SMV1 株系，中感 SMV 混合株系，中感大豆胞囊线虫 4 号生理小种。平均粗蛋白质含量 39.6%，粗脂肪含量 21.7%。2002 年参加西北春大豆品种区域试验，平均 667 米^2 产 221.04 千克，比对照晋豆 19 增产 5.2%；2003 年续试，平均 667 米^2 产 207.64 千克，比对照晋豆 19 增产 5.04%；两年区试平均 667 米^2 产 214.34 千克，比对照晋豆 19 增产 5.12%。2003 年参加西北春大豆品种生产试验，平均 667 米^2 产 191.09 千克，比对照晋豆 19 增产 0.79%。

栽培技术要点：(1) 播期：5月上中旬。(2) 密度：机播播量每667米^{2}4.5～6千克，人工点播每667米^{2}4千克左右。肥力较好地块667米^{2}留苗1.6万株左右，肥力较低的沙土地667米^{2}留苗2.0万～2.2万株。(3) 浇水：除特殊干旱年份外，幼苗期一般不浇水。干旱时可在分枝期浇水。根据土壤墒情或降雨量浇好开花水、鼓粒水。(4) 施肥：春播整地时施氮磷钾复合肥20千克或磷酸二铵15～20千克作底肥。初花期至开花后10天结合浇水追施尿素10千克左右。该品种适宜在陕西北部、甘肃东部及中部、山西中部地区肥力较高地块春播种植。

85. GS郑9525（郑9525）是哪一年通过审定的？其主要特征特性和适宜推广范围怎样？

GS郑9525（郑9525）是河南省农科院棉花油料作物研究所选育的，于2004年通过国审，审定编号：国审豆2004002。品种来源：郑100×驻美金。该品种紫花、灰毛、卵圆形叶，有限结荚习性。平均生育期111天，株高75.1厘米，有效分枝3.2个，单株有效荚数45.0个，单株粒数80.8个，百粒重19.6克。种皮黄色，褐脐，圆粒。抗倒伏性较强，抗病性一般。平均粗蛋白质含量42.26%，粗脂肪含量18.45%。2002年参加黄淮海中片夏大豆品种区域试验，平均667米^{2}产184.37千克，比对照鲁豆11增产19.42%（极显著）；2003年续试，平均667米^{2}产191.34千克，比对照鲁豆11增产7.68%（极显著）；两年区试平均667米^{2}产187.86千克，比对照鲁豆11增产13.13%。2003年参加黄淮海中片夏大豆品种生产试验，平均667米^{2}产171.84千克，比对照鲁豆11增产5.08%。栽培技术要点：(1) 适宜播期：6月上中旬，豫北、豫西麦垄套种可在麦收前10天播种。每667米^{2}播量4～5千克，行距40厘米左右，株距13～15厘米，667米^{2}留苗1万～1.5万株。(2) 肥水管理：该品种喜肥，应增施底肥，适量追肥。667 米^2 施钙镁磷肥 40～50 千克，或二铵 10 千克，初花期追施尿素 5 千克，也可叶面喷肥。由于该品种花期集中，开花多，花荚期遇旱浇水是夺取高产的关键。(3) 该品种成熟时落叶性好，熟期一致，抗裂荚性强，可在植株完全成熟、籽粒干透后收获，以免过早收获影响外观和品质。该品种适宜在河南中北部、河北南部、山西南部、陕西关中平原地区种植。

86. 齐黄 31 是哪一年通过审定的？其主要特征特性和适宜推广范围怎样？

齐黄 31 是山东省农科院作物研究所选育的，于 2004 年通过国审，审定编号：国审豆 2004003。品种来源：济 3045×潍 8640。该品种白花，棕毛，卵圆形叶，有限结荚习性。平均生育期 108 天，株高 74.1 厘米，有效分枝 2.2 个，单株有效荚数 49.2 个，单株粒数 86.1 个，百粒重 17.7 克。种皮黄色，浅褐脐，扁椭圆粒。抗病、抗倒伏性好。平均粗蛋白质含量 39.44%，粗脂肪含量 22.12%。2002 年参加黄淮海中片夏大豆品种区域试验，平均 667 米^2 产 166.52 千克，比对照鲁豆 11 增产 7.86%（极显著）；2003 年续试，平均 667 米^2 产 190.64 千克，比对照鲁豆 11 增产 7.28%（极显著）；两年区试平均 667 米^2 产 178.58 千克，比对照鲁豆 11 增产 7.55%。2003 年参加黄淮海中片夏大豆品种生产试验，平均 667 米^2 产 176.94 千克，比对照鲁豆 11 增产 8.20%。栽培技术要点：(1) 密度：一般每 667 米^2 保苗 1.5 万～1.7 万株。(2) 要抢墒或造墒播种，保证全苗。分枝期、花荚期、鼓粒期遇旱浇水。(3) 适于肥地和较肥地种植。苗期、初花期每亩追施磷酸二铵或复合肥 10～20 千克。该品种适宜在山东中南部、河南北部、河北南部、山西南部及陕西关中平原种植。

87. 晋豆29（汾豆53）是哪一年通过审定的？其主要特征特性和适宜推广范围怎样？

晋豆29（汾豆53）是山西省农科院经济作物研究所选育的，于2004年通过国审，审定编号：国审豆2004004。品种来源：早熟18×晋大28。该品种紫花，棕毛，圆叶，无限结荚习性。平均生育期106.5天，株高71.9厘米，有效分枝2.6个，单株有效荚数38.1个，单株粒数91.3个，百粒重17.6克。种皮黄色，浅褐脐，圆粒。平均粗蛋白质含量38.1%，粗脂肪含量22.11%。2002年参加黄淮海中片夏大豆品种区域试验，平均667米^{2}产170.93千克，比对照鲁豆11增产10.71%（极显著）；2003年续试，平均667米^{2}产198.85千克，比对照鲁豆11增产11.9%（极显著）；两年区试平均667米^{2}产184.89千克，比对照鲁豆11增产11.35%。2003年参加黄淮海中片夏大豆品种生产试验，平均667米^{2}产183.16千克，比对照鲁豆11增产12.0%。栽培技术要点：6月上中旬播种，667米^{2}播量7.5千克左右，种植密度667米^{2}1.4万～1.6万株。要注意抢时，抢墒播种。该品种适宜在河北南部、河南北部和中部、山西南部及陕西关中平原夏播种植。

88. 五星2号（冀观52）是哪一年通过审定的？其主要特征特性和适宜推广范围怎样？

五星2号（冀观52）是河北省农林科学院粮油作物研究所选育的，于2004年通过国审，审定编号：国审豆2004005。品种来源：冀豆9号×Century。该品种紫花，棕毛，卵圆叶，亚有限结荚习性。平均生育期136.5天，株高94.0厘米，有效分枝1.8个，单株有效荚数47.4个，单株粒数107.1个，单株粒重19.8克，百粒重19.2克。经吉林省农科院大豆研究中心接种鉴定，抗花叶病毒病SMV1株系，中抗花叶病毒病SMV混合株系，高感大豆食心虫、感大豆胞囊线虫病。抗倒性好。平均粗蛋白质含量38.75%，粗脂肪含量21.57%。2002年参加西北春大豆品种区域试验，平均667米^{2}产213.38千克，比对照晋豆19号增产1.55%（不显著）；2003年续试，平均667米^{2}产211.05千克，比对照晋豆19号增产6.76%（极显著）；两年区试平均667米^{2}产212.22千克，比对照晋豆19号增产4.08%。2003年参加西北春大豆品种生产试验，平均667米^{2}产191.43千克，比对照晋豆19号增产0.97%。栽培技术要点：（1）播期：可根据各地气候条件进行，甘肃、宁夏在4月中、下旬，陕西在4月底5月初，北京、天津、河北北部春播区在5月上、中旬播种为宜。（2）密度：机播播量每667米^{2}5.5～6.5千克，人工点播每667米^{2}4千克左右。肥力较好地块667米^{2}留苗1.6万株左右，肥力较低的沙土地667米^{2}留苗1.8万～2.0万株。（3）肥水管理：除特殊干旱年份外，苗期一般不浇水。开花期结合浇水追施纯氮667米^{2}5～7千克。结荚期根据土壤墒情或降雨情况确定浇水。鼓粒期遇旱应及时浇水。该品种适宜在陕西北部、河北中部、甘肃东部及中部地区肥力水平较高的地块春播种植。

89. 黑河36是哪一年通过审定的？其主要特征特性和适宜推广范围怎样？

黑河36是黑龙江省农科院黑河农科所选育的，于2004年通过国审，审定编号：国审豆2004006。品种来源：北87-9×九三90-66。该品种白花，长叶，株型收敛，亚有限结荚习性。平均生育期116天，株高59.1厘米，单株有效荚数25.1个，百粒重20.5克。成熟时落叶，轻度裂荚。种皮黄色，黄脐，籽粒圆形。经吉林省农科院大豆研究中心接种鉴定，抗大豆灰斑病。平均粗蛋白质含量39.80%，粗脂肪含量19.28%。2002年参加北方春大豆早熟组品种区域试验，平均667米^{2}产199.1千克，比对照黑河18增产6.6%（显著）；2003年续试，平均667米^{2}产150.0千克，比对照黑河18增产8.9%（极显著）；两年区试平均667米^{2}产174.6千克，比对照黑河18增产7.6%。2003年参加北方春大豆早熟组品种生产试验，平均667米^{2}产181.1千克，比对照黑河18增产13.2%。栽培技术要点：（1）4月末至5月初播种。（2）一般大垄（60～70厘米）栽培每公顷保苗30万株，窄行密植可保苗35万～40万株。（3）用种衣剂拌种。（4）一般每公顷施磷酸二铵150～200千克，加施尿素20～30千克，钾肥30～40千克，深施或分层施肥。该品种适宜在黑龙江省北部、吉林省东部、内蒙古呼伦贝尔及新疆阿勒泰早熟区种植。

90. 南豆5号是哪一年通过审定的？其主要特征特性和适宜推广范围怎样？

南豆5号是四川省南充市农业科学研究所选育的，于2004年通过国审，审定编号：国审豆2004007。品种来源：矮脚早×贡豆6号。该品种白花，棕毛，披针形叶，株型紧凑，有限结荚习性。平均生育期109天，株高49.5厘米，分枝2.3个，百粒重22.4克。成熟时荚呈褐色。种子椭圆形，种皮黄色，脐褐色。平均粗蛋白质含量46.18%，粗脂肪含量18.71%。2002年参加南方春大豆组品种区域试验，平均667米^{2}产146.5千克，比对照湘春10号增产5.5%（极显著）；2003年续试，平均667米^{2}产140.7千克，比对照湘春10号减产5.2%；两年区试平均667米^{2}产146.0千克，比对照湘春10号增产1.6%。2003年参加南方春大豆组品种生产试验，平均667米^{2}产122.0千克，比对照湘春10号增产4.8%。栽培技术要点：（1）播种期：长江流域春播3月中、下旬；夏播5月中、下旬，秋播7月上旬至下旬。(2) 种植密度：春、夏季净作667米^{2}保苗1.5万～1.7万株。与花生、红苕等作物间作667米^{2}保苗0.2万～0.25万株。(3) 施肥：667米^{2}施过磷酸钙20～25千克及人畜粪水1 000～1 500千克作底肥。该品种适宜在四川盆地及低山丘陵地区、湖南北部、江西中部及北部、安徽南部、江苏南部及湖北江汉平原春播种植。

91. 中品662是哪一年通过审定的？其主要特征特性和适宜推广范围怎样？

中品662是中国农科院作物科学研究所选育的，于2005年通过国审，审定编号：国审豆2005001。品种来源：早5粒×鲁豆4号。该品种白花，棕毛，卵圆叶，亚有限结荚习性。平均生育期111天，株高91.89厘米，单株有效荚数38.15个，单株粒数88.74个，单株粒重17.28克，百粒重19.86克，有效分枝1.79个。抗大豆花叶病毒病，高感大豆胞囊线虫病，抗倒性一般。平均粗蛋白含量40.22%，粗脂肪含量19.84%。2003年参加黄淮海北片夏大豆品种区域试验，平均667米^{2}产181.36千克，比对照早熟18增产4.56%（极显著）；2004年续试，平均667米^{2}产189.14千克，比对照早熟18增产9.56%（极显著）；两年区试平均667米^{2}产185.25千克，比对照早熟18增产7.06%。2004年生产试验平均667米^{2}产185.55千克，比对照早熟18增产7.40%。栽培技术要点：(1) 在京津地区要早播，以6月15～20日为宜。(2) 适宜密度667米^{2}1.5万～1.8万株。注意一次播种保全苗，苗全苗匀是丰产的基础。(3) 播种时施二铵667米^{2}15千克，开花期可追施尿素667米^{2}10千克。(4) 注意防治蚜虫和蛀荚害虫，不宜在大豆胞囊线虫病区种植。该品种适宜在北京、天津、河北中部及山东北部地区夏播种植。

92. 中黄29是哪一年通过审定的？其主要特征特性和适宜推广范围怎样？

中黄29是中国农科院作物科学研究所选育的，于2005年通过国审，审定编号：国审豆2005002。品种来源：鲁861168×鲁豆11。该品种紫花，灰毛，卵圆叶，亚有限结荚习性。平均生育期111天，株高82.34厘米，有效分枝1.66个，单株有效荚数39.35个，单株粒数58.63个，单株粒重15.75克，百粒重20.83克。高抗大豆花叶病毒病，感大豆胞囊线虫病，轻感霜霉病，抗倒性一般。平均粗蛋白含量45.02%，粗脂肪含量18.72%。2003年参加黄淮海北片夏大豆品种区域试验，平均667米^{2}产168.43千克，比对照早熟18减产2.89%；2004年续试，平均667米^{2}产172.69千克，比对照早熟18增产0.03%(不显著)；两年平均667米^{2}产170.56千克，比对照早熟18减产1.43%。2004年生产试验平均667米^{2}产167.17千克，比对照早熟18减产3.24%。栽培技术要点：适宜在中等肥力地块种植，密度667米^{2}1.3万～1.5万株；夏播适宜播期为6月上中旬，确保苗齐、苗壮；苗期注意蹲苗防倒伏，开花初期和鼓粒期注意施肥浇水；封垄前中耕2～3次。该品种适宜在北京、天津及河北中部地区夏播种植。

93. 豪彩1号是哪一年通过审定的？其主要特征特性和适宜推广范围怎样？

豪彩1号是北京豪润彩虹农业科技发展有限公司选育的，于2005年通过国审，审定编号：国审豆2005003。品种来源：齐黄26×太空5号。该品种紫花，棕毛，椭圆叶，株型紧凑收敛，有限结荚习性。平均生育期108天，株高85.39厘米，有效分枝2

个，单株有效荚数48.17个，单株粒数97.13，单株粒重17.27克，百粒重19.30克。抗病、抗倒性较好。平均粗蛋白含量37.93%，粗脂肪含量20.54%。2003年参加黄淮海北片夏大豆品种区域试验，平均667米^{2}产182.44千克，比对照早熟18增产5.18%；2004年续试，平均667米^{2}产190.05千克，比对照早熟18增产10.08%；两年区试平均667米^{2}产186.24千克，比对照早熟18增产7.63%。2004年生产试验平均667米^{2}产183.36千克，比对照早熟18增产6.12%。栽培技术要点：（1）该品种适宜在高肥水地块种植；（2）该品种不宜密植，夏播667米^{2}留苗数10 000株左右。该品种适宜在北京、天津、河北中部及山东北部地区夏播种植。

94. 濮豆6018是哪一年通过审定的？其主要特征特性和适宜推广范围怎样？

濮豆6018是河南省濮阳农业科学研究所选育的，于2005年通过国审，审定编号：国审豆2005004。品种来源：豫豆18号×92品A18。该品种白花，灰毛，卵圆叶，植株直立，有限结荚习性。平均生育期117天，株高98.32厘米，有效分枝1.83个，单株有效荚数35.91个，单株粒数68.39个，单株粒重16.10克，百粒重24.42克，脐色浅。感大豆花叶病毒病，高感大豆胞囊线虫病，抗倒伏性较差。粗蛋白含量42.89%，粗脂肪含量19.85%。2003年参加黄淮海中片夏大豆品种区域试验，平均667米^{2}产192.58千克，比对照1鲁豆11增产8.38%（极显著），比对照2鲁99-1增产4.53%（极显著）；2004年续试，平均667米^{2}产194.23千克，比对照鲁99-1增产11.51%（极显著）；两年区试平均667米^{2}产193.41千克，比对照鲁99-1增产8.02%。2004年生产试验平均667米^{2}产200.26千克，比对照鲁99—1增产16.60%。栽培技术要点：（1）播期：6月上中旬，麦垄套种适宜在麦收前 7～10 天播种。（2）密度：667 米^2 留苗 1.2 万～1.5 万株，高肥水地块宜稀，低肥水地块宜密。麦垄套种每 667 米^{2}5 000 穴，每穴留苗 2～3 株。（3）田间管理：有旺长趋势的田块，用 150 毫克/千克多效唑进行化控。该品种适宜在河南省中部和北部、山西省南部以及陕西省关中平原地区夏播种植。生产上应注意防止胞囊线虫病。

95. 邯豆 5 号是哪一年通过审定的？其主要特征特性和适宜推广范围怎样？

邯豆 5 号是河北省邯郸市农业科学院选育的，于 2005 年通过国审，审定编号：国审豆 2005005。品种来源：徐 8313×早 5241。该品种紫花，棕毛，椭圆叶，株型收敛，有限结荚习性。平均生育期 109 天，株高 91.47 厘米，有效分枝 1.25 个，单株有效荚数 32.17 个，单株粒数 76.84 个，百粒重 22.53 克。籽粒椭圆，具微光泽。高抗大豆花叶病毒病，高感大豆胞囊线虫病，抗倒伏性较好。平均粗蛋白质含量 39.74%，粗脂肪含量 22.55%。2003 年参加黄淮海中片夏大豆品种区域试验，平均 667 米^2 产 187.07 千克，比对照 1 鲁豆 11 增产 5.27%（极显著），比对照 2 鲁 99-1 增产 1.53%（不显著）；2004 年续试，平均 667 米^2 产 184.63 千克，比对照鲁 99-1 增产 5.99%（极显著）；两年区试平均 667 米^2 产 185.85 千克，比对照鲁 99-1 增产 3.76%。2004 年生产试验平均 667 米^2 产 180.69 千克，比对照鲁 99-1 增产 5.20%。栽培技术要点：在 6 月 25 日以前播种为宜；每 667 米^2 留苗 1.2 万～1.8 万株；施足底肥或尽早追肥，注意增施磷肥；注意防治红蜘蛛、豆天蛾、棉铃虫、甜菜夜蛾等害虫；花荚期和鼓粒期遇旱浇水。该品种适宜在河北省南部、河南省中部和北部、山西省南部地区夏播种植。

96. 潍豆6号是哪一年通过审定的？其主要特征特性和适宜推广范围怎样？

潍豆6号是山东省潍坊市农业科学院选育的，于2005年通过国审，审定编号：国审豆2005006。品种来源：81-1155×潍辐选。该品种紫花，棕毛，卵圆叶，株型收敛，有限结荚习性。平均生育期105天，株高67.72厘米，有效分枝2.11个，单株有效荚数37.86个，单株粒数73.76个，百粒重20.73克。成熟时落叶完全，不裂荚。抗病、抗倒伏性好。平均粗蛋白含量38.74%，粗脂肪含量22.38%。2003年参加黄淮海中片夏大豆品种区域试验，比对照1鲁豆11增产0.59%（不显著），比对照2鲁99-1减产2.98%（不显著）；2004年续试，平均667米^{2}产184.51千克，比对照鲁99-1增产5.92%（极显著）；两年区试平均667米^{2}产181.63千克，比对照鲁99-1增产1.47%。2004年生产试验平均667米^{2}产181.52千克，比对照鲁99-1增产6.98%。栽培技术要点：每667米^{2}种植密度以1.5万株为宜；该品种抗旱性较强，但在花荚期和鼓粒期遇旱应浇水；前茬作物应适当多施有机肥和磷钾肥，初花期每667米^{2}追施磷酸二胺或复合肥10千克。该品种适宜在山东省中部、河北省南部、河南省中部和北部、山西省南部以及陕西省关中平原地区夏播种植。

97. 齐黄30是哪一年通过审定的？其主要特征特性和适宜推广范围怎样？

齐黄30是山东省农科院作物研究所选育的，于2005年通过国审，审定编号：国审豆2005007。品种来源：济3045×潍8640。该品种白花，棕毛，卵圆叶，有限结荚习性。平均生育期

106天，株高74.4厘米，有效分枝2.4个，单株有效荚数45.2个，单株粒数88.6个。百粒重16.6克，种皮黄色，椭圆粒，褐脐。抗大豆花叶病毒病，高感大豆胞囊线虫病，抗倒伏性好。平均粗蛋白含量42.18%，粗脂肪含量22.36%。2002年参加黄淮海中片夏大豆品种区域试验，平均667米^{2}产162.81千克，比对照鲁豆11增产5.45%（极显著）；2003年续试，平均667米^{2}产187.29千克，比对照鲁豆11增产5.39%（极显著）；两年区试平均667米^{2}产175.06千克，比对照鲁豆11增产5.43%。2004年生产试验平均667米^{2}产183.87千克，比对照鲁豆11增产5.87%。栽培技术要点：适宜种植密度为1.5万～1.8万株；适宜在肥地或较肥地种植，初花期每667米^{2}追施磷酸二胺或复合肥10～20千克。该品种适宜在山东省中部、河北省南部、河南省中部和北部、山西省南部以及陕西省关中平原地区夏播种植。

98. 滨职豆1号是哪一年通过审定的？其主要特征特性和适宜推广范围怎样？

滨职豆1号是山东省滨州职业学院选育的，于2005年通过国审，审定编号：国审豆2005008。品种来源：日大选×滨89036。该品种紫花，棕毛，披针形叶，亚有限结荚习性。平均生育期105天，株高88.1厘米，有效分枝1.0个，单株有效荚数30.3个，单株粒数76.6个。百粒重19.4克，种皮黄色，褐脐，圆粒。抗病、抗倒伏性较好。平均粗蛋白质含量40.83%，粗脂肪含量21.54%。2002年参加黄淮海中片夏大豆品种区域试验，平均667米^{2}产160.78千克，比对照鲁豆11增产4.14%（极显著）；2003年续试，平均667米^{2}产197.94千克，比对照鲁豆11增产11.39%（极显著）；两年区试平均667米^{2}产179.36千克，比对照鲁豆11增产8.02%。2004年生产试验平均667米^{2}产193.08千克，比对照鲁豆11增产11.91%。栽培技术要点：选择土壤较肥沃的地块种植，施足底肥；6月上中旬播种为宜；667米^{2}留苗1.5万～1.6万株，单株留苗；保证花荚期肥水供应是确保高产的关键。该品种适宜在山东省中部、河北省南部、河南省中部和北部、山西省南部以及陕西省关中平原地区夏播种植。

99. 郑59是哪一年通过审定的？其主要特征特性和适宜推广范围怎样？

郑59是河南省农科院棉花油料作物研究所选育的，于2005年通过国审，审定编号：国审豆2005009。品种来源：郑88037×郑92019。该品种紫花，棕毛，椭圆叶，亚有限结荚习性。平均生育期111天，株高82.07厘米，有效分枝2.39个，单株有效荚数45.08个，单株粒数81.30个，百粒重17.04克。高抗大豆花叶病毒病，中感大豆胞囊线虫病，抗倒伏性较好。平均粗蛋白含量40.83%，粗脂肪含量20.30%。2003年参加黄淮海南片夏大豆品种区域试验，平均667米^{2}产153.46千克，比对照中豆20增产15.82%（极显著）；2004年续试，平均667米^{2}产174.47千克，比对照中豆20增产6.96%（极显著）；两年区试平均667米^{2}产163.97千克，比对照中豆20增产11.39%。2004年生产试验平均667米^{2}产169.25千克，比对照中豆20增产8.99%。栽培技术要点：（1）适宜播期：6月上中旬，豫北、豫西麦垄套种可在麦收前10天播种，每667米^{2}留苗1万～1.5万株。（2）科学施肥：667米^{2}施钙镁磷肥40～50千克，或二铵40千克，初花期追施尿素5～10千克。（3）花荚期遇旱浇水是夺取高产的关键。该品种适宜在山东省西南部、河南省南部、江苏和安徽两省淮河以北地区夏播种植。

100. 驻豆 9715 是哪一年通过审定的？其主要特征特性和适宜推广范围怎样？

驻豆 9715 是河南省驻马店市农业科学研究所选育的，于 2005 年通过国审，审定编号：国审豆 2005010。品种来源：豫豆 10×科系 7 号。该品种紫花，灰毛，椭圆叶，有限结荚习性。平均生育期 110 天，株高 67.26 厘米，有效分枝 2.18 个，单株有效荚数 44.02 个，单株粒数 87.77 个，百粒重 16.58 克。抗大豆花叶病毒病，高感大豆胞囊线虫病，抗倒伏性较差。平均粗蛋白含量 40.59%，粗脂肪含量 19.81%。2003 年参加黄淮海南片夏大豆品种区域试验，平均 667 米^2 产 151.31 千克，比对照中豆 20 增产 14.20%（极显著）；2004 年续试，平均 667 米^2 产 179.66 千克，比对照中豆 20 增产 10.15%（极显著）；两年区试平均 667 米^2 产 165.49 千克，比对照中豆 20 增产 12.18%。2004 年生产试验平均 667 米^2 产 170.93 千克，比对照中豆 20 增产 10.07%。栽培技术要点：(1) 适时足墒早播：6 月上中旬为适宜播期，667 米^2 播量 4～5 千克，667 米^2 留苗 1 万～1.2 万株。(2) 667 米^2 施尿素 4～5 千克，磷酸二胺 25～30 千克，氯化钾 10 千克，肥力较高的地块可适当少施尿素。(3) 花荚期遇旱及时浇水。该品种适宜在山东省西南部、河南省南部、江苏和安徽两省淮河以北地区夏播种植。

101. 周豆 12 是哪一年通过审定的？其主要特征特性和适宜推广范围怎样？

周豆 12 是河南省周口市农业科学研究所选育的，于 2005 年通过国审，审定编号：国审豆 2005011。品种来源：豫豆 24 号×豫豆 12 号。该品种紫花，灰毛，椭圆叶，有限结荚习性。平均生育期 112 天，株高 74.42 厘米，有效分枝 1.71 个，单株有效荚数 32.08 个，单株粒数 58.98 个。百粒重 23.72 克。抗倒性较好，中抗花叶病毒病。平均粗蛋白含量 40.25%，粗脂肪含量 19.95%。2003 年参加黄淮海南片夏大豆品种区域试验，平均 667 米^2 产 145.16 千克，比对照中豆 20 增产 9.55%（极显著）；2004 年续试，平均 667 米^2 产 167.86 千克，比对照中豆 20 增产 2.91%（显著）；两年区试平均 667 米^2 产 156.51 千克，比对照中豆 20 增产 6.23%。2004 年生产试验平均 667 米^2 产 158.24 千克，比对照中豆 20 增产 1.89%。栽培技术要点：适宜播期为 6 月 5 日～25 日，667 米^2 播量 5～6 千克，667 米^2 留苗 1.6 万株；全生育期治虫 2 次，后期遇旱浇水。该品种适宜在河南南部、江苏和安徽两省淮河以北地区夏播种植。

102. 荷豆 13 是哪一年通过审定的？其主要特征特性和适宜推广范围怎样？

荷豆 13 是山东省菏泽市农业科学院选育的，于 2005 年通过国审，审定编号：国审豆 2005012。品种来源：菏 95-1×豫豆 8 号。该品种紫花，灰毛，椭圆形叶，亚有限结荚习性。平均生育期 105 天，株高 53.14 厘米，有效分枝 1.71 个，单株有效荚数 30.86 个，单株粒数 60.08 个，百粒重 22.38 克。中感大豆花叶病毒病，高感大豆胞囊线虫病，抗倒伏性较好。平均粗蛋白质含量 41.84%，粗脂肪含量 19.03%。2003 年参加黄淮海南片夏大豆品种区域试验，平均 667 米^2 产 144.44 千克，比对照中豆 20 增产 9.01%（极显著）；2004 年续试，平均 667 米^2 产 177.96 千克，比对照中豆 20 增产 9.10%（极显著）；两年区试平均 667 米^2 产 161.20 千克，比对照中豆 20 增产 9.06%。2004 年生产试验平均 667 米^2 产 168.26 千克，比对照中豆 20 增产 8.35%。栽培技术要点：6 月上中旬足墒播种；667 米^2 留苗 1.5 万～2.0 万株为宜；开花结荚期注意防旱排涝。该品种适宜在山东省西南部、河南省南部、江苏和安徽两省淮河以北地区夏播种植。生产上注意防治大豆胞囊线虫病。

103. 淮豆8号是哪一年通过审定的？其主要特征特性和适宜推广范围怎样？

淮豆8号是江苏省徐淮地区淮阴农业科学研究所选育的，于2005年通过国审，审定编号：国审豆2005013。品种来源：淮89－15×菏84－5。该品种白花，灰毛，椭圆形叶，亚有限结荚习性。平均生育期107天，株高77.97厘米，有效分枝1.57个，单株有效荚数30.15个，单株粒数64.24个，百粒重20.47克。高抗大豆花叶病毒病，高感大豆胞囊线虫病，抗倒伏性较好。平均粗蛋白含量39.95%，粗脂肪含量22.29%。2003年参加黄淮海南片夏大豆品种区域试验，平均667米^{2}产143.27千克，比对照中豆20增产8.31%；2004年续试，平均667米^{2}产172.87千克，比对照中豆20增产5.98%（极显著）；两年区试平均667米^{2}产158.07千克，比对照中豆20增产7.06%。2004年生产试验平均667米^{2}产165.07千克，比对照中豆20增产6.29%。栽培技术要点：(1)在适宜播期内（6月5日至30日）应尽量早播，667米^{2}留苗1.2万～1.6万株。(2)一般667米^{2}施复合肥30～40千克作为基肥，初花期视苗情追施5～7.5千克，鼓粒后期喷施磷酸二氢钾。(3)控制杂草：播后苗前用乙草胺乳油80～100毫升对水20～40千克喷洒在土壤表面。该品种适宜在山东西南部、河南南部、江苏和安徽两省淮河以北地区夏播种植。

104. 北豆2号是哪一年通过审定的？其主要特征特性和适宜推广范围怎样？

北豆2号是黑龙江省农垦总局九三科研所选育的，于2005

年通过国审，审定编号：国审豆2005014。品种来源：北红88-72×九三90-66。该品种白花，长叶，株型收敛，亚有限结荚习性。平均生育期115天，株高57.1厘米，单株有效荚数30.7个，成熟时落叶，不裂荚。百粒重19.0克，种皮黄色，黄脐，籽粒圆形，有光泽。田间表现抗病和抗倒伏，接种鉴定抗灰斑病，高感食心虫。平均粗蛋白含量38.20%，粗脂肪含量19.45%。2003年参加北方春大豆早熟组区域试验，平均667米^{2}产150.4千克，比对照黑河18增产9.2%（极显著）；2004年续试，平均667米^{2}产146.8千克，比对照黑河18增产4.5%；两年区试平均667米^{2}产148.6千克，比对照黑河18增产6.8%。2004年生产试验平均667米^{2}产154.9千克，比对照黑河18增产4.4%。栽培技术要点：要求在中上等肥力地块，采用"垄三栽培"技术种植；在适宜区内5月上旬播种，667米^{2}保苗2.2万～2.5万株；开花结荚期喷施大豆叶面肥1～2次，并结合病虫害防治追施复合肥10千克左右，氮、磷、钾比例为1∶1.3∶0.8为宜。该品种适宜在黑龙江北部、吉林东部山区、内蒙古呼伦贝尔市春播种植。生产上注意防治大豆食心虫。

105. 垦丰14是哪一年通过审定的？其主要特征特性和适宜推广范围怎样？

垦丰14是黑龙江省农垦科学院作物所选育的，于2005年通过国审，审定编号：国审豆2005015。品种来源：绥农10号×长农5号。该品种白花，长叶，无限结荚习性。平均生育期122天，株高96.4厘米，单株有效荚数32.6个。成熟时，个别承试点半落叶和轻度裂荚。百粒重20.6克，种皮黄色，黄脐，籽粒圆形。田间表现比较抗病，接种鉴定中抗花叶病毒病1号株系，中感混合株系，中抗灰斑病，抗倒性一般。平均粗蛋白质含量37.65%，粗脂肪含量20.15%。2003年参加北方春大豆中早熟组区域试验，平均667米^{2}产207.8千克，比对照绥农14增产3.5%（显著）；2004年续试，平均667米^{2}产为235.8千克，比对照绥农14增产9.2%（极显著）；两年区试平均667米^{2}产221.8千克，比对照绥农14增产6.4%。2004年生产试验平均667米^{2}产187.1千克，比对照绥农14增产8.1%。栽培技术要点：5月上中旬播种，一般中等肥力667米^{2}保苗1.85万～2.0万株，肥沃土壤667米^{2}保苗1.5万～1.67万株；以“垄三”栽培方式为宜；一般667米^{2}施磷酸二铵15千克，钾肥2千克，尿素2～2.67千克；开花结荚期可结合病虫害防治喷施叶面肥1～2次。该品种适宜在黑龙江省第二积温带、吉林省东部山区、内蒙古兴安盟以及新疆昌吉和石河子地区春播种植。

106. 吉引81是哪一年通过审定的？其主要特征特性和适宜推广范围怎样？

吉引81是吉林省农科院大豆研究中心选育的，于2005年通过国审，审定编号：国审豆2005016。品种来源：从美国引进的P9231。该品种紫花，棕毛，圆叶，无限结荚习性。平均生育期129天，株高98.9厘米，单株有效荚数51.3个，单株有效分枝2个。成熟时，个别承试点半落叶或不落叶，轻度裂荚。百粒重15.3克，种皮黄色，黑脐，籽粒圆形。田间表现抗病和抗倒伏，接种鉴定中抗花叶病毒病1号株系，中感混合株系，中抗灰斑病。平均粗蛋白含量39.67%，粗脂肪含量21.97%。2003年参加北方春大豆中熟组区域试验，平均667米^{2}产207.2千克，比对照吉林30增产3.4%（显著）；2004年续试，平均667米^{2}产215.6千克，比对照吉林30增产3.3%（显著）；两年区试平均667米^{2}产211.4千克，比对照吉林30增产3.3%。2004年生产试验平均667米^{2}产229.4千克，比对照吉林30增产7.3%。栽培技术要点：5月初播种，667米^{2}保苗1.2万株左右；每667米^{2}施1 300千克左右有机肥作底肥，施15千克磷酸二铵作种肥；生育期注意防治大豆蚜虫，8月中旬及时防治大豆食心虫；鼓粒期遇旱浇水。该品种适宜在吉林省中南部、辽宁省东部山区、内蒙古赤峰、甘肃河西走廊、新疆石河子地区春播种植。生产上注意防治大豆胞囊线虫病。

107. 辽豆21是哪一年通过审定的？其主要特征特性和适宜推广范围怎样？

辽豆21辽宁省农科院作物研究所选育的，于2005年通过国审，审定编号：国审豆2005017。品种来源：辽8878×辽93009。该品种紫花，圆叶，亚有限结荚习性。平均生育期128天，株高87.6厘米，单株有效荚数52.0个，有效分枝2.6个。成熟时落叶，个别承试点裂荚。百粒重19.5克，种皮黄色，黄脐，籽粒椭圆形。田间表现比较抗病和抗倒伏，接种鉴定中抗花叶病毒病1号株系和混合株系，高感灰斑病。平均粗蛋白含量40.82%，粗脂肪含量21.54%。2002年参加北方春大豆晚熟组区域试验，平均667米^{2}产199.5千克，比对照开育10减产2.6%（不显著）；2003年续试，平均667米^{2}产170.6千克，比对照开育10增产12.0%（显著）；两年区试平均667米^{2}产185.05千克，比对照开育10增产3.7%。2004年生产试验平均667米^{2}产202.0千克，比对照开育10减产0.1%。栽培技术要点：（1）选择中等肥力以上的地块种植。（2）合理密植：在肥地667米^{2}保苗1.0万～1.1万株，中等肥力地块667米^{2}保苗1.1万～1.2万株，薄地保苗1.2万～1.3万株。（3）以农家肥为主，增施氮、磷、钾复合肥。667米^{2}施2 000～3 000千克优质农家肥，磷酸二铵15千克作底肥，初花期每667米^{2}追施尿素5千克。该品种适宜在山西中部、陕西关中平原、宁夏中南部，以及辽宁省丹东、锦州、沈阳地区春播种植。生产上注意防治灰斑病。

108. 辽首2号是哪一年通过审定的？其主要特征特性和适宜推广范围怎样？

辽首2号是辽宁省辽阳县旱田良种研发中心选育的，于2005年通过国审，审定编号：国审豆2005018。品种来源：90A×90-3。该品种紫花，圆叶，有限结荚习性。平均生育期138天，株高93.0厘米，单株有效荚数45.8个。成熟时，个别承试点半落叶，不裂荚。百粒重25.1克，种皮黄色，黄脐，籽粒椭圆形。田间表现比较抗病和抗倒伏，接种鉴定抗花叶病毒病1号株系，感3号株系，高感灰斑病。平均粗蛋白含量42.40%，粗脂肪含量19.55%。2003年参加北方春大豆晚熟组品种区域试验，平均667米^{2}产184.9千克，比对照开育10增产4.6%（显著）；2004年续试，平均667米^{2}产192.8千克，比对照开育10增产10.3%（极显著）；两年区试平均667米^{2}产188.85千克，比对照开育10增产7.5%。2004年生产试验，平均667米^{2}产215.6千克比对照开育10增产6.6%。栽培技术要点：(1) 对土壤质地要求不严，但播种密度肥地宜稀，薄地宜密，一般667米^{2}保苗1.0万～1.1万株。(2) 春播宜在4月25日至5月15日之间播种，应根据墒情及时抢墒播种。(3) 施肥：667米^{2}施农家肥2000千克左右，磷酸二铵12千克，硫酸钾9千克，硅复合肥30千克，于作垄前施入土中。出苗后应追施尿素8千克，结荚初期追施尿素7千克。(4) 注意防治地下害虫和蚜虫，重点防治大豆食心虫。该品种适宜在河北北部、陕西关中平原、宁夏中南部，以及辽宁省丹东、锦州、沈阳地区春播种植。生产上注意防治灰斑病。

109. 福豆310是哪一年通过审定的？其主要特征特性和适宜推广范围怎样？

福豆310是福建省农业科学院耕作轮作研究所，福建省种子总站选育的，于2005年通过国审，审定编号：国审豆2005019。品种来源：莆豆8008×88B1-58-3。该品种紫花，棕毛，椭圆叶，株型收敛，有限结荚习性。平均生育期115天，株高61.0厘米，主茎节数13.2个，分枝数2.5个，单株荚数28.2个，每荚粒数2.15粒，单株粒重11.0克。百粒重20.5克，黄皮，种脐褐色。接种鉴定高感花叶病毒病。抗倒伏性强，不易裂荚。粗蛋白含量46.04%，粗脂肪含量18.49%。2002年参加南方春大豆品种区域试验，平均667米^{2}产146.2千克，比对照湘春10号增产5.3%（显著）；2003年续试，平均667米^{2}产161.1千克，比对照湘春10号增产8.5%（极显著）；两年区试平均667米^{2}产153.7千克，比对照湘春10号增产7.0%。2004年生产试验平均667米^{2}产138.2千克，比对照湘春10号增产4.5%。栽培技术要点：（1）适时播种：春季以当地气温稳定通过12℃播种为宜。（2）种植密度：667米^{2}保苗1.8万～2.1万株。（3）施肥及管理：667米^{2}施钙镁磷肥30千克及有机肥1 000～1 500千克作基肥，红黄壤酸性土壤加施适量石灰。三叶期追肥，667米^{2}施4～5千克尿素，5～7千克氯化钾。该品种适宜在江西吉安、福建泉州、贵州毕节、云南昆明周边相同生态区春播种植。生产上注意防治大豆花叶病毒病。

110. 浙鲜豆2号是哪一年通过审定的？其主要特征特性和适宜推广范围怎样？

浙鲜豆2号是浙江省农业科学院作物与核技术利用研究所选

育的，于2005年通过国审，审定编号：国审豆2005020。品种来源：矮脚白毛×富士见白。该品种白花，灰毛，有限结荚习性。平均生育期85天，株高29.5厘米，主茎节数8.9个，分枝数2.3个，单株荚数22.6个，单株荚重41.6克，多粒荚率73.4%。口感品质为鲜脆型。每500克标准荚数202个，荚长、荚宽分别为5.2厘米和1.4厘米，标准荚率73.0%，百粒鲜重60.4克。轻感大豆花叶病毒病。2002年参加鲜食大豆品种区域试验，平均667米^{2}产鲜荚659.7千克，比对照AGS292增产4.2%；2003年续试，平均667米^{2}产鲜荚为729.4千克，比对照AGS292增产1.2%；两年区试平均667米^{2}产鲜荚694.6千克，比对照AGS292增产2.6%。2004年生产试验平均667米^{2}产鲜荚667.6千克，比对照AGS292增产15.2%。栽培技术要点：（1）南方地区春播的适宜时期为3月下旬至4月中旬。（2）每667米^{2}保苗2万株为宜。（3）在肥力中等地区，每667米^{2}用40～50千克饼肥或30千克复合肥作基肥。开花结荚期，每667米^{2}可追施复合肥10～15千克或叶面肥。该品种适宜在北京、江苏南通、安徽合肥和铜陵周边相同生态区种植。生产上注意防治大豆胞囊线虫病。

111. 吉农17是哪一年通过审定的？其主要特征特性和适宜推广范围怎样？

吉农17是吉林农业大学生物技术学院选育的，于2005年通过国审，审定编号：国审豆2005021。品种来源：荷引10×吉农8601-26。该品种圆叶，白花，亚有限结荚习性。平均生育期131天，株高98.9厘米，单株有效荚数50.1个，百粒重19.7克，籽粒圆形，黄皮，黑或褐脐。个别承试点轻度裂荚。田间表现抗倒伏性略差，接种鉴定抗花叶病毒病1号株系，中抗混合株系，感灰斑病。平均粗蛋白质含量39.65%，粗脂肪含量

20.35%。2003年参加北方春大豆中熟组品种区域试验，平均667米^{2}产217.7千克，比对照吉林30增产8.7%（极显著）；2004年续试，平均667米^{2}产221.0千克，比对照吉林30增产5.8%（极显著）；两年区试平均667米^{2}产219.4千克，比对照吉林30增产7.2%。2004年生产试验平均667米^{2}产218.5千克，比对照吉林30增产2.2%。栽培技术要点：4月下旬播种，667米^{2}保苗1.2万～1.33万株；每667米^{2}施2 000千克有机肥作基肥，15千克磷酸二铵作种肥。该品种适宜在吉林省中部、辽宁省东部山区、甘肃河西走廊，以及新疆石河子、伊犁地区春播种植。

112. 铁丰33是哪一年通过审定的？其主要特征特性和适宜推广范围怎样？

铁丰33是辽宁省铁岭大豆科学研究所选育的，于2005年通过国审，审定编号：国审豆2005022。品种来源：铁89059－8×新3511。该品种圆叶，紫花，亚有限或无限结荚习性。平均生育期131天，株高86.2厘米，单株有效荚数39.7个。成熟时落叶，不裂荚。百粒重22.5克，籽粒椭圆形，黄皮，黄脐。田间表现抗病和抗倒伏较好，接种鉴定抗花叶病毒病1号株系，中抗3号株系，中感灰斑病。平均粗蛋白质含量41.95%，粗脂肪含量21.15%。2003年参加北方春大豆晚熟组品种区域试验，平均667米^{2}产191.2千克，比对照辽豆11号增产8.2%（极显著）；2004年续试，平均667米^{2}产185.0千克，比对照辽豆11号增产5.9%（显著）；两年区试平均667米^{2}产188.1千克，比对照辽豆11号增产7.1%。2004年生产试验平均667米^{2}产210.9千克，比对照辽豆11号增产4.3%。栽培技术要点：选择中等以上肥力地块种植，667米^{2}施农家肥2 000～3 000千克和复合肥25千克作基肥；4月中旬至5月上旬播种为宜，667米^{2}保苗

1.0万～1.3万株。该品种适宜在辽宁省中部和西部、山西中部、陕西关中平原、宁夏中南部地区春播种植。

113. 秦豆10号是哪一年通过审定的？其主要特征特性和适宜推广范围怎样？

秦豆10号是陕西省杂交油菜研究中心选育的，于2005年通过国审，审定编号：国审豆2005023。品种来源：85（22）-38-1-1×邯郸81。该品种白花，棕毛，圆叶，亚有限结荚习性。平均生育期112天，株高104.06厘米，有效分枝1.84个，单株有效荚数42.86个，单株粒数88.44个，百粒重19.04克。抗大豆花叶病毒病，高感大豆胞囊线虫病，抗倒伏性较差。平均粗蛋白含量38.86%，粗脂肪含量21.18%。2003年参加黄淮海中片夏大豆品种区域试验，平均667米^{2}产188.08千克，比对照1鲁豆11增产5.84%，比对照2鲁99-1增产2.08%（极显著）；2004年续试，平均667米^{2}产183.32千克，比对照鲁99-1增产5.24%（极显著）；两年区试平均667米^{2}产185.70千克，比对照鲁99-1增产3.66%。2004年生产试验平均667米^{2}产188.48千克，比对照鲁99-1增产9.17%。栽培技术要点：5月20日至6月15日以前播种为宜，667米^{2}保苗1.6万～2.4万株；播前667米^{2}施磷酸二铵10千克或过磷酸钙40千克，硫酸钾5千克作基肥，花期追施尿素2.5～5千克。该品种适宜在河南中部、山西南部以及陕西关中平原地区夏播种植。

114. 五星3号是哪一年通过审定的？其主要特征特性和适宜推广范围怎样？

五星3号是河北省农林科学院粮油作物研究所选育的，于2005年通过国审，审定编号：国审豆2005024。品种来源：冀豆

9号×Century。该品种紫花、棕毛、圆叶，株型收敛，有限结荚习性。平均生育期112天，株高89.9厘米，有效分枝1.4个，单株有效荚数41.5个，单株粒数87.2个，单株粒重19.7克，百粒重23.3克。种皮黄色，微光，椭圆形粒，褐脐。抗病性较强，抗倒性中等。平均粗蛋白含量41.61%，粗脂肪含量19.82%。2002年参加黄淮海北片夏大豆品种区域试验，平均667米^{2}产202.39千克，比对照早熟18增产4.88%（极显著）；2003年续试，平均667米^{2}产179.99千克，比对照早熟18增产3.77%（极显著）。两年区试平均667米^{2}产191.19千克，比对照早熟18增产4.36%。2003年生产试验平均667米^{2}产189.45千克，比对照早熟18增产10.56%。栽培技术要点：(1) 播期为6月5～20日，机播播量为每667米^{2}5.5～6.5千克，人工点播为每667米^{2}4千克左右。肥力较好地块667米^{2}留苗1.5万株左右；肥力较差的沙土地667米^{2}留苗1.8万株。(2) 除特殊干旱年份外，苗期一般不浇水。开花期结合浇水追施纯氮667米^2 5～7千克。结荚期根据土壤墒情或降雨量确定浇水。干旱年份鼓粒期要浇水。该品种适宜在北京、天津、河北中部、山西中部及山东北部地区夏播种植。

115. 冀NF58是哪一年通过审定的？其主要特征特性和适宜推广范围怎样？

冀NF58是河北省农林科学院粮油作物研究所选育的，于2005年通过国审，审定编号：国审豆2005025。品种来源：Hobbit×早5241。该品种白花，棕毛，披针形叶，亚有限结荚习性。平均生育期109天，株高86.1厘米，有效分枝2.5个，单株有效荚数40.3个，单株粒数90.7个，百粒重14.5克。种皮黄色，褐脐，圆粒。抗病、抗倒伏性较强。平均粗蛋白含量35.77%，粗脂肪含量23.63%。2002年参加黄淮海中片夏大豆品种区域试验，平均667米^{2}产158.27千克，比对照鲁豆11增产 2.51%（不显著）。2003 年平均 667 米^2 产 189.26 千克，比对照鲁豆 11 增产 6.5%（极显著）。两年区试平均 667 米^2 产 173.77 千克，比对照鲁豆 11 增产 4.65%。2003 年生产试验平均 667 米^2 产 175.83 千克，比对照鲁豆 11 增产 7.52%。栽培技术要点：（1）播期：夏播播期 6 月 10—20 日，春播播期在 5 月下旬为宜。（2）密度：机播播量每 667 米^{2}4.5～6 千克，人工点播每 667 米^{2}4 千克左右。肥力较好地块 667 米^2 留苗 1.4 万株左右，肥力较低的沙土地 667 米^2 留苗 1.8 万株。（3）浇水：除特殊干旱年份外，幼苗期一般不浇水，干旱时可在分枝期浇水。根据墒情或降雨量浇好开花水、鼓粒水。（4）施肥：整地时要施足底肥，一般施氮磷钾复合肥 20 千克左右，或磷酸二铵 5～10 千克作底肥。夏播不能追施底肥时，有缺肥症状的苗期可追施磷酸二铵 5～10 千克。初花期至开花后 10 天结合浇水追施尿素 10 千克左右。该品种适宜在河南中北部、山东中部、山西南部以及陕西关中平原地区夏播种植。

116. 红丰 11 是哪一年通过审定的？其主要特征特性和适宜推广范围怎样？

红丰 11 是黑龙江省农垦总局红兴隆科研所选育的，于 2005 年通过国审，审定编号：国审豆 2005026。品种来源：钢 8212-8×B152。该品种紫花，长叶，株型收敛，亚有限结荚习性。平均生育期 120 天，株高 68.8 厘米，单株有效荚数 31.7 个，百粒重 19.8 克。成熟时轻度裂荚。种皮黄色，黄脐，籽粒圆形。经吉林省农科院大豆研究中心接种鉴定，该品种抗大豆灰斑病，高感大豆食心虫。平均粗蛋白含量 37.76%，粗脂肪含量 21.51%。2001 年参加北方春大豆中早熟组区域试验，平均 667 米^2 产 199.3 千克，比对照绥农 14 减产 1.3%。2002 年续试，平均 667 米^2 产 210.2 千克，比对照绥农 14 减产 2.6%（不显著）。两年区试平均 667 米^2 产 204.8 千克，比对照绥农 14 减产 2.0%。2003 年生产试验平均 667 米^2 产 194.0 千克，比对照绥农 14 增产 10.5%。栽培技术要点：（1）适宜中上等肥力条件下栽培。（2）“垄三”栽培，每 667 米^2 种植密度 1.8 万～2.0 万株，适宜行距 60～70 厘米；窄行密植栽培，每 667 米^2 种植密度 3.3 万～3.5 万株，适宜行距 15～45 厘米。（3）“垄三”栽培：667 米^2 施磷酸二铵 8 千克，尿素 4 千克，钾肥 4 千克；窄行密植栽培：可增施 20%～30%的肥料量。（4）播期：5 月 5 日—5 月 15 日。该品种适宜在黑龙江省第二积温带、吉林东部山区春播种植。

117. 中黄 36 是哪一年通过审定的？其主要特征特性和适宜推广范围怎样？

中黄 36 是中国农业科学院作物科学研究所选育的，于 2006 年通过国审，审定编号：国审豆 2006001。品种来源：遗-2×Hobbit。该品种平均生育期 102 天，株高 76.6 厘米，有效分枝 0.6 个，单株有效荚数 42.7 个，单株粒数 93.3 个，单株粒重 15.1 克，百粒重 16.5 克。卵圆叶，白花，灰毛，有限结荚习性，株型收敛。种皮黄色，黄脐，圆粒。2004 年经接种鉴定，表现为抗大豆花叶病毒病 SC3 株系，中感大豆胞囊线虫病 4 号生理小种。平均粗蛋白质含量 39.32%，粗脂肪含量 23.11%。2004 年参加黄淮海北片夏大豆品种区域试验，平均 667 米^2 产 194.6 千克，比对照早熟 18 增产 12.7%（极显著）；2005 年续试，平均 667 米^2 产 199.6 千克，比对照冀豆 12 增产 3.1%（显著）；两年区域试验平均 667 米^2 产 197.1 千克。2005 年生产试验，平均 667 米^2 产 210.9 千克，比对照冀豆 12 增产 1.8%。栽培技术要点：选用籽粒饱满，无虫蚀粒，大小整齐的种子，于 6 月上中旬播种；每 667 米^2 保苗 1.5 万～1.8 万株，每 667 米^2 施有机肥 2 000～3 000 千克，最好在前茬施入或播前施入，每 667

米^{2}施磷酸二铵10～15千克和硫酸钾5千克；花荚期追肥浇水，保花保荚，加强中耕防草荒。该品种适宜在北京、天津、河北中部及山东北部地区夏播种植。

118. 中黄35是哪一年通过审定的？其主要特征特性和适宜推广范围怎样？

中黄35是中国农业科学院作物科学研究所选育的，于2006年通过国审，审定编号：国审豆2006002。品种来源：（PI486355×郑8431）×郑6062。该品种平均生育期102天，株高78.0厘米，有效分枝0.9个，底荚高度8.7厘米，单株有效荚数45.3个，单株粒数108.4粒，单株粒重18.4克，百粒重17.0克。卵圆叶，白花，灰毛，有限结荚习性，株型收敛。种皮黄色，黄脐，圆粒。经接种鉴定，表现为中抗大豆花叶病毒病SC3和SC7株系。平均粗蛋白质含量38.86%，粗脂肪含量23.45%。2004年参加黄淮海北片夏大豆品种区域试验，平均667米^{2}产206.0千克，比对照早熟18增产19.3%（极显著）；2005年续试，平均667米^{2}产204.3千克，比对照冀豆12增产5.6%（极显著）；两年区域试验平均667米^{2}产205.1千克。2005年生产试验，平均667米^{2}产219.1千克，比对照冀豆12增产5.8%。栽培技术要点：播种前每667米^{2}施腐熟有机肥2 000～3 000千克，播种时施磷钾肥作种肥；每667米^{2}播种量4～5千克，每667米^{2}保苗1.2万～1.6万株；分枝期、花荚期和鼓粒期要注意防旱。该品种适宜在北京、天津、河北中部及山东北部地区夏播种植。

119. 中黄37是哪一年通过审定的？其主要特征特性和适宜推广范围怎样？

中黄37是中国农业科学院作物科学研究所选育的，于2006

年通过国审，审定编号：国审豆2006003。品种来源：95B020×早熟18。该品种平均生育期110天，株高83.8厘米，有效分枝2.1个，单株有效荚数37.0个，单株粒数82.8粒，单株粒重20.3克，百粒重27.3克。卵圆叶，白花，灰毛，亚有限结荚习性，株型收敛。种皮黄色，微光，褐脐，籽粒椭圆形。经接种鉴定，表现为抗大豆花叶病毒病SC3、SC8、SC11、SC13株系，中感胞囊线虫1号生理小种。平均粗蛋白质含量43.87%，粗脂肪含量19.67%。2004年参加黄淮海北片夏大豆品种区域试验，平均667米^{2}产206.7千克，比对照早熟18增产19.7%（极显著）；2005年续试，平均667米^{2}产218.7千克，比对照冀豆12增产13.0%（极显著）；两年区域试验平均667米^{2}产212.7千克。2005年生产试验，平均667米^{2}产214.8千克，比对照冀豆12增产3.8%。栽培技术要点：适宜在中上等肥力地块种植，每667米^{2}保苗1.3万～1.5万株；适宜播期为6月上中旬，苗期注意蹲苗，开花初期和鼓粒期注意防旱，封垄前中耕2～3次。该品种适宜在北京、天津、河北中部及山东北部地区夏播种植。

120. 德豆99-16是哪一年通过审定的？其主要特征特性和适宜推广范围怎样？

德豆99-16是山东省德州市农科所选育的，于2006年通过国审，审定编号：国审豆2006004。品种来源：黑豆2×黄沙大豆。该品种平均生育期108天，株高110.6厘米，有效分枝1.1个，单株有效荚数40.0个，单株粒数94.3粒，单株粒重15.8克，百粒重17.6克。卵圆叶，白花，棕毛，亚有限结荚习性，株型收敛。种皮黑色，有光泽，黑脐，黄子叶，籽粒椭圆形。平均粗蛋白质含量39.76%，粗脂肪含量21.11%。2004年参加黄淮海北片夏大豆品种区域试验，平均667米^{2}产195.6千克，比对照早熟18增产13.3%（极显著）；2005年续试，平均667米^2

产200.4千克，比对照冀豆12增产3.6%（显著）；两年区域试验平均667米^{2}产198.0千克。2005年生产试验，平均667米^{2}产210.7千克，比对照冀豆12增产1.8%。栽培技术要点：6月20以前播种，要抢时足墒早播，保证一次全苗，每667米^{2}保苗1.4万～1.6万株。该品种适宜在北京、河北中部及山东北部地区夏播种植。

121. 齐黄33是哪一年通过审定的？其主要特征特性和适宜推广范围怎样？

齐黄33是山东省农业科学院作物研究所选育的，于2006年通过国审，审定编号：国审豆2006005。品种来源：济3045×齐丰850。该品种平均生育期109天，株高65.7厘米，主茎13.7节，有效分枝1.9个，单株粒数92.2粒，百粒重20.1克。椭圆叶，紫花，棕毛，有限结荚习性，株型收敛。籽粒长椭圆形。经接种鉴定，表现为中抗大豆花叶病毒病SC3株系，抗SC7株系。平均粗蛋白质含量41.86%，粗脂肪含量22.54%。2004年参加黄淮海中片夏大豆品种区域试验，平均667米^{2}产182.7千克，比对照鲁99-1增产4.9%（显著）；2005年续试，平均667米^{2}产189.5千克，比对照增产0.6%（不显著）；两年区域试验平均667米^{2}产186.1千克，比对照增产2.7%。2005年生产试验，平均667米^{2}产197.6千克，比对照增产5.0%。栽培技术要点：要抢墒播种，一次全苗，每667米^{2}保苗1.3万～1.5万株；苗期、初花期每667米^{2}追施磷酸二铵或复合肥10～20千克。该品种适宜在河北南部、山东中部、河南北部地区夏播种植。

122. 晋豆34是哪一年通过审定的？其主要特征特性和适宜推广范围怎样？

晋豆34是山西省农业科学院经济作物研究所选育的，于

2006年通过国审，审定编号：国审豆2006006。品种来源：[(晋豆9×晋大36）×早熟18] ×早熟18。该品种平均生育期112天，株高77.1厘米，主茎17.4节，有效分枝1.7个，单株粒数90.7粒，百粒重18.7克。长椭圆叶，紫花，棕毛，亚有限结荚习性，株型收敛。籽粒椭圆形，无光泽。经接种鉴定，表现为高抗大豆花叶病毒病SC3株系，中感大豆胞囊线虫病1号生理小种。平均粗蛋白质含量41.19%，粗脂肪含量21.07%。2004年参加黄淮海中片夏大豆品种区域试验，平均667米^{2}产186.6千克，比对照鲁99-1增产7.1%（极显著）；2005年续试，平均667米^{2}产208.9千克，比对照增产10.9%（极显著）；两年区域试验平均667米^{2}产197.8千克，比对照增产9.0%。2005年生产试验，平均667米^{2}产211.1千克，比对照增产12.2%。栽培技术要点：于6月上、中旬播种，每667米^{2}播量8～10千克，每667米^{2}保苗1.4万株。该品种适宜在山东中部、山西南部、河南中部和北部地区夏播种植。

123. 冀豆17是哪一年通过审定的？其主要特征特性和适宜推广范围怎样？

冀豆17是河北省农林科学院粮油作物研究所选育的，于2006年通过国审，审定编号：国审豆2006007。品种来源：Hobbit×早5241。该品种平均生育期114天，株高101.0厘米，主茎17.8节，有效分枝2.5个，单株粒数95.2粒，百粒重17.9克。椭圆叶，白花，棕毛，亚有限结荚习性，株型半开张。种皮黄色，圆粒，黑脐，有光泽。经接种鉴定，表现为抗大豆花叶病毒病SC3、SC11和SC13株系，中感SC8株系，中感大豆胞囊线虫病1号生理小种，高感4号生理小种。平均粗蛋白质含量38.0%，粗脂肪含量22.98%。2004年参加黄淮海中片夏大豆品种区域试验，平均667米^{2}产185.8千克，比对照鲁99-1

增产6.7%（极显著）；2005年续试，平均667米^{2}产203.3千克，比对照增产8.0%（极显著）；两年区域试验平均667米^{2}产194.6千克，比对照增产7.3%。2005年生产试验，平均667米^{2}产198.2千克，比对照增产5.4%。栽培技术要点：于6月10～20日播种，每667米^{2}保苗1.2万～1.6万株；整地时要施足基肥，每667米^{2}施氮磷钾（比例为1∶1∶1）复合肥15～20千克，或磷酸二铵15～20千克，初花期至开花后10天结合浇水每667米^{2}追施尿素10千克。该品种适宜在河北南部、河南中部和北部、陕西关中平原和山东济南周边地区夏播种植。

124. 徐豆14是哪一年通过审定的？其主要特征特性和适宜推广范围怎样？

徐豆14是江苏徐淮地区徐州农业科学研究所选育的，于2006年通过国审，审定编号：国审豆2006008。品种来源：徐豆8号×徐豆9号。该品种平均生育期111天，株高60.9厘米，主茎13.5节，有效分枝1.7个，底荚高度15.9厘米，单株有效荚数34.0个，百粒重21.7克。卵圆叶，紫花，棕毛，亚有限结荚习性，株形半开张。籽粒圆形，种皮黄色，浅褐脐，微光泽。经接种鉴定，表现为高抗大豆花叶病毒病SC3株系，中抗SC8株系，抗SC11和SC13株系，中感大豆胞囊线虫病1号生理小种。平均粗蛋白质含量42.01%，粗脂肪含量19.95%。2004年参加黄淮海南片夏大豆品种区域试验，平均667米^{2}产182.8千克，比对照中豆20增产12.1%（极显著）；2005年续试，平均667米^{2}产186.7千克，比对照增产17.1%（极显著）；两年区域试验平均667米^{2}产184.8千克，比对照增产14.6%。2005年生产试验，平均667米^{2}产188.1千克，比对照增产13.4%。栽培技术要点：6月上中旬播种，每667米^{2}保苗1.2万～1.5万株；播种前结合整地每667米^{2}施复合肥（NPK总量为25%）

30千克作基肥，花期每667米^{2}追施尿素5～8千克；鼓粒期要注意防旱。该品种适宜在山东西南部、河南南部、江苏和安徽两省淮河以北地区夏播种植。

125. 阜豆9765是哪一年通过审定的？其主要特征特性和适宜推广范围怎样？

阜豆9765是安徽省阜阳市农业科学研究所选育的，于2006年通过国审，审定编号：国审豆2006009。品种来源：郑842408×阜83-9-6。该品种平均生育期106天，株高80.8厘米，主茎15.7节，有效分枝2.1个，底荚高度16.9厘米，单株有效荚数47.9个，百粒重17.4克。紫花，棕毛，有限结荚习性，株形半开张。籽粒圆形，种皮黄色，淡褐脐，微光。经接种鉴定，表现为中感大豆花叶病毒病SC3、SC8、SC11和SC13株系，中感大豆胞囊线虫病1号生理小种。平均粗蛋白质含量41.32%，粗脂肪含量18.61%。2004年参加黄淮海南片夏大豆品种区域试验，平均667米^{2}产179.0千克，比对照中豆20增产9.7%（极显著）；2005年续试，平均667米^{2}产171.1千克，比对照增产7.3%（极显著）；两年区域试验平均667米^{2}产175.1千克，比对照增产8.5%。2005年生产试验，平均667米^{2}产174.8千克，比对照增产5.4%。栽培技术要点：适宜播期为5月下旬～6月上中旬，每667米^{2}保苗1.3万～1.5万株，花荚期和鼓粒初期要注意防旱。该品种适宜在山东西南部、河南南部、江苏和安徽两省淮河以北地区夏播种植。

126. 北豆7号是哪一年通过审定的？其主要特征特性和适宜推广范围怎样？

北豆7号是黑龙江省农垦总局北安农业科学科研所选育的，

于2006年通过国审，审定编号：国审豆2006010。品种来源：北疆95-171×北丰2号。该品种平均生育期113天，株高70.7厘米，单株有效荚数28.5个，百粒重19.1克。长叶、紫花，亚有限结荚习性。种皮黄色，黄脐，籽粒圆形。经接种鉴定，表现为感大豆花叶病毒病Ⅰ、Ⅲ号株系，中感大豆灰斑病。平均粗蛋白质含量38.79%，粗脂肪含量20.76%。2004年参加北方春大豆早熟组品种区域试验，平均667米^{2}产155.3千克，比对照黑河18增产10.5%（极显著）；2005年续试，平均667米^{2}产176.5千克，比对照增产6.1%（极显著）；两年区域试验平均667米^{2}产165.9千克，比对照增产8.1%。2005年生产试验，平均667米^{2}产169.9千克，比对照增产5.2%。栽培技术要点：于5月上中旬地温稳定通过7～8℃时开始播种；每667米^{2}保苗2万株左右；在中等肥力地块，三垄栽培模式，每667米^{2}施纯量化肥10～15千克。该品种适宜在黑龙江第三积温带下限和第四积温带、吉林东部山区、内蒙古呼伦贝尔中南部和兴安盟北部、新疆北部地区春播种植。

127. 蒙豆14是哪一年通过审定的？其主要特征特性和适宜推广范围怎样？

蒙豆14是内蒙古呼伦贝尔市农业科学研究所选育的，于2006年通过国审，审定编号：国审豆2006011。品种来源：94-106×Weber。该品种平均生育期113天，株高74.8厘米，单株有效荚数27.7个，百粒重17.9克。长叶，白花，无限结荚习性。种皮黄色，黄脐，籽粒圆形。经接种鉴定，表现为中感大豆花叶病毒病Ⅰ号株系，感Ⅲ号株系，抗大豆灰斑病。平均粗蛋白质含量40.70%，粗脂肪含量20.93%。2004年参加北方春大豆早熟组品种区域试验，平均667米^{2}产151.0千克，比对照黑河18增产7.5%（极显著）；2005年续试，平均667米^{2}产178.7

千克，比对照增产 7.4%（极显著）；两年区域试验平均 667 米^2 产 164.9 千克，比对照增产 7.4%。2005 年生产试验，平均 667 米^2 产 157.3 千克，比对照增产 3.9%。栽培技术要点：每 667 米^2 播量 5 千克，每 667 米^2 保苗 1.8 万～2 万株；前茬每 667 米^2 施有机肥 2000 千克，结合播种每 667 米^2 施磷酸二铵 10 千克。该品种适宜在黑龙江第三积温带下限和第四积温带、吉林东部山区、内蒙古呼伦贝尔中南部和兴安盟北部、新疆北部地区春播种植。

128. 华疆 3 号是哪一年通过审定的？其主要特征特性和适宜推广范围怎样？

华疆 3 号是黑龙江省华疆种业有限责任公司选育的，于 2006 年通过国审，审定编号：国审豆 2006012。品种来源：疆莫 2 号×北疆 94－395。该品种平均生育期 112 天，株高 74.7 厘米，单株有效荚数 28.4 个，百粒重 18.4 克。长叶，紫花，亚有限结荚习性。种皮黄色，黄脐，籽粒圆形。经接种鉴定，表现为中感大豆花叶病毒病Ⅰ号株系，高感Ⅲ号株系，中抗大豆灰斑病。平均粗蛋白质含量 41.77%，粗脂肪含量 18.85%。2004 年参加北方春大豆早熟组品种区域试验，平均 667 米^2 产 155.5 千克，比对照黑河 18 增产 10.7%（极显著）；2005 年续试，平均 667 米^2 产 177.6 千克，比对照增产 6.7%（极显著）；两年区域试验平均 667 米^2 产 166.6 千克，比对照增产 8.5%。2005 年生产试验，平均 667 米^2 产 167.2 千克，比对照增产 3.5%。栽培技术要点：于 5 月上中旬地温稳定通过 7℃时开始播种；每 667 米^2 保苗 2 万株左右；以深秋施肥为好，垄作栽培每 667 米^2 施纯量化肥 8～10 千克。该品种适宜在黑龙江第三积温带下限和第四积温带、吉林东部山区、内蒙古呼伦贝尔中南部和兴安盟北部、新疆北部地区春播种植。

129. 辽豆22是哪一年通过审定的？其主要特征特性和适宜推广范围怎样？

辽豆22是辽宁省农业科学院作物所选育的，于2006年通过国审，审定编号：国审豆2006013。品种来源：辽8878-13-9-5×辽93010-1。该品种平均生育期130天，株高96.8厘米，单株有效荚数42.1个，百粒重21.4克。圆叶，紫花，亚有限结荚习性。种皮黄色，黄脐，籽粒椭圆形。经接种鉴定，表现为抗大豆花叶病毒病Ⅰ号株系，感Ⅲ号株系，中抗大豆胞囊线虫病。平均粗蛋白质含量41.29%，粗脂肪含量21.66%。2004年参加北方春大豆晚熟组品种区域试验，平均667米^{2}产186.1千克，比对照辽豆11增产6.5%（极显著）；2005年续试，平均667米^{2}产187.3千克，比对照增产9.9%（极显著）；两年区域试验平均667米^{2}产186.7千克，比对照增产8.2%。2005年生产试验，平均667米^{2}产173.8千克，比对照增产12.3%。栽培技术要点：选择中等肥力以上的地块种植，每667米^{2}保苗1.0万～1.3万株；每667米^{2}施有机肥2 000～3 000千克、磷酸二铵15千克作基肥，初花期每667米^{2}追施尿素5千克。该品种适宜在河北北部、辽宁中南部、甘肃中部、宁夏中北部、陕西关中平原地区春播种植。

130. 铁丰35是哪一年通过审定的？其主要特征特性和适宜推广范围怎样？

铁丰35是辽宁省铁岭大豆科学研究所选育的，于2006年通过国审，审定编号：国审豆2006014。品种来源：铁91017-6×锦8412。该品种平均生育期134天，株高78.4厘米，单株有效荚数45.6个，百粒重21.0克。圆叶，紫花，有限结荚习性。种皮黄色，黄脐，籽粒圆形或椭圆形。经接种鉴定，表现为中抗大豆花叶病毒病Ⅰ号株系，感Ⅲ号株系，感大豆灰斑病。平均粗蛋白质含量40.11%，粗脂肪含量21.84%。2004年参加北方春大豆晚熟组品种区域试验，平均667米^{2}产187.8千克，比对照辽豆11增产7.5%（极显著）；2005年续试，平均667米^{2}产185.0千克，比对照增产8.6%（极显著）；两年区域试验平均667米^{2}产186.4千克，比对照增产8.0%。2005年生产试验，平均667米^{2}产173.7千克，比对照增产12.3%。栽培技术要点：适宜播期为4月中旬～5月上旬；选择中等肥力以上的地块种植，每667米^{2}保苗1.0万～1.3万株；每667米^{2}施有机肥2 000～3 000千克、复合肥25千克作基肥。该品种适宜在河北北部、辽宁中南部、宁夏中北部、陕西关中平原地区春播种植。

131. 中黄30是哪一年通过审定的？其主要特征特性和适宜推广范围怎样？

中黄30是中国农业科学院作物科学研究所选育的，于2006年通过国审，审定编号：国审豆2006015。品种来源：中品661×中黄14。该品种平均生育期124天，株高63.8厘米，单株有效荚数48.1个，百粒重18.1克。圆叶，紫花，有限结荚习性。种皮黄色，褐脐，籽粒圆形。经接种鉴定，表现为中感大豆花叶病毒病Ⅰ号株系，中感Ⅲ号株系，中抗大豆灰斑病。平均粗蛋白质含量39.53%，粗脂肪含量21.44%。2004年参加北方春大豆晚熟组品种区域试验，平均667米^{2}产193.3千克，比对照辽豆11增产10.6%（极显著）；2005年续试，平均667米^{2}产184.5千克，比对照增产8.3%（极显著）；两年区域试验平均667米^{2}产188.9千克，比对照增产9.4%。2005年生产试验，平均667米^{2}产163.1千克，比对照增产5.4%。栽培技术要点：适宜播期为4月下旬～5月上旬，选择中、上等肥力地块种植，每667米^{2}保苗1.5万株。该品种适宜在河北北部、辽宁中南部、甘肃中部、宁夏中北部、陕西关中平原地区春播种植。

132. 航丰2号是哪一年通过审定的？其主要特征特性和适宜推广范围怎样？

航丰2号是辽宁大丰航天农业科技发展有限公司选育的，于2006年通过国审，审定编号：国审豆2006016。品种来源：铁丰29号×吉林30号。该品种平均生育期130天，株高66.3厘米，单株有效荚数51.0个，百粒重22.7克。圆叶，紫花，有限结荚习性。种皮黄色，黄脐，籽粒圆形或椭圆形。经接种鉴定，表现为中抗大豆花叶病毒病Ⅰ号株系，中感Ⅲ号株系，抗大豆灰斑病。平均粗蛋白质含量41.66%，粗脂肪含量20.85%。2004年参加北方春大豆晚熟组品种区域试验，平均667米^{2}产197.6千克，比对照辽豆11增产14.0%（极显著）；2005年续试，平均667米^{2}产185.7千克，比对照增产9.0%（极显著）；两年区域试验平均667米^{2}产191.7千克，比对照增产11.0%。2005年生产试验，平均667米^{2}产167.1千克，比对照增产8.0%。栽培技术要点：适宜播期为5月上旬，选择中、上等肥力地块种植，每667米^{2}保苗1.4万株。该品种适宜在河北北部、辽宁中南部、宁夏中北部、陕西关中平原地区春播种植。

133. 中豆32是哪一年通过审定的？其主要特征特性和适宜推广范围怎样？

中豆32是中国农业科学院油料作物研究所选育的，于2006年通过国审，审定编号：国审豆2006017。品种来源：湘春豆10号×铁丰18。该品种平均生育期113天，株高57.7厘米，主茎节数12.7个，分枝数3.2个，单株荚数38.9个，每荚粒数2.2

个，单株粒重 13.1 克，百粒重 18.5 克。白花，灰毛。种皮黄色，种脐淡褐色。经接种鉴定，表现为高抗大豆花叶病毒病 SC3、SC8、SC11 和 SC13 号株系。平均粗蛋白质含量 40.25%，粗脂肪含量 21.15%。2003 年参加长江流域春大豆品种区域试验，平均 667 米^2 产 160.2 千克，比对照湘春 10 号增产 8.0%（极显著）；2004 年续试，平均 667 米^2 产 187.2 千克，比对照增产 9.0%（极显著）；两年区域试验平均 667 米^2 产 173.7 千克，比对照增产 8.5%。2005 年生产试验，平均 667 米^2 产 175.2 千克，比对照增产 14.1%。栽培技术要点：（1）适期播种：一般于 4 月初播种。如用地膜覆盖，可于 3 月中、下旬抢晴播种。（2）种植密度：每 667 米^2 播种量 3～5 千克，每 667 米^2 保苗 0.6 万～1.3 万株。（3）施肥：每 667 米^2 施 25 千克饼肥和 25 千克复合肥作基肥，可用硼、钼、锌肥于播前拌种。（4）化学除草：播种后苗前可用都尔、氟乐灵等除草剂除草。（5）化学调控：出苗至开花前后每隔 10 天喷 80 毫克/千克多效唑 667 米^2 25 千克，以防倒伏。该品种适宜在江苏长江沿岸，湖北，浙江和湖南北部，四川盆地及东部丘陵地区春播种植。

134. 南豆 11 号是哪一年通过审定的？其主要特征特性和适宜推广范围怎样？

南豆 11 号是四川省南充市农业科学研究所选育的，于 2006 年通过国审，审定编号：国审豆 2006018。品种来源：成豆 4 号×贡豆 6 号。该品种平均生育期 105 天，株高 51.1 厘米，主茎节数 11.1 个，分枝数 2.6 个，单株荚数 28.7 个，每荚粒数 2.1 个，单株粒重 12.3 克，百粒重 22.2 克。白花，棕毛。种皮黄色，种脐深褐色。经接种鉴定，表现为感大豆花叶病毒病。平均粗蛋白质含量 44.13%，粗脂肪含量 18.71%。2004 年参加长江流域春大豆品种区域试验，平均 667 米^2 产 186.3 千克，比对照湘春10号增产8.4%（极显著）；2005年续试，平均667米^{2}产162.9千克，比对照增产2.4%（不显著）；两年区域试验平均667米^{2}产174.6千克，比对照增产5.5%。2005年生产试验，平均667米^{2}产163.7千克，比对照增产6.5%。栽培技术要点：（1）播种期：3月下旬—4月上旬播种。（2）每667米^{2}保苗：净作为1.5万～1.7万株，间作为0.2万～0.25万株。（3）施肥：每667米^{2}施过磷酸钙20～25千克及人畜粪水1 000～1 500千克作基肥。该品种适宜在四川盆地及东部丘陵地区春播种植。

135. 中豆36是哪一年通过审定的？其主要特征特性和适宜推广范围怎样？

中豆36是中国农业科学院油料作物研究所选育的，于2006年通过国审，审定编号：国审豆2006019。品种来源：矮脚早×湘78-141。该品种平均生育期97天，株高49.3厘米，主茎节数9.5个，分枝数0.9个，单株荚数21.3个，每荚粒数2.01个，单株粒重8.7克，百粒重22.6克。白花，灰毛。种皮黄色，种脐淡褐色。经接种鉴定，表现为中感大豆花叶病毒病SC3株系。平均粗蛋白质含量45.15%，粗脂肪含量18.68%。2004年参加长江流域春大豆品种区域试验，平均667米^{2}产161.8千克，比对照鄂豆4号增产21.6%（极显著）；2005年续试，平均667米^{2}产145.4千克，比对照增产22.0%（极显著）；两年区域试验平均667米^{2}产153.6千克，比对照增产21.7%。2005年生产试验，平均667米^{2}产151.2千克，比对照增产32.7%。栽培技术要点：（1）适期播种：一般于4月初播种。如用地膜覆盖，可于3月中、下旬抢晴播种。（2）种植密度：每667米^{2}播种量6～7千克，每667米^{2}保苗1.7万～2.5万株。（3）施肥：每667米^{2}施25千克饼肥和25千克复合肥作基肥，可用硼、钼、锌肥于播前拌种。（4）化学除草：播种后苗前可用都尔、氟乐灵等除草剂除草。该品种适宜在湖北，江苏长江沿岸，浙江、江西和湖南北部，四川盆地及东部丘陵地区春播种植。

136. 滇豆4号是哪一年通过审定的？其主要特征特性和适宜推广范围怎样？

滇豆4号是云南省农业科学院粮食作物研究所选育的，于2006年通过国审，审定编号：国审豆2006020。品种来源：滇86-5×威廉姆斯。该品种平均生育期120天，株高57.3厘米，主茎节数11.8个，分枝数2.9个，单株荚数31.3个，每荚粒数2.0粒，单株粒重17.0克，百粒重21.5克。白花，棕毛。籽粒椭圆形，种皮黄色，有光泽，褐脐。经接种鉴定，表现为中感大豆花叶病毒病SC3株系，抗SC8和SC13株系。平均粗蛋白质含量42.27%，粗脂肪含量20.33%。2004年参加西南山区春大豆品种区域试验，平均667米^{2}产185.5千克，比对照滇86-5增产15.5%（极显著）；2005年续试，平均667米^{2}产206.5千克，比对照增产12.0%（极显著）；两年区域试验平均667米^{2}产196.0千克，比对照增产13.6%。2005年生产试验，平均667米^{2}产161.5千克，比对照增产17.3%。栽培技术要点：4月中旬～5月下旬播种，每667米^{2}保苗1.5万株左右。该品种适宜在贵州、云南、湖北恩施、四川西南部地区春播种植。

137. 沪宁96-10是哪一年通过审定的？其主要特征特性和适宜推广范围怎样？

沪宁96-10是上海市动植物引种研究中心、南京农业大学大豆研究所选育的，于2006年通过国审，审定编号：国审豆2006021。品种来源：淮阴矮脚早×中作84-C42。该品种平均生育期78天，株高29.9厘米，主茎节数8.5个，分枝数1.9

个，单株荚数 19.3 个，多粒荚率 70.8%，单株鲜荚重 33.8 克，百粒鲜重 68.4 克；每 500 克标准荚数 207 个，荚长、荚宽分别为 4.88 厘米和 1.28 厘米，标准荚率 74.97%。口感品质为香甜柔糯型。白花，灰毛。经接种鉴定，表现为中抗大豆花叶病毒病 SC8 号株系，中感 SC3、SC8、SC11 号株系。2004 年参加鲜食大豆品种区域试验，平均 667 米^2 产鲜荚 688.4 千克，比对照 AGS292 增产 14.3%（极显著）；2005 年续试，平均 667 米^2 产鲜荚 670.8 千克，比对照减产 2.9%（不显著）；两年区域试验平均 667 米^2 产鲜荚 679.6 千克，比对照增产 5.1%。2005 年生产试验，平均 667 米^2 产鲜荚 625.6 千克，比对照减产 2.1%。栽培技术要点：一般在 3 月中旬—5 月上旬播种，每 667 米^2 保苗 2 万株左右；于播种前 15～20 天 667 米^2 施腐熟有机肥 1 500～2 000 千克、过磷酸钙 35 千克或三元复合肥 40～50 千克作底肥，初花期每 667 米^2 追施尿素 10 千克或三元复合肥 6～8 千克，结荚鼓粒期进行叶面喷肥可有效提高结荚数。该品种适宜在北京、上海、江苏、浙江、安徽、江西、云南、广东春播种植。

138. 桂夏豆 2 号是哪一年通过审定的？其主要特征特性和适宜推广范围怎样？

桂夏豆 2 号是广西壮族自治区农业科学院、华南农业大学选育的，于 2006 年通过国审，审定编号：国审豆 2006022。品种来源：桂早一号×巴 13。该品种平均生育期 104 天，属夏大豆中熟品种。平均株高 55.6 厘米，有效分枝 3.9 个，单株有效荚数 70.7 个，单株粒数 147.6 个，单株粒重 21.3 克，百粒重 14.0 克。株型收敛，紫花，棕毛，有限结荚习性。种子椭圆，种皮黄色，脐色浅褐。经接种鉴定，表现为中感大豆花叶病毒病 SC3 株系，感 SC11 株系，高感 SC8 和 SC13 株系。平均粗蛋白质含量41.67%，粗脂肪含量19.08%。2004年参加热带亚热带地区夏大豆品种区域试验，平均667米^{2}产198.1千克，比对照埂青82增产27.2%（极显著）；2005年续试，平均667米^{2}产182.6千克，比对照增产33.8%（极显著）；两年区域试验平均667米^{2}产190.4千克，比对照增产30.3%。2005年生产试验，平均667米^{2}产186.7千克，比对照增产38.3%。栽培技术要点：6月中旬—7月上旬播种，每667米^{2}保苗1.3万～1.7万株；每667米^{2}施有机肥1 000千克，三元复合肥10～15千克，尿素5～7千克。该品种适宜在广东、广西、海南、福建和江西南部地区夏播种植。

139. 华夏1号是哪一年通过审定的？其主要特征特性和适宜推广范围怎样？

华夏1号是华南农业大学选育的，于2006年通过国审，审定编号：国审豆2006023。品种来源：桂早一号×巴西3号。该品种平均生育期97天，属夏大豆早熟品种。平均株高49.2厘米，有效分枝3.6个，单株有效荚数56.8个，单株粒数103.8个，单株粒重18.7克，百粒重19.4克。株型收敛，白花，棕毛，有限结荚习性。籽粒椭圆，黄皮，脐色浅褐。经接种鉴定，表现为抗大豆花叶病毒病SC8和SC13株系，中感SC3和SC11株系。平均粗蛋白质含量42.37%，粗脂肪含量20.55%。2004年参加热带亚热带地区夏大豆品种区域试验，平均667米^{2}产176.4千克，比对照埂青82增产13.2%（极显著）；2005年续试，平均667米^{2}产176.4千克，比对照增产19.9%（极显著）；两年区域试验平均667米^{2}产170.0千克，比对照增产16.3%。2005年生产试验，平均667米^{2}产173.2千克，比对照增产28.3%。栽培技术要点：6月中旬—7月上旬播种，每667米^{2}保苗1.3万株；每667米^{2}施有机肥1 000千克，三元复合肥

10～15千克，尿素5～7千克。该品种适宜在广东、广西、海南和江西南部地区夏播种植。

140. 华夏3号是哪一年通过审定的？其主要特征特性和适宜推广范围怎样？

华夏3号是华南农业大学、广西壮族自治区农业科学院选育的，于2006年通过国审，审定编号：国审豆2006024。品种来源：桂早一号×巴13。该品种平均生育期113天，属夏大豆晚熟品种。平均株高84.7厘米，有效分枝4.5个，单株有效荚数78.9个，单株粒数145.7个，单株粒重22.4克，百粒重17.5克。株型收敛，白花，棕毛，有限结荚习性。籽粒椭圆，种皮黄色，脐色浅褐。经接种鉴定，表现为抗大豆花叶病毒病SC8和SC13株系，中抗SC3株系，感SC11株系。平均粗蛋白质含量42.19%，粗脂肪含量20.41%。2004年参加热带亚热带地区夏大豆品种区域试验，平均667米^{2}产201.2千克，比对照埂青82增产29.2%（极显著）；2005年续试，平均667米^{2}产182.0千克，比对照增产33.3%（极显著）；两年区域试验平均667米^{2}产191.6千克，比对照增产31.1%。2005年生产试验，平均667米^{2}产173.2千克，比对照增产27.9%。栽培技术要点：6月中旬—7月上旬播种，每667米^{2}保苗1.3万株。该品种适宜在广东、广西、海南、福建中南部和江西南部地区夏播种植。

141. 华春1号是哪一年通过审定的？其主要特征特性和适宜推广范围怎样？

华春1号是华南农业大学选育的，于2006年通过国审，审定编号：国审豆2006025。品种来源：桂早一号×巴西11号。该品种平均生育期114天，属春大豆晚熟品种。平均株高69.2

厘米，有效分枝 3.4 个，单株有效荚数 42.7 个，单株粒数 89.5 个，单株粒重 15.3 克，百粒重 18.9 克。株型收敛，紫花，棕毛，有限结荚习性。籽粒椭圆，种皮黄色，脐色浅褐。经接种鉴定，表现为高感大豆花叶病毒病 SC3、SC8、SC11 和 SC13 株系。平均粗蛋白质含量 42.21%，粗脂肪含量 21.24%。2004 年参加热带亚热带地区春大豆（南片）品种区域试验，平均 667 米^2 产 172.8 千克，比对照柳豆 1 号增产 6.0%（显著）；2005 年续试，平均 667 米^2 产 164.5 千克，比对照增产 16.1%（极显著）；两年区域试验平均 667 米^2 产 168.6 千克，比对照增产 10.7%。2005 年生产试验，平均 667 米^2 产 177.0 千克，比对照增产 16.8%。栽培技术要点：2 月中旬—3 月上旬播种，每 667 米^2 保苗 1.3 万株；每 667 米^2 施有机肥 1 000 千克，三元复合肥 10～15 千克，尿素 5～7 千克。该品种适宜在广东中南部、福建南部、海南春播种植。

142. 桂春豆 1 号是哪一年通过审定的？其主要特征特性和适宜推广范围怎样？

桂春豆 1 号是广西壮族自治区农业科学院选育的，于 2006 年通过国审，审定编号：国审豆 2006026。品种来源：桂春 1 号×桂 199。该品种平均生育期 103 天，属春大豆中熟品种。平均株高 55.8 厘米，有效分枝 3.0 个，单株有效荚数 33.5 个，单株粒数 73.9 个，单株粒重 13.6 克，百粒重 18.6 克。株型收敛，白花，棕毛，有限结荚习性。籽粒圆，种皮黄色，褐脐。经接种鉴定，表现为抗大豆花叶病毒病 SC11 和 SC13 株系，中感 SC3 和 SC8 株系。平均粗蛋白质含量 39.91%，粗脂肪含量 19.46%。2004 年参加热带亚热带地区春大豆（南片）品种区域试验，平均 667 米^2 产 180.2 千克，比对照柳豆 1 号增产 10.5%（极显著）；2005 年续试，平均 667 米^2 产 170.7 千克，比对照增产20.5%（极显著）；两年区域试验平均667米^{2}产175.4千克，比对照增产15.1%。2005年生产试验，平均667米^{2}产173.8千克，比对照增产14.6%。栽培技术要点：2月中旬—3月下旬播种，每667米^{2}保苗1.7万株；每667米^{2}施有机肥500～1 000千克，三元复合肥10～15千克，尿素3～5千克。该品种适宜在广东和广西中南部、福建南部、海南春播种植。

143. 泉豆7号是哪一年通过审定的？其主要特征特性和适宜推广范围怎样？

泉豆7号是福建省泉州市农业科学研究所选育的，于2006年通过国审，审定编号：国审豆2006027。品种来源：穗稻黄×福清绿心豆。该品种平均生育期107天，属春大豆中熟品种。平均株高53.1厘米，有效分枝2.5个，单株有效荚数30.6个，单株粒数65.5个，单株粒重12.1克，百粒重19.5克。株型收敛，紫花，棕毛，亚有限结荚习性。籽粒椭圆，种皮黄色，褐脐。经接种鉴定，表现为高感大豆花叶病毒病SC3株系。平均粗蛋白质含量41.96%，粗脂肪含量20.98%。2004年参加热带亚热带地区春大豆（南片）品种区域试验，平均667米^{2}产180.6千克，比对照柳豆1号增产10.7%（极显著）；2005年续试，平均667米^{2}产156.4千克，比对照增产16.1%（极显著）；两年区域试验平均667米^{2}产168.5千克，比对照增产10.6%。2005年生产试验，平均667米^{2}产169.9千克，比对照增产12.1%。栽培技术要点：2月下旬—3月中旬播种，每667米^{2}保苗2万株，注意防治蚜虫。该品种适宜在广东中南部、福建南部、海南春播种植。

144. 华春2号是哪一年通过审定的？其主要特征特性和适宜推广范围怎样？

华春2号是华南农业大学、广西壮族自治区农业科学院选育的，于2006年通过国审，审定编号：国审豆2006028。品种来源：桂早一号×巴西9号。该品种平均生育期106天，属春大豆中熟品种。平均株高54.7厘米，有效分枝3.1个，单株有效荚数33.6个，单株粒数67.8个，单株粒重12.4克，百粒重18.9克。株型收敛，白花，棕毛，有限结荚习性。籽粒椭圆，种皮黄色，脐色浅褐。经接种鉴定，表现为抗大豆花叶病毒病SC8株系，感SC3、SC11和SC13株系。平均粗蛋白质含量41.56%，粗脂肪含量21.29%。2004年参加热带亚热带地区春大豆（南片）品种区域试验，平均667米^{2}产171.9千克，比对照柳豆1号增产5.4%（极显著）；2005年续试，平均667米^{2}产149.1千克，比对照增产5.2%；两年区域试验平均667米^{2}产160.5千克，比对照增产5.3%。2005年生产试验，平均667米^{2}产159.7千克，比对照增产5.4%。栽培技术要点：2月中旬—3月上旬播种，每667米^{2}保苗1.3万株；每667米^{2}施有机肥1 000千克，三元复合肥10～15千克，尿素5～7千克。该品种适宜在广东中南部、福建南部、海南春播种植。

145. 赣豆5号是哪一年通过审定的？其主要特征特性和适宜推广范围怎样？

赣豆5号是江西省农科院旱作物研究所选育的，于2006年通过国审，审定编号：国审豆2006029。品种来源：矮脚青×赣豆一号。该品种平均生育期106天，属夏大豆中熟品种。平均株高77.5厘米，有效分枝3.2个，单株有效荚数46.7个，单株粒数86.0个，单株粒重20.9克，百粒重25.0克。株型收敛，紫花，棕毛，亚有限结荚习性。籽粒椭圆，种皮黄色，褐脐。经接种鉴定，表现为感大豆花叶病毒病SC3株系，高感SC7株系。平均粗蛋白质含量42.47%，粗脂肪含量22.77%。2004年参加热带亚热带地区夏大豆品种区域试验，平均667米^{2}产187.45

千克，比对照埂青 82 增产 20.4%（极显著）；2005 年续试，平均 667 米^2 产 171.8 千克，比对照增产 25.8%（极显著）；两年区域试验平均 667 米^2 产 179.6 千克，比对照增产 22.9%。2005 年生产试验，平均 667 米^2 产 171.4 千克，比对照增产 27.0%。栽培技术要点：一般在 6 月中旬播种；每 667 米^2 施尿素 10 千克，钙镁磷肥 50 千克，氯化钾 10 千克，其中磷肥全作基肥，氮肥和钾肥的 60%作基肥，40%作追肥；注意防治蚜虫。该品种适宜在广东、广西、海南、福建中部、江西南部地区夏播种植。

146. 建立品种退出机制的法律依据是什么？第一批退出的国审大豆品种有哪些？

建立品种退出机制的法律依据是《国务院办公厅关于推进种子管理体制改革 加强市场监管的意见》（国办发［2006］40 号文）和新修订的《主要农作物品种审定办法》。新修订的《主要农作物品种审定办法》对审定品种退出的条件、程序作了明确规定："审定通过的品种，在使用过程中如发现有不可克服的缺点或者种性严重退化，不宜在生产上继续使用的，由原专业委员会或者审定小组提出停止经营、推广建议，经主任委员会审核同意后，由品种审定委员会进行不少于一个月的公示。公示期满无异议的，由同级农业行政主管部门公告。

自公告发布之日起，该品种种子停止生产；公告发布一个生产周期后，该品种种子停止经营、推广。"

第一批退出的国审大豆品种共有 32 个，详见下表：

表 1 第一批退出的国审大豆品种名单

序号	品种名称	原审定编号	选育单位
1	大豆铁丰 18	GS06001 - 1984	辽宁省铁岭地区农科所
2	大豆黑河 3 号	GS06002 - 1984	黑龙江省黑河地区农科所
3	大豆黑农 26	GS06003 - 1984	黑龙江省农科院大豆所

（续）

序号	品种名称	原审定编号	选育单位
4	大豆丰收10号	GS06004-1984	黑龙江省农科院克山地区所
5	大豆丰收12	GS06005-1984	黑龙江省农科院克山地区所
6	大豆开育8号	GS06006-1984	辽宁省开源县农科所
7	大豆吉林3号	GS06007-1984	吉林省农科院大豆所
8	大豆九农9号	GS06008-1984	吉林市农科所
9	大豆徐豆2号	GS06009-1984	江苏省农科院经作所
10	大豆齐黄1号	GS06010-1984	山东农科院作物所
11	大豆鄂豆2号	GS06012-1984	中国农科院油料所
12	大豆跃进5号	GS06014-1984	山东菏泽地区农科所
13	大豆丹豆5号	GS06016-1984	辽宁省丹东市所
14	大豆吉林8号	GS06017-1984	吉林省农科院大豆所
15	大豆跃进4号	GS06018-1984	山东菏泽地区农科所
16	大豆吉林18号	GS06010-1989	吉林省农科院大豆所
17	大豆长农2号	GS06011-1989	吉林省长春市农科所
18	大豆绥农3号	GS06012-1989	黑龙江省农科院绥化地区农科所
19	大豆鲁豆1号	GS06013-1989	山东农科院作物所
20	大豆吉林20号	GS06002-1989	吉林省农科院大豆所
21	大豆长农4号	GS06003-1989	吉林省长春市农科所
22	鲁豆2号	GS06005-1989	山东省济宁地区农科所
23	豫豆2号	GS06006-1989	河南省农科院经作所
24	中豆-19号	GS06007-1989	中国农科院油料所
25	冀豆4号	GS06008-1989	河北邯郸地区农科所
26	大豆浙春1号	GS06009-1989	浙江省农科院作物所
27	豫豆8号	GS06001-1990	河南省农科院经作所
28	黑河5号	GS06002-1990	黑龙江省农科院黑河农科所
29	湘春豆10号	GS06004-1990	湖南省农科院作物所
30	铁丰24号	GS06001-1991	辽宁省铁岭大豆研究所
31	宁镇1号	GS06001-1992	江苏省农科院经作所，江苏省镇江地区农科所
32	通农10号	GS06001-1995	吉林省通化市农科所

栽培技术篇

147. 黄淮海夏大豆产区的区域范围在哪里？

黄淮海夏大豆是夏大豆的主要产区，其区域范围大体在长城以南，淮河以北。包括山东省，河南省的淮河以北，河北省长城以南，山西省西南部的临汾、运城盆地，安徽省的淮河两岸以北，江苏省洪泽湖和苏北灌溉总渠以北，湖北省的襄樊北部，京津地区，陕西省的关中地区，甘肃省的天水地区等。

20 世纪五六十年代，现在的黄淮海夏大豆产区尚有相当面积的春大豆。随着复种指数的提高，这一地区的春大豆逐步被夏大豆取代，变为一年两熟制的大豆小麦产区。

148. 黄淮海夏大豆产区在全国大豆产区的地位如何？

黄淮海夏大豆产区包括晋、冀、鲁、豫、苏、皖、陕、甘、宁、京、津 11 省区，面积主要集中在冀、鲁、豫、皖 4 省。建国初期，黄淮海大豆产区面积 466.67 万～733.33 万公顷，占全国总面积的 60%。一直到 1985 年黄淮海大豆面积一直大于东北。自 1986 年起，东北大豆面积（当年 325.73 万公顷，占全国 42.21%）超过黄淮海（当年 311.13 万公顷，占全国 40.31%）。黄淮海夏大豆近年来面积稳定在 3 000 万公顷上下，占全国大豆面积的 35%左右。建国初期，黄淮海大豆单产仅450～600 千克/公顷，到近几年最高达到 1 893 千克/公顷，稳定在 1 650 千克/

公顷以上。20世纪50年代，黄淮海大豆总产200万～500多万吨，近几年，虽然面积减少，但由于单产提高，总产维持在500万吨左右，总体比20世纪50年代还有所提高，占全国总产的35%。

20世纪70年代之前，由于黄淮海大豆产区人口少（1953年2.5亿，1964年2.9亿），不足半数作为豆制品加工原料自身消化，半数以上作为商品销往两广、两湖、浙江、江西、四川等地同样作为豆制品加工原料。70年代之后，由于黄淮海人口不断增长，相继突破了4亿（1982年）、5亿（2001年），大豆外销逐年减少，主要用于当地自身需求。多年来黄淮海生产的大豆支撑着约6亿人口的植物蛋白需求。

149. 黄淮海夏大豆产区分为哪几个部分？各有何特点？

根据2000年黄淮海夏大豆国家区域试验的区域界定范围，黄淮海夏大豆产区分为北、中、南片三部分。

黄淮海夏大豆产区的北片，包括河北省的长城以南，石家庄和天津以北。这里的夏大豆生育期一般90天左右。无霜期175～220天，常年≥10℃活动积温3 800～4 300℃，年平均气温10～12℃，年降水量500～600毫米，年日照时数2 000～2 800小时，日照率55%～65%。夏至日照长度14小时左右。本区6月份干旱的频率50%～60%左右，雨涝的频率10%～20%，7、8月份雨涝的频率30%～50%，干旱频率20%～30%。

黄淮海夏大豆产区的中片，包括河北省的石家庄和天津以南，山东省北、中部，河南省的黄河以北，山西省西南部的临汾、运城盆地，陕西省的关中地区，甘肃省的天水地区等。这里的夏大豆生育期一般90～100天。无霜期180～220天，常年≥10℃活动积温4 000～4 400℃，年平均气温12～14℃，年降水量

500～700毫米，年日照时数1 900～2 500小时，日照率50%～60%。本区6月份干旱的频率50%～60%左右，雨涝的频率15%～30%，7、8月份雨涝的频率30%～60%，干旱频率10%～30%。

黄淮海夏大豆产区的南片，包括河南省的黄河以南，山东省南部，淮河以北，安徽省的淮河两岸以北，江苏省洪泽湖和苏北灌溉总渠以北，湖北省的襄樊北部。该区夏大豆生育期一般100～110天。无霜期200～220天，常年≥10℃活动积温4 400～4 800℃，年平均气温13～15℃，年降水量700～1 000毫米，年日照时数1 800～2 300小时，日照率50%～60%。本区6月份干旱的频率30%～50%，雨涝的频率20%～40%，7、8月份雨涝的频率30%～60%，干旱频率10%～30%。

150. 黄淮海有关夏大豆的主要耕作制度有哪些?

夏大豆的前作为冬小麦，夏大豆收获后，再种冬小麦，冬小麦之后种夏旱粮、经济作物、或夏大豆，是一年两熟的主要轮作形式；夏大豆收获后，实行冬闲，翌春种植旱粮作物或棉花、花生，是两年三熟制的主要轮作形式。目前黄淮海有关夏大豆的主要耕作制度如下：

冬小麦——夏大豆——冬小麦——夏玉米（一年两熟）
冬小麦——夏大豆——冬小麦——夏谷子（一年两熟）
冬小麦——夏大豆——冬小麦——夏大豆（一年两熟）
冬小麦——夏大豆——冬小麦——夏芝麻（一年两熟）
冬小麦——夏大豆——冬小麦——夏花生（一年两熟）
冬小麦——夏大豆——冬闲——春棉花（两年三熟）
冬小麦——夏大豆——冬闲——春花生（两年三熟）
冬小麦——夏大豆——冬闲——春甘薯（两年三熟）

151. 黄淮海夏大豆的主要栽培方式有哪些?

大豆栽培形式多种多样,演变复杂,单作、间作、套作与混作并存,因地而异。黄淮夏大豆主产区多实行单作,亦有部分以间作为主。长期以来黄淮地区夏大豆单作面积不断减少,夏大豆与夏玉米间作面积不断扩大,因而在轮作中很多地方大豆间作代替了大豆单作。

152. 黄淮海夏大豆的主要生育期有哪些?

黄淮海夏大豆的全生育期自北向南由 90 天左右到 110 天逐渐拉长。因豆麦轮作是该区重要耕作制度，北部小麦收获晚播种早，南部小麦收获早播种晚，所以北部需要早熟品种，南部需要中熟偏晚品种，以适应豆麦两熟的耕作制度。

黄淮海夏大豆主要生育期分为幼苗期、分枝期、花荚期、鼓粒成熟期。

153. 为什么夏大豆需要轮作倒茬?

轮作倒茬是大豆的增产措施之一。连续两年以上夏季种大豆会造成减产。原因是土壤养分的非均衡消耗，土壤中水解氮和速效钾明显减少，锌硼成倍降低，土壤酶活性下降等；一些病虫害加重，如根腐病、胞囊线虫病、霜霉病、地老虎、蛴螬等；并且大豆根系分泌的毒素会积累，土壤的理化性质会恶化。因而应避免夏季大豆连作，进行轮作倒茬。

154. 夏大豆为什么要适期早播?

农谚有“春争日，夏争时，五黄六月争回耧”的说法，可见夏播作物力争早播是夺取丰产的重要措施。黄淮海地区5月下旬至6月中旬都是夏大豆的适播期，而且播种越早产量越高。研究证明，自6月上旬起，每晚播1天，平均每公顷减产22.5千克左右；自6月下旬起，每晚播1天，平均每公顷减产30.0～37.5千克。因为大豆多与小麦轮作，黄淮海地区北部麦收晚，大都在6月中旬收获，南部麦收早，大都在6月上旬收获，所以实际大豆播期自南向北随麦收提前而有可能早播。本地区夏大豆的播期受降雨及土壤墒情的影响很大，麦收后土壤墒情好或麦收后降雨，大豆可及时早播。麦收后干旱，墒情差，又无条件浇底墒水的地区，大豆无法下种。只要土壤墒情好，早播可以及时早覆盖地面，减少水分蒸发，延长大豆营养生长期，多分枝，多结荚，有利于物质积累，又便于雨季到来之前清除杂草。

155. 夏大豆能否春播?

光照时间和温度对夏大豆生长发育影响较大，春播的夏大豆主要受温度过低的影响，导致开花期、结荚期和成熟期推迟。河南省农科院棉油所用夏大豆豫豆25号作过10天一期的分期播种试验，6月10日播种的自播种到开花是41天，到结荚是61天，到成熟是109天，3月31日、4月10日播种的比6月10日播种的自播种到开花多23和16天，结荚期多21和14天，成熟期多29和21天。不同播期产量较高的是5月20日、5月30日、6月10日和6月20日。春播的夏大豆除生育期推迟、产量降低外，病害有加重的趋势。因此，夏大豆不可盲目春播。

156. 夏大豆的施肥原则和依据是什么?

大豆施肥不仅要考虑大豆产量的提高，还要考虑施肥的经济效益。施肥应根据大豆生长发育对营养的要求，同时必须了解土壤养分的供应能力，根据需要确定施肥种类、数量、时期和方法以及各种营养元素的配合。在决定施肥方法时，还要考虑轮作制度和播种方法的影响。一般高产大豆的施肥原则应坚持以施用农家肥为主，有机无机相结合；增施化肥，氮磷钾配合，补施微肥；高产田重施磷钾肥，薄地重施氮磷肥；以基肥为主，追肥为辅，酌情施用种肥和叶面喷肥。

据河南省农科院土肥所研究，优质高产大豆底肥用量N：P_2O_5：K_2O比例0.3～0.4：1：0.8～1.0，即相当于每公顷底肥施尿素45～75千克，磷酸二铵（18%P，46% P_2O_5）375千克，氯化钾（K_2O 60%）225千克。追肥应减少到底肥用量的40%左右。

有机肥养分全，肥效持久，施用有机肥能培肥地力，为大豆生长发育源源不断地提供氮、磷、钾及各种微量元素。同时，有机肥能改善土壤物理性状，使根系发育健壮，给高产创造良好基础。另外，有机肥所含养分大部分为有机状态，施入土壤后通过微生物活动，逐步地将养分释放，肥效稳，不会像氮素化肥那样，施用过多，肥效集中而抑制大豆根瘤菌的固氮活动，相反还有利于根瘤菌的形成。有机肥在分解过程中，还可增强大豆的二氧化碳营养，促进光合作用。

157. 夏大豆的施肥方法有哪些？

（1）底肥：有机肥最好是播种前耕地时掩底，每公顷用量农家肥45 000～60 000千克，或饼肥600～750千克。没有整地施基肥的大豆田，苗期施用也可以。在增施农家肥的同时，还应以合理的比例施化肥作底肥，以磷为主，氮素化肥为辅。一般每公顷施磷肥375～450千克，尿素45～75千克或碳酸氢铵300千克，或每公顷施二铵375千克。还可每公顷施钾肥（氯化钾）225千克。一般大田不缺钾，高产大豆需肥量大，钾不足需补充。或用可分层分别播种播肥的播种机。

农活紧张，不能给大豆施底肥，可有计划地把两季作物该施的底肥，一次施在大豆的前茬作物小麦上，使大豆利用残肥，获得较好收成。大豆施底肥，可根据具体情况灵活掌握。农家肥质量高，土壤基础好，前茬作物施肥多的可以少施，否则应多施。

(2) 种肥：播种前按每5千克种子称取钼酸铵5克、硼砂10克和硫酸锌5克，用400～500克温水充分溶解，然后将肥液喷洒在种子上，尽量使肥液布满种子，阴干后随即播种。

(3) 追肥：磷肥对大豆生长发育的影响比氮肥更明显。磷肥增产效果的大小与土壤中有效磷含量有关。土壤中有效磷在60毫克/千克以上，施磷增产效果小且不稳，有效磷低于10毫克/千克，增产显著。施用时期以开花前的分枝期即7月中旬较好。

钾肥的增产效果依不同土壤条件有明显差别。在缺钾土壤上，大豆施钾对其生长发育，延长叶片功能期，增加干物质积累，提高固氮能力有良好影响，而且增产显著。在耕层土壤有效钾含量100毫克/千克以上时，施钾增产效果不明显。钾肥应在分枝期施用。

施过基肥的地块，在大豆初花前5天左右要重施一次追肥，每公顷可追尿素75～112.5千克，视苗情适当补施钾肥75～105千克。追施方法以开沟条施为宜。对于无法施用底肥的田块，应在苗期及早追肥。一般在7月中旬，根据土壤肥力每公顷施尿素75～150千克，配合肥田丹225～300千克，或每公顷尿素75千克左右，二胺150～225千克，氯化钾150千克左右。

(4) 叶面喷肥：叶面喷肥通过叶面直接吸收，能够起到和根部施肥相同的作用，而且可以减少土壤固定和流失，所以比根施作用快，利用率高。

大豆根外追肥一般一二次，如喷1次，以初花至盛花为宜，喷2次，第一次应在初花期，第二次在终花期。喷肥方式有人工背负式喷雾器、机动弥雾机、飞机喷施等多种。不论哪种方式，都要求雾化程度良好、喷洒均匀。喷后 6 小时内遇雨需重喷。

叶面喷洒所用肥料为速效性的。人工喷洒一般公顷用肥料量为：磷酸二氢钾 2.25～3.00 千克，尿素 15～22.5 千克，钼酸铵 0.3～0.45 千克，硼砂 1.125～1.500 千克，对水 750～1 125 千克。这些肥料可单独喷洒，也可混合喷洒。为了兼治病虫害，还可与农药混合喷洒。

（5）微肥的施用：方法有 3 种：一是底施。公顷用硫酸锌 15 千克，耕地前与细干土掺合均匀撒于地表，耕翻掩底即可。二是叶面喷洒。每公顷用钼酸铵 0.3～0.45 千克或硼砂硼砂 1.125～1.500 千克，对水 750～1 125 千克，于晴天下午 4 点喷洒。喷 1 次，以初花期至盛花期为宜；喷 2 次，第一次在初花期，第二次在终花期。三是拌种。每公顷大豆种子用 75 克钼酸铵，或 150 克硼砂，先用少量热水将其溶解，再加适量水制成溶液（液种比为 1∶6）拌种，阴干后播种。

（6）优化配方施肥：优化配方施肥技术就是在大豆播种前，取耕层 20 厘米以内的土样，并多点混合均匀，置干净地方晾干后送有关化验室化验分析。根据化验结果和大豆计划产量指标，制定施肥配方，有针对性的指导大豆施肥。这种技术既能节省肥料，减少投资，又能不断培肥地力，并使有限的肥料获得更大的增产效益。

158. 绿色大豆的标准是什么？绿色大豆生产对农药和化肥有何要求？

随着人民生活水平的提高，绿色食品的市场需求越来越大，绿色大豆生产及产业化应运而生。

绿色大豆的标准是由农业部发布的绿色食品标准的一部分，绿色食品生产企业必须遵照执行的强制性国家行业标准。

绿色大豆必须是非转基因大豆，标准分为两个技术等级，即

AA 级绿色大豆标准和 A 级绿色大豆标准。

AA 级绿色大豆标准要求，生产地的环境质量符合《绿色食品产地环境质量标准》，生产过程中不使用化学合成的肥料和有害于环境和人体健康的生产资料，而是通过使用有机肥、种植绿肥、作物轮作、生物或物理方法等技术，培肥土壤，提高产品品质，从而保证产品质量符合绿色食品产品标准要求。

A 级绿色大豆标准要求，生产地的环境质量符合《绿色食品产地环境质量标准》，生产过程中严格按绿色食品生产资料使用准则和生产操作规程要求，限量使用限定的化学合成生产资料，并积极采用生物技术和物理方法，保证产品质量符合绿色食品产品标准要求。化肥必须与有机肥配合使用，有机氮与无机氮之比不超过 1∶1，例如，施厩肥 1 000 千克，加尿素 5～10 千克或磷酸二胺 20 千克。最后一次追肥必须在收获前 30 天进行。

绿色大豆基地的建立，必须经绿色食品机构及环保机构对生产地的大气、水源、土壤和生产的大豆籽粒进行检测，认定合格，审批后才有效。

159. 有机肥作夏大豆底肥的好处是什么？

有机肥是完全肥料，不仅矿质养分含量高，而且含丰富的有机质，肥劲稳、肥效长。有机肥施入土壤后，能把土壤中各种不可给态养分溶解为有机态，在较长时间内供给大豆吸收利用。它还能改善土壤的物理性质，增加疏松程度，增强土壤保水、保肥能力，造成良好的大豆生长环境。如因农活紧张，贴茬播种，不能给大豆施底肥，可有计划地把两季作物该施的底肥，一次性施在大豆前茬作物小麦底肥里，使大豆利用前茬残肥，获得较好的收成。

大豆施用底肥的数量根据有机肥的质量、土壤基础、前茬作物施肥情况而定。有机肥质量高、土壤基础好、前茬作物施肥多的大豆底肥可施得少些，否则应多施。一般公顷施农家肥30 000～45 000千克（或饼肥600～750千克）。为了提高有机肥的肥效，底肥中可配合施一些化肥。

160. 如何精选良种？

为了达到苗齐、匀、壮的目的，在选用优良品种的基础上，需要对种子进行精选。将豆种中的杂籽、病籽、破籽、秕籽和杂质去除，选留饱满、籽粒大小整齐、无病虫、无杂质的种子。精选的方法有风选、筛选、粒选和机选，可视条件而定。

对种子进行发芽和出苗试验，也是保证一播全苗的措施。优良种子发芽率应在95%以上，田间出苗率应在85%以上。如果发芽率或出苗率较低，要加大播种量，以保证全苗。

黄淮海夏大豆产区主推品种的百粒重大都为17～23克，在一般行距0.4～0.5米时，根据籽粒大小每公顷60～75千克为适宜种子播量。

161. 大豆种子包衣的功能是什么？

大豆种子包衣是一项高新技术。将精选的种子包上种衣剂，种衣剂是由杀虫剂、杀菌剂、微肥、激素等制成的膜状物质。种衣剂在种子播入土壤后，几乎不被溶解，在种子周围形成防止病虫害的保护屏障，并缓慢释放，被内吸传输到地上部位，继续起防治病虫害的作用。种衣剂内的微肥和激素则起肥效和刺激根系生长作用。种衣剂在土壤中可持续药效45～60天。

162. 夏大豆播种前如何酌情犁耙？

在土壤墒情好的情况下，播前整地犁耙比不犁耙好得多。播前犁耙可疏松耕层，便于大豆根系下扎，减少水分蒸发，利于土壤微生物活动和有机质的分解，并且还可将部分杂草种子、病菌孢子、害虫及菟丝子种子翻入土壤深层，减轻危害。播前犁耙可增施底肥增加土壤肥力。然而，在播种前气温高、墒情差、蒸发大的情况下，不整地贴茬播种可抢墒保全苗，整地犁耙会造成跑墒，贻误播期时，应选择贴茬播种。

163. 夏大豆播种后是否需要镇压？

大豆播种后是否需要镇压，要根据土壤墒情而定。底墒好，表墒差，土壤干松，播种后为使种子与土壤紧密接触，消除空隙，进行镇压，并不会造成大豆上部土壤板结，利于种子吸水发芽，出苗会加快，可边播种边镇压。如土壤湿度较大，表墒底墒都好，播种后千万不能镇压，此时如果镇压，包括人踩，会造成种子上部土壤板结，致使大豆出苗时顶土困难，造成缺苗。为防止播后封土不严，种子与土壤接触不好及消除空隙，可用耙子在播后耙平表层。

164. 夏大豆播种后苗前遇雨如何处理？

大豆播种后出苗前遇雨如何处理？这要根据降雨量的大小，播种后的天数不同而灵活处理。如播种后遇雨，但雨量不大，未造成土壤板结，则不影响大豆出苗。如播种后三四天遇大雨，造成土壤板结，可扒开土表观察一下，如播种浅，温度高，大豆子叶则已接近地表，土壤板结虽然造成子叶顶土的阻力，但终究还能够顶土出苗；如播种深，播后低温，大豆子叶尚未接近地表，扒开土表观察发现子叶顶土有困难，则应用耙子等工具小心破除地表板结，并不要伤害子叶，帮助出苗。播种后一两天遇大雨造成土壤板结，必须破除板结，帮助出苗，否则，子叶顶土阻力过大，出苗困难，会造成严重缺苗。

165. 夏大豆播种后出苗前干旱能否浇蒙头水？

大豆播种后出苗前遇干旱浇否蒙头水，要慎重，因为浇后的土壤板结，会导致子叶出土的阻力，影响出苗。如播种时底墒差，播后又遇高温，不浇水，大豆子叶接近地表但难以出土，浇蒙头水后，对部分因板结出苗困难的地块要小心地破除板结，不要伤害子叶。因种种原因未掌握好土壤墒情而播种入土，或地块内墒情不均匀，种子不能吸水膨胀，或吸水膨胀不能继续萌发，或开始萌发遇旱不能继续萌发出苗，浇蒙头水后必须破除板结以帮助出苗。有灌溉条件的地区播种前土壤干旱为赶农时应采用浇底墒水的办法解决干旱问题，不可播种后浇蒙头水解决干旱问题，这既不安全又费工。

166. 为什么要进行夏大豆补苗和手间苗？如何进行？

夏大豆幼苗期主攻目标是苗全苗壮，根系发达，茎叶茂盛。为达此目标必须抓紧时间查苗补苗，在苗全的基础上及早实行人工手间苗、定苗，注意及早中耕灭茬，防治地下害虫为害幼苗。

缺苗断垄是夏大豆生产上最突出的问题。为夺丰收，夏大豆出苗后，应逐行查苗。凡断垄30厘米以内的，可在断垄两端留双株。凡断垄30厘米以上者，应补苗或补种。补苗越早越好，最好对生子叶展开，对生叶尚未展开的芽苗进行带土移栽。移栽应于下午4时后进行，栽后及时浇水，成活率可达95%以上。补种也应及早进行，对种子可浸泡催出芽后补种。

实行大豆人工手间苗培育壮苗，是提高大豆产量的一项简便易行的增产措施。在全苗的基础上，实行人工手间苗，单株匀留苗，能使大豆植株分布均匀，有利于地上部生育，充分利用光能，能促进生成庞大的根系，增加根瘤，合理利用地力，协调地下部和地上部，个体与群体的关系。据多点试验和生产调查，大豆手间苗一般可增产15%～20%，多的达30%以上，尤其是在播种量大，土地肥沃，雨水较多的年份增产幅度更大。

大豆间苗一般是一次性的，时间宜早不宜迟，大豆齐苗后即可进行。间苗过晚，幼苗拥挤，互相争水争肥争阳光，根系生长不良，植株生长瘦弱。手间苗的株距因品种、土地肥力略有不同，一般情况下0.4～0.5米行距，株距应在0.13米左右。间苗时拔去密集的成堆成疙瘩的苗、弱苗、病苗、小苗，其他品种的混杂苗，留壮苗、好苗，达到幼苗健壮、均匀、整齐一致。如遇干旱或病虫害严重，可先疏苗间苗，后定苗，分两次手间苗。

167. 夏大豆在什么情况下需要蹲苗?

蹲苗是指在大豆苗期控制水肥供应，应达到促进根系发育，使地上部茎节变短变粗，控制徒长，防止倒伏的目的。蹲苗是在高肥地上或施肥较多、水分供应充足，大豆茎叶健壮生长的情况下进行的。对于瘠薄干旱土地或生长较差的大豆不能蹲苗，而是要浇水追肥，促进幼苗生长。

大豆蹲苗时间，要根据苗情及水肥供应变化适度掌握。如果蹲苗时间过长，虽然地下部生长发育好些，但地上部生长过慢，影响主茎生长发育，茎节过短，影响下部开花结荚。蹲苗时间过短，也达不到协调生长发育的目的。

168. 怎样管理夏大豆的壮苗、弱苗?

适期播种的大豆，在适宜的光、温、水、肥条件下可生长成壮苗。壮苗的标准是，根系发过，侧根多，根瘤多，子叶肥厚，幼茎粗壮，节间短，分枝多，叶片无缺位，叶色正。对于高肥土地的壮苗，应适当蹲苗，促进根系发育防止后期倒伏。对于肥力条件好，墒足，生长偏旺的壮苗，要控制其生长，可深中耕3.3～5厘米，伤一部分表层细根，促进根系下扎，在伤根的初期，根部吸收能力受到影响，旺长可得到控制，随着根系的逐渐恢复，根系吸收能力将更强，为以后的丰产打下良好的基础。对土壤肥力基础差的大豆壮苗，要早追肥、早浇水、避免水肥接不上，壮苗塌架，影响中后期生长发育。

大豆弱苗产生的原因有多个方面，一般标准是，苗瘦弱，叶小，茎细，根少，叶色淡，叶面无光泽，生长速度慢。因干旱造成的弱苗，应浇水，然后锄地保墒。因水渍造成的弱苗，应锄地松土散墒，并追肥促苗。因缺肥造成的弱苗，可追肥浇水。因密度过大造成的弱苗，要手间苗，并追肥浇水。因晚播或播种过深形成的弱苗，可追肥、浇水，中耕促苗。

169. 如何掌握夏大豆苗期中耕的深浅？

黄淮海夏大豆多为贴茬播种，地较硬，板结重，加上小麦根茬，严重影响大豆幼苗生长发育。中耕可以消灭杂草，旱时蓄水保墒，涝时散墒，还可破除板结，疏松土壤，改善土壤理化性状，协调土壤中水、肥、气、热的关系，促进根系生长和微生物活动，加速麦茬等有机物分解，提高土壤肥力。同时有益于根瘤菌的发育和根瘤的形成，提高固氮能力。因而大豆苗期中耕是促苗早发，培育壮苗的重要措施。

大豆苗期指出苗后至开花前这一时期，包括幼苗期和分枝期两个阶段。通常在大豆刚长出真叶时中耕一次，以后一般每隔10天左右再中耕一至两次，根据土壤是否板结及杂草的多少灵活掌握中耕次数，最后一次中耕应在开花前结束。

整地犁耙后播种的大豆，第一次中耕应浅，深度不超过3.3厘米，避免伤根，以破板结除草为目的。第二次中耕应深，一般

3.3～5厘米，伤一些表层细根，促进根系下扎，并可控制大豆旺长，防止倒伏。第三次中耕要浅，避免伤根，可结合培土，培土深度以超过子叶节为准。

贴茬播种的大豆，第一次中耕应深，以松土灭茬除草为目的，同时要防止带土压苗。第二次中耕深浅应视苗情而定，对旺长的苗可深中耕以控制，对于不旺长的苗以松土，除草、保墒为目的，不必过深。第三次中耕应浅，可结合培土，以松土，除草，防倒伏为目的。

170. 夏大豆根瘤形成的过程、功能及其与环境因素的关系是什么？

大豆主根和侧根上生长有许多根瘤，主要生长在20厘米以内土壤耕层内，30厘米以下很少。其大小，一般直径在4～5毫米，个别也有1厘米左右的。大豆出苗3天用放大镜就可看到根瘤，4～6天，肉眼可以看到，结荚至籽粒鼓到1/3大小时根瘤数量、固氮量达到高峰，此后开始衰退。

根瘤菌具有固氮能力，据测定，每公顷可积累氮素45～52.5千克，相当于262.5千克硫酸铵。根瘤菌固定的氮可供大豆一生需氮量的二分之一到四分之三。因此，一方面大豆可节省大量氮肥，另一方面，单靠根瘤菌固氮并不能满足大豆生长发育的需要，还必须根据地力施底肥或追肥。

影响根瘤形成及固氮功能的因素很多，主要因素有大豆品种、矿质元素、水分含量、氧、光照、pH和温度等。不同品种的根瘤形成时间、大小及固氮量有所不同。土壤施氮肥过多影响根瘤形成及固氮，施磷肥可增加固氮量，缺钼、铁、钴等微量元素影响固氮。土壤水分过多过少对根瘤固氮都不利。适宜的氧气，充足的光照有利于固氮。中性及微碱性土壤，pH在4.8～8.8范围内利于根瘤菌的生长及固氮。根瘤发育的最适温度是

25℃左右。

171. 夏大豆是否需要施种肥或追肥？怎样追施？

大豆是否需要追肥，要根据田间的长势而定，如水肥充足，大豆有旺长趋势的，不可追肥，而要控制。正常情况下追肥是能够起增产效果的，尤其是肥力不足，苗弱时，追肥的增产效果更明显。

夏大豆开花前的分枝期追肥，即播后20～40天追肥，一般7月中旬，是最适追肥期。从开花到鼓粒，时间仅占全生育期的1/4，而干物质集累却占全量的2/3～3/4，是需肥高峰期，在此之前追肥，恰好可以满足大豆养分的需求。

大豆追肥，要注意氮磷的配合，这不仅能使土壤缺磷状况得到改善，而且由于氮磷的协调供应，使植株体内氮磷代谢功能增强，有利于对氮磷的吸收利用，从而提高肥效。一般大田不缺钾，高产大豆需肥量大，钾不足需补充。一般大豆开花前每公顷追施尿素22.5～30千克，磷酸二铵150～225千克，氯化钾45～60千克，可达到明显的增产效果。

172. 夏大豆花荚期生长发育有什么特点？主攻目标及措施是什么？

夏大豆花荚期是大豆开花结荚的时期，一般在7月下旬到8月中旬约25天时间。大豆花荚期是生长发育最旺盛的时期。茎叶和根系生长非常迅速，据测定，株高日增长1.4～1.5厘米，叶面积系数接近全生育期最大值。花芽不断分化成花蕾。花蕾开放后，不断形成幼荚。营养生长和生殖生长并进，干物质积累在此期最多。茎叶内贮存的物质和叶片的光合产物源源不断地向花荚输送。此期是吸收养分、水分最高的时期，也是根瘤固氮的高峰期，并开始下降。

花荚期的温度、光照、矿质营养和水分供应等条件，对后期大豆产量的形成有至关重要的影响。此期如遇连阴，光照不足，养分供应不足，干旱或雨涝都会导致落花落荚。

大豆花荚期的主攻目标是促进多开花、多结荚、保花保荚、减少脱落。在前期苗全、苗匀的基础上，根据具体情况加强水肥管理。对播种偏晚、土壤瘠薄、群体偏小的大豆，要利用初花阶段长枝叶的一段时间，努力促，有条件的可浇水以调肥，可叶面喷肥，分枝期未追肥的可追施少量氮肥，尿素 30～45 千克/公顷。对前期长势旺，群体大，有徒长趋势的大豆，要在初花期及早控制。花荚期处于雨季，遇涝注意排水。此期要注意病虫害防治，如造桥虫、豆天蛾等。

173. 夏大豆的需水规律是什么？

夏大豆不同生育期对水分的反应有所不同。夏大豆播种期处于旱季，土壤水分不足是种子萌动的限制因素，因此足墒早播极其重要。

大豆幼苗期比较怕涝。苗期土壤水分过多，茎部节间伸长，幼苗黄弱，产量不高。受旱也不利于夏大豆生育。足墒播种的地块，一般苗期不需灌溉。根据根系生长的特点，中耕保墒切断与地面平行横向生长的根系，促其下扎，以利于更好地利用土壤深层的水分。

分枝期，夏大豆根系生长迅速，已形成较强大的根系，地上部相应较小，比较耐旱。

从初花开始，营养体生长迅速，结荚后期或鼓粒初期达到高峰；同时，生殖生长也逐步加快，干物质累积猛增。开花结荚时期，是夏大豆需水量最多的时期。开花期遇旱，不实花数增加。终花和结荚期遇旱，单株荚数和粒数减少，直接影响产量。

鼓粒初期，营养生长接近停止，逐渐转入生殖生长旺盛阶段。鼓粒初期植株需水最为迫切，之后逐渐缓慢减少，但对水分的反应更加敏感。鼓粒前期遇旱，影响每荚粒数和粒重；鼓粒中后期遇旱，主要是影响粒重。

成熟时期较短，天气逐渐变凉，耗水逐渐减少，夏大豆对土壤水分的要求也在逐渐降低。

总之，自初花开始至鼓粒中期（约 50 天左右）是夏大豆需水量最多、最关键时期。开花结荚时期，温度较高，需水较多，故有“大豆结荚，捞鱼摸虾”之农谚。从种子萌动到出苗期对土壤水分要求也较高，且正值旱季，土壤水分往往难于满足夏大豆生育的要求。

174. 黄淮海夏大豆产区旱涝条件如何？

夏大豆集中产区（黄淮流域）降水的特点是 6～9 月份的降水量在 400 毫米以上，可以满足夏大豆要求，但不同生育期降水量不平衡。例如播种季节的 6 月上中旬，一般无透地雨，6 月上旬降水量 20 毫米左右。6 月中旬更少。6 月下旬不同地区先后进入雨季，降水量逐渐增加，但仍无法满足播种的要求。花芽分化至鼓粒初期的 7、8 月间为降水量最多的月份，但不同年份间旱涝不均，旱涝时有发生。

夏大豆对水分的要求较高，依靠自然降水，难以满足夏大豆的要求，特别是播种季节，往往因土壤水分不足影响适期播种，结荚、鼓粒期因土壤水分不足影响单株结荚数和粒数。因此夏大豆必须及时灌溉。根据试验各生育期受旱后对其产量的影响顺序：结荚鼓粒初＞盛花＞分枝末期。遇旱对产量的影响与夏大豆需水规律相吻合。

简单可行的灌溉依据，观察植株形态，晴天上午 10 时到下午 2 时观察夏大豆植株，当发现叶柄有下垂现象，到傍晚时柄又能恢复正常状态，即说明夏大豆植株开始缺水，应及时灌溉。若豆株呈现萎蔫现象，再行灌溉，则是救命水。应提倡灌溉增产水，不灌救命水。

175. 黄淮海夏大豆灌溉时期和数量如何?

（1）播前灌溉：夏大豆萌动出苗时期，在黄淮区正值旱季，土壤墒情较差，最好是先灌溉造墒，然后播种或遇雨抢种，以达到足墒播种，一播全苗。灌溉可于麦收前或麦收后进行。最好是畦灌或沟灌，不可大水漫灌。做到土地平整，受水均匀，防止漏灌，灌水过深和水分流失等。灌溉后，应及时耙地保墒，立即播种。麦收前灌溉的地块，麦收后必须立即耙地保墒，抢时播种。

（2）慎浇蒙头水：大豆播种后出苗前遇干旱浇否蒙头水，要慎重。因为浇后的土壤板结，会导致子叶出土的阻力，影响出苗。如播种时底墒差，播后又遇高温，不浇水，大豆子叶接近地表但难以出土，浇蒙头水后，对部分因板结出苗困难的地块要小心地破除板结，不要伤害子叶。因种种原因未掌握好土壤墒情而播种入土，或地块内墒情不均匀，种子不能吸水膨胀，或吸水膨胀不能继续萌发，或开始萌发遇旱不能继续萌发出苗，浇蒙头水后必须破除板结以帮助出苗。有灌溉条件的地区播种前土壤干旱为赶农时应采用浇底墒水的办法解决干旱问题，不可播种后浇蒙头水解决干旱问题，这既不安全又费工。

（3）苗期灌溉：幼苗期蒸发量大，必须做好保墒工作。足墒播种的地块，通过中耕保墒，切断夏大豆与地面平行生长的侧根，促期深扎，以便利用较深层的土壤水分。苗期土壤含水量少些，能促进根系下扎，防止后期倒伏，起蹲苗的作用，除非过于干旱或苗弱，一般不必浇水。此期土壤水分过多，根系生长不良，地上部脆弱、节间长，不抗倒伏。黄淮夏大豆区为防治孢囊线虫危害，除合理轮作外，应及时灌溉，控制线虫，同时加强田间管理，促进幼苗健壮生长。

(4) 分枝期灌溉：分枝期根系生长快，地上部营养体生长逐渐增长。应根据苗情，决定是否灌溉。此期受旱，豆苗瘦弱。此后外界条件虽好，群体生育也将受到影响，降低产量。若豆苗生育健壮，虽轻度受旱，以后尚可补救。总之，既要促进豆苗健壮生长，又不要给予过多水分，当土壤田间持水量降至70%以下时，宜灌小水。

(5) 花荚期灌溉：开花结荚期营养生长、生殖生长并进，生长速度快，干物质积累量多，需要水分多，并且这时光照强，温度高，水分不足，影响光合作用的正常进行，特别是群体大的地块。当土壤水分降至田间持水量的80%以下时，必须及时灌溉。

(6) 鼓粒期灌溉：鼓粒前期营养生长停止，生殖生长旺盛进行，根瘤菌还强烈的与籽粒争夺光合产物，再加温度较高，对缺水反应更加敏感。为了保证光合作用旺盛进行，土壤水分降至田间持水量的80%（鼓粒前期）和70%（鼓粒后期）以下时，必须及时灌溉。鼓粒后期气温下降，耗水减少，宜逐步减少土壤含水量，但田间持水量不应低于65%。

(7) 成熟期灌溉：此期若不十分干旱，则不需要灌溉，若光强、温度高、土壤水分不足，应及时灌溉，以保证大豆正常落黄和成熟。

176. 夏大豆的灌排方法有哪些？

(1) 沟灌：行距在40厘米以上的均可沟灌。其特点是使水分从沟里渗透到地里，渗至沟顶，减少了因灌溉而形成的土壤板结。沟灌，又可分隔沟灌和逐沟灌。需灌小水时，可隔沟灌，如幼苗期、分枝期可采用此法。需水量大时，可采用逐沟灌。逐沟灌是夏大豆区的主要灌溉方式，花荚期和鼓粒前期，可采用此法。

（2）畦灌：适于窄行种植的地块。其优点是容易控制灌水量，灌水均匀；肥料不会因灌溉而流失；省工、缩短灌溉时间。畦灌必须土地平整。畦的长、宽，应根据地形、土质、水量等，灵活确定。地面坡度大、土壤渗水快、水流量小的畦子应短些，一般20～30米；地面平缓、土壤渗水慢、水流量大的畦子可长些，一般30～50米。畦面宽度主要取决于横向坡度，坡度大，畦窄些；反之，畦宽些。一般1.8～3.3米。

（3）喷灌：一般喷灌比沟灌增产10%～20%；适于地面不平和地形不规则的地块；可以缩短灌水时间，节约用水，一般比沟灌节约用水40%～50%；减少田间灌溉渠道，便于机械化操作；能使水温和气温相适应，不至于因水温低而降低土温；同时还可提高空气湿度，改善农田小气候；喷灌可以结合施药剂和化肥。但播前灌溉仍以沟灌为宜，以减少蒸发，喷灌的缺点是灌后土壤容易板结。

（4）排水：我国夏大豆产区，在夏大豆旺盛生长季节，正值雨季，低洼地区易形成局部内涝。生育期受水淹的节位，一般不结荚，造成减产。植株覆盖面积小，水层浅，强光暴晒，水温升高，易导致死亡。雨前根据地势挖好排水沟渠，遇涝及时排水，可减少损失。

177. 夏大豆什么时期灌水效果好？

夏大豆播种前遇旱墒情差浇底墒水，可保证适期播种，一播全苗，为丰收打下基础。大豆幼苗期，即出苗后约半月以内，土壤含水量少些，能促进根系下扎，防止后期倒伏，起蹲苗的作用，除非过于干旱或苗弱，一般不必浇水。大豆分枝期，即出苗半月至35天遇旱浇水，能增加植株高度，促进花芽分化。大豆花荚期，即从开花到鼓粒的25天左右时间遇旱浇水，可明显提高大豆产量，这一时期是大豆需水高峰，是光合作用最强，新陈代谢最旺盛的时期，遇旱能否浇上水是增产的重要一环。大豆鼓粒期，一般在8月中旬～9月上旬遇旱浇水，能提高百粒重。接近成熟时土壤含水量低些有利于提早成熟。

178. 夏大豆鼓粒成熟期生长发育的特点、主攻目标及措施是什么?

8月中旬，当籽粒明显鼓起的植株达50%以上，即进入鼓粒期，当豆粒鼓起达到最大体积与重量时，即进入黄熟期，直至成熟。鼓粒期营养生长逐渐停止，生殖生长居于首位。光合强度有所降低，无论是光合产物或矿质养分，都从植株各部位，向豆荚和籽粒转移。大豆鼓粒以后，植株本身逐渐衰老，根系逐渐死亡，叶片变黄脱落，种子脱水干燥，由绿变黄，变硬，呈现该品种固有籽粒色泽和种粒大小，并与荚皮脱离，摇动植株时荚内有轻微响声，即为成熟期。

鼓粒成熟期同样需要足够的水分和养分，同时，需要足够的阳光和适当的温度。如果这些条件得不到满足，秕荚秕粒会增多，产量会降低。此期所需水分占全生育期耗水量的19%左右，在成熟期土壤干燥些有利于提早成熟，在水分过多的情况下，会延迟成熟。此期温度低，种子发育受影响，会增加秕粒并延迟成熟。

大豆鼓粒成熟期的主攻目标是保叶、保根，延长叶片和根系的功能期。在田间管理措施方面，必须满足后期生育所需要的养分和水分，及时防治病虫害，遇旱浇水，及时排涝，鼓粒前期可叶面喷肥。成熟期应降低土壤水分，加速种子和植株变干，便于及时收获。还应防止肥水过多，造成贪青晚熟，影响及时收获和倒茬，对有裂荚习性的品种要注意早收获，以免造成损失。

179. 怎样防止夏大豆倒伏?

大豆生育后期的倒伏，影响大豆产量、品质，并不利于收获。其原因首先应考虑品种是否对路。有的品种植株较高，茎秆较细，适合于中低水肥的土地，属于耐瘠品种。这样的品种到高水肥地容易旺长造成倒伏。植株密度过大，田间通风透光不良，植株茎秆细弱，高而不壮，容易造成倒伏。贴茬播种的大豆，中耕灭茬不好，大豆根系发育不良，容易倒伏。蹲苗不够，土壤氮肥过多，会造成植株旺长而倒伏。大豆分枝期及开花期连阴寡照多雨，植株徒长，或后期遇暴风雨侵袭，也会造成倒伏。为防止大豆倒伏，首先应根据地力选用适当的品种，中高肥以上的土地应选用茎秆粗壮，植株稍矮，抗倒耐肥的品种。播量要适中，出苗后及时手间苗，造成密度合理的群体。贴茬播种的大豆第一次中耕要结合灭茬深锄，分枝期有旺长趋势的大豆要深锄伤一部分表层细根，促进根系下扎。高肥土地苗期要根据苗情蹲苗，中耕时可结合培土。注意氮、磷、钾肥的合理搭配，根据苗情和天气，合理施肥灌水。对旺长的大豆，在初花期喷三碘苯甲酸（2，3，5-三碘苯甲酸的简称）、增产灵（化学名称 4-碘苯氯乙酸）、多效唑（又名氯丁唑）等生长调节剂，除能控制徒长防止倒伏外，还有增产效果。适时打顶尖，也可起矮化壮秆防倒作用。

180. 怎样防止夏大豆贪青晚熟?

贪青晚熟是指大豆到了该成熟时仍然青枝绿叶，生长旺盛，籽粒尚未饱满，但不是秕荚秕粒。贪青晚熟的主要原因是施用氮素化肥过多或施用时间过晚，造成旺长，成熟期推迟，影响产量。

为防止大豆贪青晚熟，必须及早追肥，适量追肥并注意氮磷钾的配合。追肥时间应放在分枝期至初花期，一般7月中旬。根据地块肥力和大豆生长情况确定追肥数量。高肥旺长地块不宜追肥。需追肥地块要注意氮磷配合，一般追施15～20千克磷酸二铵，肥力高的可少施一些。开花结荚后期不宜再追肥，只进行叶面喷肥，如磷酸二氢钾、地中宝等。

181. 怎样使夏大豆低产变中产？

有些大豆田块公顷产量仅1 500千克上下，而且连年低产。影响产量的原因有如下7条：一是夏季大豆连作，造成减产。二是不施肥，肥力不足。三是品种混杂退化，或品种不适于当地种植。四是田间管理粗放，播种质量差，出苗后植株密度不均匀，对缺苗断垄与过密的疙瘩苗补苗间苗不力，中耕除草不精细。五是播期过晚，6月上旬是最佳播期，超过6月15日，每晚播一天，每公顷约减产37.5千克。六是自然灾害的侵袭，因排水不畅受雨涝或无灌溉条件受旱而减产。七是病虫害防治不力造成减产。

要使公顷产量1 500千克左右的低产田达到2 400千克以上的中产水平，必须轮作倒茬，不得夏季大豆连作。适当追肥，可在开花前的7月中旬每公顷追施二铵300千克，或在播种时随小耧斗施种肥二铵每公顷75～112.5千克。选用优良品种，近几年本区新审定的品种都可选择应用。提高播种质量，出苗后查苗补苗，手间苗，中耕锄草2～3遍。根据土壤墒情，尽量早播种。注意排水条件，遇涝及时排水，花荚期遇旱有灌溉条件需浇水。注意病虫害防治。以上措施能基本实施，便可达到公顷2 400千克以上中产水平。

182. 怎样使夏大豆中产变高产？

公顷产量2 400多千克的地块，怎样才能达到3 750千克的水平？首先应当看到，公顷产量达2 400多千克的地块，说明在轮作倒茬、土壤肥力基础、新品种应用、植株密度、田间管理等方面有一定的基础与水平。然而达不到公顷3 750千克的原因，一般是肥力不足或肥料成分配比不当，尤其是施有机肥料少；品种的抗倒伏性差，加上前期控制旺长措施不力，造成倒伏减产；生育期内干旱，尤其是花荚期干旱浇不上水，产量上不去。

中产变公顷3 750千克的措施，首先应考虑增施农家肥，一般每公顷30 000～45 000千克，或饼肥600～750千克，这是一种完全肥料，不仅矿质养分含量高，而且含有丰富的有机质，肥劲稳、肥效长，还能改善土壤的物理性质增加疏松程度。农活紧张，不能给大豆施底肥，可有计划地把两季作物该施的底肥，一次施在大豆的前茬作物小麦上，使大豆利用残肥，获得较好收成。大豆施底肥，可根据具体情况灵活掌握，农家肥质量高、土壤基础好，前茬作物施肥多的可以少施，否则应多施。

在增施农家肥的同时，还应以合理的比例施化肥作底肥，以磷为主，氮素化肥为辅。一般公顷施尿素45～75千克，磷酸二铵375千克，氯化钾225千克。一般大田不缺钾，高产大豆需肥量大，钾不足需补充。

选择高产新品种，也是重要措施之一。高产品种抗倒伏，植株高矮适中。前期合理促控，为中后期打好丰产基础。分枝期及初花期根据苗情，苗弱应追肥浇水，可追二铵300千克/公顷左右，视土壤肥力而定；苗情正常可少追肥；苗过旺应控制旺长，不可追肥，可深中耕3.3～5厘米，伤一部分表层细根，促进根系下扎，控制上部徒长，鼓粒期可叶面喷肥，如磷酸二氢钾、地中宝等。

花荚期遇旱会大幅度减产，要创高产必须浇水，以解决需水高峰期的水分需求。遇涝注意排水，以维持大豆根系正常生理活动。

183. 夏大豆最高单产能达到多少？

黄淮海夏大豆究竟能有多高的产量水平？2000 年安徽省农科院作物所在安徽省蒙城大豆所 0.107 公顷地块用 MN 91413 进行高产试验，正式组织国家攻关验收，公顷产量 4 725 千克，突破“九五”国家攻关黄淮海夏大豆公顷产量 4 650 千克的指标，创历史最高记录。

为什么大豆产量不能象玉米那样高达千斤以上？从生化方面看，大豆种子含蛋白质较玉米高二至三倍，脂肪高四至五倍，同量大豆籽粒，其热能含量高于玉米。生产同量的籽粒，大豆所消耗和储藏的热量比玉米约多一倍。并且大豆是光呼吸作物，在日光下呼吸作用比黑暗中大三至四倍，强烈的光呼吸将固定的 CO_2 又分解为 CO_2 放出，因而干物质积累受到影响，而玉米是非光呼吸作物。还有大豆的光饱和点较低，中午日光强度还不到一半，光合作用即达到饱和，当温度升高到 30℃，光合作用强度开始下降，这也影响产量。玉米的光饱和点高，在中午全光照下，温度升高到 35℃，光合强度也不曾饱和。以上是大豆不能象玉米那样高产的主要原因。

184. 夏大豆引种有何规律？如何进行大豆引种？

引进外国及外省优良大豆品种应用于黄淮海夏大豆生产，是一种快速、经济而有效的直接利用良种的好办法。在黄淮海大豆生产史上曾引进过山东的跃进 5 号、江苏的徐州 421、中国科学院遗传所的诱变 30、中国农科院油料所的中豆 19 等优良品种，并在生产中得到大面积推广，在黄淮海大豆生产中起过重要作用。

大豆是一种典型的短日照作物。苗期大豆花芽形成时，较长的黑夜和较短的白天促进生殖生长，抑制营养生长，较短的黑夜和较长的白天抑制生殖生长，促进营养生长。因而北部高纬度地区的大豆引种到南部低纬度地区时，由于日短夜长，促进了生殖生长，抑制了营养生长，大豆品种开花、成熟提前，株高降低，产量减少，南北距离越远越明显。南部低纬度地区的大豆品种引种到北部高纬度地区，由于日长夜短，促进大豆营养生长，抑制生殖生长，该品种会延迟开花成熟，植株生长高大繁茂，南北距离过远会导致大豆在当地收获期不成熟，造成损失，并影响为下茬作物腾地播种。

大豆对海拔和温度也有明显的反应。从低海拔向高海拔引种，生育期延长，从低温地区向较高温度地区引种，成熟期提前。

经验表明，相同纬度和海拔及温度地区东西方向的引种容易成功，南北引种的纬度差别一般应在 2 个纬度以内，差别过大，难以成功。

为了进行大豆引种，必须首先了解品种选育地点的纬度、海拔、温度等自然条件和品种的丰产性、稳产性、生育期和抗性等性状。然后对引进品种进行 1～2 年引种观察，以当地推广品种为对照。引种观察认可的品种可参加多点品种比较或区域试验，进一步确定引进品种不同年份、不同地点的丰产性、适应性和抗逆性，然后可大量繁育或调入品种以推广利用。

185. 怎样选用夏大豆优良品种？

选用优良品种是一项投资少见效快的农业增产措施。不同的品种有不同的生态特性和适应范围，同一品种在不同条件下产量、生育期等性状有时差别很大。选用优良品种时，首先要了解品种的特性，并且考虑当地无霜期长短，土壤肥力、耕作制度，栽培水平，地势及水利条件等，选用最适合当地条件的优良品种，才能获得最高产量和经济效益。

一般情况下，黄淮海夏大豆产区北部要考虑前茬小麦收获腾茬晚，下茬小麦播种早的特点，应选用生育期 90 余天早熟大豆品种；黄淮海中部地区应选用生育期 100～105 天的中熟大豆品种；前茬小麦收获腾茬较早，下茬小麦播种较晚的黄淮海南部地区应选用生育期 105 天左右的中熟大豆品种。

根据土壤水肥条件和地势，平原地区，水肥条件较好，应选用有限结荚习性，株高中等偏矮，秆硬抗倒，叶片较小，透光性好，籽粒偏大，百粒重 20 克左右的品种。丘陵旱地或平原瘠薄地，应选用无限或亚有限结荚习性，生长繁茂，分枝性强，叶片中大，籽粒偏小，百粒重 20 克以下的品种。

根据耕作制度，玉米、大豆间作的地区应选用早熟、矮秆、抗倒、多分枝，耐阴性强的品种。

186. 为什么夏大豆品种会发生退化？如何防止退化问题？

一个大豆新品种，用于生产之后，一年纯，二年杂，三年就退化。是什么原因？主要是在大豆的收获、贮藏、运输等过程中混入其他品种的种子，造成机械混杂。其次，大豆是自花授粉作物，但也会有极少数的天然杂交变异株出现，造成自然混杂退化。第三，耕作管理粗放，肥料不足，种性得不到发挥和保持，会造成退化。第四，病虫害危害，尤其是病毒病感染，也会造成退化。

退化的大豆品种，会产生成熟期、株高、籽粒大小等性状不一致，导致产量降低，品质下降。因而必须认真对待退化问题。其防止办法首先是避免机械混杂，对要留种的优良品种单收单打，妥善保存。对优良品种要按品种特性进行相适应的栽培管理措施，并注意病虫害的防治。

对已经退化的品种，应及时更换。

187. 大豆收获、脱粒、贮藏应注意些什么？

9月中下旬，黄淮海大豆逐渐进入成熟期，此时大豆植株变干，叶及叶柄脱落，豆荚内种子收圆变硬，具有本品种色泽。手摇豆棵，豆荚内种子发出哗啦啦响声，即为成熟期，也是大豆收获的适宜期。裂荚的品种，可适当提前收获，其他品种不宜过早或过迟。

大豆收回后，摊场晒两天，或先跺几天再晒。晒到荚皮焦脆，容易裂开时可打场脱粒。种子扬净后，要摊晾风干至含水量13%以下才可入库贮藏，尤其是下年留种用的种子更应注意。简易办法可用芽咬一下豆粒，如果咬着格崩响，两豆瓣迅速分开，说明含水量不高。含水量高的大豆容易丧失发芽力。含水量10%以下的大豆，在10℃温度可保存10年以上仍可发芽；含水量12%～13%的大豆在常温下可保存2年仍能发芽；含水量18%的大豆在20℃温度下5～9个月丧失发芽力，在30℃温度下1～3个月丧失发芽力。脱粒后的大豆不可在烈日下曝晒，这样种皮容易破裂，并且粒色变差，影响商品价值。

188. 什么是夏大豆间作？

间作，也称间种，是指生长期相近的两种作物在同一地块上，一行或多行相互间隔种植的形式。利用作物间不同生长特点，如植株高矮不同，根系深浅不一，叶片尖圆异形，需肥种类有别等，相辅相成，以提高土地利用率和光能利用率，增加单位面积总产量。与大豆间作的农作物种类很多，其中大豆玉米间作最为普遍，几乎占间作大豆面积90%以上，而且玉米与大豆间作的地块，绝大多数是以玉米为主作物，玉米增产幅度较大；大豆只是当作为玉米创造更高产量的光能利用率的副作物，大豆减产幅度较大。

189. 夏大豆与玉米间作的作用是什么？

与单作大豆产量相比较，大豆多行间作的减产幅度比两行间作的要小得多，大豆不是耐阴作物。大豆根系与玉米根系入土深度相近似，间作玉米出现边行优势，间作大豆则出现边行劣势。间作大豆的行数越少，减产幅度越大，间作大豆植株的各种性状由于荫蔽徒长，株高增高，节间增长，节数减少，有效分枝数减少，单株荚数粒数都明显减少，但食虫率因玉米有屏障作用而减轻。

大豆为豆科作物，直根系，株矮叶小，寄生有根瘤菌可以固氮，是需磷、钾较多的作物。玉米为禾本科，须根系，株高，叶大而长，属喜氮需肥需水较多的作物。大豆与玉米间作可以改善玉米的通风透光条件，合理利用营养元素。

大豆玉米间作虽然导致大豆减产，但与玉米的综合产量和经济效益是明显增加了。

190. 如何进行夏大豆与玉米间作？

大豆与玉米间作的具体形式根据水肥基础和对作物的要求而定。

水肥条件较好的形式：以玉米为主，可在玉米的宽行内间作大豆，常用的配置方式有两种：一是1.5～1.6米一带，2行玉米，2行大豆，玉米、大豆行距均为33厘米，玉米与大豆间距为42～50厘米。二是2.6米一带，4行玉米，2行大豆，玉米为二垄靠，二垄小行距为33厘米，二垄大行距为66厘米，大豆行距为33厘米，大豆与玉米间距为50厘米。间作套种的时间因地因墒情而异，有的玉米和大豆在麦收前7～15天同时套种在麦垄里，或先在麦垄里套种玉米，麦收后再在玉米行内套种大豆，或两种作物在麦收后同时播种。玉米密度与单作相同或略低，大豆密度按占地面积计算与单作同。这样玉米不少收，又可增产大豆。

中下等肥力的形式：以大豆为主，大豆一般不少于4行，大豆仍按单作的行距，每4～6行大豆间作1～2行玉米，大豆密度同单作，玉米株距缩小，按所占面积应略高于单作密度。其配置方式有：

2.32米一带，4行大豆，2行玉米，大豆和玉米行距都是33厘米，大豆与玉米间距为50厘米。3米一带，6行大豆，2行玉米，大豆、玉米行距及间距同上，玉米缩小株距，增加密度，加强肥水管理，较易获得玉米、大豆双丰收。还有2.1米一带，4行大豆间作1行玉米；4米一带，8行大豆间作2行玉米等。

大豆玉米间作，大豆应选用耐荫、抗倒、透光性好、有限结荚习性品种。玉米选用高产紧凑型大穗品种。同时，生长期间按各自需要加强管理，不能顾此失彼。

191. 如何进行夏大豆与甘薯间作?

大豆甘薯间套种植，在甘薯不少收的情况下，在垄沟内种植而增收一些大豆。其方式根据甘薯种植形式不同分为3种情况：

春甘薯地套种大豆：2.6米一带，4行甘薯间种1行大豆。甘薯起埂栽，埂宽1.3米，高25厘米，一埂双行，甘薯窄行50厘米，株距30厘米，密度52 500株/公顷。春甘薯栽齐后，于5月下旬趁墒套种大豆，隔2垄（4行甘薯）在垄沟内种1行大豆。大豆穴距30～50厘米，每穴3～4粒，留苗37 500株/公顷左右。

麦垄套种甘薯大豆：4行甘薯间种2行大豆。甘薯于麦收前

20天套种，大豆于麦收前10天左右套种，甘薯窄行60厘米，宽行1.2米，株距25厘米，密度45 000株/公顷；宽行内套种2行大豆，大豆窄行40厘米，两侧距甘薯40厘米，穴距30厘米，每穴3～4粒，留苗60 000～75 000株/公顷。

麦茬甘薯大豆间作：2行甘薯间作1行大豆。麦收后立即施肥整地起埂，先在沟内播种1行大豆，后在埂上栽2行甘薯。大豆距甘薯30厘米，穴距50厘米，每穴3～4粒，密度45 000株/公顷；甘薯行距60厘米，株距25厘米，60 000株/公顷左右。

甘薯田间套大豆，大豆要选用株型收敛、丰产性好的中早熟品种，以充分发挥大豆丰产性能，并减少对甘薯生育后期的影响。麦垄套种的要早中耕灭茬，早施苗肥。大豆在甘薯封垄前要多中耕保墒，大豆分枝期、甘薯团棵期要注意追施速效氮、磷肥。其他管理与甘薯、大豆单作相同。甘薯田间套种大豆，麦茬甘薯间种大豆，在河南、山东都是零星种植。

192. 什么是夏大豆混作？

混作，也称混种。一是指两种作物在同一行上，单株或多株相间种植的形式；二是指撒播混种。前一种形式与大豆混种的作物种类与间种的相似。山东、河南玉米大豆混种有一定面积。

193. 大豆玉米如何混作？

同穴或同行播种，是在中低产区玉米丰收的前提下，使大豆不另占耕地而增收的一项有效措施。“玉米不少收，大豆是赚头”。

玉米大豆同穴或同行播种增产的原因：一是两种作物优势互补，充分利用光合空间。二是玉米、大豆需要吸收的营养元素不同，大豆是固氮作物，能从空气中固定一部分氮素，除自己利用一部分外，还能剩余一部分在土壤中。玉米大豆同穴播种，玉米可利用一部分大豆固定的氮素，用地养地结合。三是玉米作为大豆的天然屏障，可减轻倒伏和豆天蛾、豆荚螟的为害。

玉米大豆同穴或同行播种，宜在玉米中低产水平地区进行。玉米选用矮秆竖叶型品种，以减少遮光。大豆选用透光性好、抗倒、有限结荚习性品种。玉米、大豆生育期相近，争取两种作物同种同收。力争早播，6 月 15 日前播种结束，每穴点种玉米 2～3 粒和大豆 3～4 粒，定苗时每穴留玉米 1 株，大豆 2～3 株，49 500～60 000 穴/公顷。管理以玉米为主，适量增施磷钾肥，注意防治两种作物的病虫害。

194. 大豆芝麻如何混作？

大豆与芝麻混作，河南南部和东部比较普遍。芝麻耐旱性强，耐涝性差，大豆耐旱性较差，耐涝性较强，大豆芝麻混作旱、涝都可获得较好收成。

大豆与芝麻混作，一般以大豆为主。在整地时，结合耙地灭茬，撒播少量芝麻种子，然后条播大豆，或在大豆播种后顺垄沟撒播少量芝麻种子，然后耙耱平地。大豆定苗时，芝麻留苗 12 000～15 000 株/公顷。在大豆不少收的情况下，每公顷多收 200～300 千克芝麻，用以调剂生活，增加收入。

大豆与芝麻混作，大豆应选用植株紧凑，透光性强的品种。芝麻选用单秆品种。芝麻成熟时及时收割。

195. 大豆高粱如何混作？

大豆与高粱混作，历史最为悠久，但是近年来随着高粱种植面积的大幅度减少，混作的面积大幅度下降，但这是一种稳产增收的好形式，尤其在栽培条件较差的情况下，增收效益更加明显。大豆与高粱混作，是一种高矮作物的复合群体，能充分利用光能。高粱是须根系，与大豆的根系深浅不一，分布有差别，所需矿质营养的种类、数量有差别，可以充分利用土壤肥力。

大豆与高粱混作，一般以大豆为主，每公顷混种 4 500～7 500株高粱。

196. 什么是夏大豆套作?

套作，也称套种。为了充分利用当地气候和土地资源，在前作生长后期，将后作种子播种于前作物的行间，前作物收获后，后作物利用前作物腾出的空间，生长以致成熟，是争取延伸前后作作物生长期的一种多熟种植制度。

197. 大豆小麦如何套作?

麦田套种大豆，河南、山东、河北和安徽各地时有应用。由于生育期提前，生育后期日照时间长，光照强度大，有利于大豆的光合作用。麦田套种大豆播种时间可以利用麦田后期麦黄水或麦田良好墒情，利于出苗，麦收后适当干旱可以蹲苗促壮，盛花鼓粒期正是需水最多时期也是降雨汛期，基本同降水规律相吻合。充分利用生长季节，有利于高产大豆品种生长。麦收后，由于大豆不能及时播种或为了大豆早腾茬，不影响后茬小麦播种，大多选用中早熟大豆品种，生育期短，产量相对较低。而麦垄套种大豆，比麦后播种的增加了 15～20 天的生长期，可以选高产的中晚熟品种，有利大豆创高产。中上等肥力地可以玉米为主间作大豆，在玉米密度不减少，产量不降低的情况下，每公顷多收450～750 千克大豆。在中低产区，以大豆为主间作玉米，使大豆产量不减或略减，每公顷多收 3 000～4 500 千克玉米。产量产值都高于单作大豆或单作玉米。

麦垄套种大豆需要掌握好以下关键技术：

选择生育期适宜的中晚熟、高产优质、增产潜力大的大豆品种。

套种期应根据小麦长势而定，一般在麦收前7～15天。公顷3 750千克以下的低产田以麦收前12～15天套种为宜；5 250千克/公顷以上的高产田，以麦收前7天左右套种为宜；一般3 750～5 250千克/公顷的中产麦田，以麦收前10天左右套种较好。

足墒套种，确保全苗。当套种田的田间最大持水量不足70%时，要浇水造墒，先浇后种，可在田边地头育部分苗，以备缺苗时收麦后补栽之用。

套种方法有按穴点种和条播，以按穴点种较好，下子集中易出苗，节省种子，密度好掌握，对小麦伤害少。低产麦田可用独腿耧条播或点播机点播，但出苗后要及时间苗。套种行距以麦垄宽窄而定，多采用40～50厘米等行或40～50厘米×20～25厘米宽窄行。套种密度因品种而异，一般9万～10.5万穴/公顷，双株留苗，条播株距约0.13米，16.5万～21.0万株/公顷。

麦垄套种大豆由于小麦遮盖，根系被小麦根系封锁，加上土壤板结，幼苗生长瘦弱。因此，收麦后要及早管理，早灭茬、中耕，及早查苗补苗，早施促苗肥，干旱时浇保苗水，促苗早发快长，打好丰收基础。

198. 什么叫重茬和迎茬?

重茬：指大豆连续种植。

迎茬：指大豆隔年种植。即种一年大豆，种一年其他作物，然后再种大豆。

199. 什么是合理轮作?

合理轮作：指实行三年以上轮作，即种两年禾谷类作物，种一年大豆，然后再种两年禾谷类作物，再种大豆……；不重茬，不迎茬。在大豆主产区，重茬、迎茬不可避免的情况下，可选择肥力比较高的平川地或二洼地种植大豆，并且坚持宁可迎茬种植也要尽量避免重茬的原则。

200. 哪些前茬作物适宜种大豆，哪些前茬作物不适宜种大豆?

适宜种大豆的前茬作物：有玉米、春小麦、高粱、谷子、马铃薯以及经济作物中亚麻等。

不适宜种大豆前茬作物：有荞麦、甜菜、向日葵等，因为荞麦和甜菜为前作，大豆产量较低；而向日葵为前作，大豆土传病害较重。

201. 东北产区主要轮作方式有哪些?

大豆要求在前作物上施用大量有机肥料，“前茬肥、当年水”是大豆高产的条件。在东北产区，主要增产经验之一，就是把大豆种在已施用大量有机肥的玉米茬上，即能使大豆获得丰产。东北春大豆区实行一年一熟的耕作制度，主要轮作方式有以下几种方式：

（1）大豆—小麦—小麦　在春小麦主产区，豆麦是优势作物，常采用此种轮作方式。小麦重茬一次，只要在施肥管理方面跟得上也可获得较好收成。

（2）大豆—亚麻（小麦）—玉米　这是近年来发展起来的一

种轮作方式。大豆在这种轮作方式中可以利用玉米残肥，最容易使大豆高产。大豆茬耙茬后平播麦、麻，麦、麻皆可获高产。麦、麻收后立即施肥翻地起垄，来年种玉米。这种轮作方式有利于这几种作物的均衡增产。

(3) 玉米—玉米—大豆 目前东北地区的吉林、以及黑龙江省的中南部，玉米与大豆是主栽作物，小麦、亚麻及其他作物面积很小或没有，很难三区轮作，采用玉米重茬一年的轮作体系，玉米后作种大豆。因玉米比较耐重迎茬，连作只要管理得当不减产，而后作大豆又可充分利用其残肥。

202. 减缓大豆重迎茬损失的农艺措施有哪些?

(1) 选用抗逆性强、丰产性好的品种。不同生态区重迎茬条件下，不同品种在产量上有很大差别。因此，按不同区域因地制宜地选用熟期适宜、耐重迎茬的优良品种，可以减少大豆产量损失。我省东部地区选用抗根腐病的优质高产品种，西部地区选用抗胞囊线虫的优质高产品种，都有较好的效果。

(2) 加强病虫害的防治。影响大豆产量的主要病虫害有胞囊线虫、根腐病和疫霉病等。这几种土传病虫害主要在大豆生育前期危害。根部受害的植株矮小、枯黄、甚至死亡，严重减产。这三种病虫害在不同地区、不同年份危害不一样。西部干旱地区主要受胞囊线虫危害；北部地区主要受根腐病、根蛆的危害，菌核病的危害也较重；东部、中南部地区主要受根腐、根蛆的危害，蛴螬危害也较重。多雨年份土壤湿度过大，易发生根腐病；干旱年份胞囊线虫发生较重，重迎茬种植还加重了大豆黑斑病、紫斑病、蚜虫、食心虫的危害。

(3) 采取伏秋深翻和精细整地。土壤环境恶化是造成重迎茬大豆减产的另一重要原因。因此，实行深翻或深松细整地，改善土壤水、肥、气、热状况，促进大豆根系发育，增强植株抗性，可以提高重迎茬大豆产量。同时，翻耕土地还可以深埋虫卵、病源菌和草籽，防止病虫害蔓延。

(4) 增施有机肥、合理使用化肥。重迎茬大豆植株不如正茬健壮，吸肥能力较弱，再加上重迎茬土壤肥力也不如正茬。因此，要增施肥料，促进植株生长发育。有机肥是多元素复合体，增施有机肥可以改善土壤理化结构，提高土壤肥力，满足大豆不同生育期对各种营养元素的要求，为大豆生长发育创造良好的环境条件，有明显的增产作用，尤其是在中下等肥力条件下增产效果与日俱增为明显。施用有机肥要强调质量，有机质含量要达到8%以上，一般667米^{2}施1 000～1 500千克，结合伏秋整地一次施入。有些地块硼、钼等微量元素不足，有必要补充。施用化肥宜通过土壤或作物营养诊断，实行专用肥、配方施肥、平衡施肥。

(5) 综合除草、控制草荒。重迎茬大豆杂草危害较正茬严重，与大豆伴生的苍耳、鸭跖草和寄生的菟丝子等恶性杂草加速蔓延，与大豆争夺营养、水分和光照等，同时，由于长期或重复使用普施特等残效期长的豆田除草剂，使杂草增强了抗药性，又增加了土壤残毒，致使化学除草对恶性杂草的效果不好，还影响大豆和下茬敏感作物的生长，严重者可造成大豆籽粒留有残毒，降低质量，影响出口。

(6) 应用重迎茬大豆调控技术。重迎茬大豆植株较正茬矮小，根系发育不良，吸收能力弱。应用生根粉可以促进根系发育，减缓根部病虫危害；施用药肥兼用型种衣剂可以兼有防病虫、健植株的作用；施用有机微复肥和叶面追肥可以补充养分的不足，促进植株健康生长发育，对提高重迎茬大豆产量有很好的作用。目前有一些大豆重迎茬调节剂、缓解剂、叶喷剂、专用肥，有的效果很好，可以通过试验后选用。

(7) 改进种植方式、适当密植、实施耕作栽培综合措施 大豆重迎茬种植，由于病虫危害以及营养不良容易出现死苗、病株、弱苗，减少田间绿色面积。改进种植方式、适当加大播量，合理分布群体，可以提高大豆产量。一般情况下，重迎茬大豆可比正茬大豆增加播量8%～10%。目前较好的种植方式有垄上双行精量点播，“三垄”栽培方式，窄行密植等技术。适时早播、浅播，充分利用积温创高产。高寒地区种植大豆，温度是限制产量和品质的重要因素，为扩大高产晚熟品种的种植面积，保证成熟度和品质，采取适时早播（5厘米地表耕层稳定通过4℃）、浅播（镇后2厘米），促使种子早萌动，早发芽，早出土，早成熟。可保证高产品种的推广种植面积，实现晚熟品种促早成熟、夺高产的目的。

203. 翻地适宜时期?

翻耕是对土壤的全面作业，只有在作物收获后至下茬作物播种前的阶段内于土壤宜耕期内及时进行，有伏耕、秋耕和春耕三种类型。一年一熟或二熟地区，在夏、秋季作物收获后以伏耕为主，秋收作物后和秋播作物前为秋耕主要时间。我国北方地区伏、秋耕比春耕更能接纳、积蓄伏秋季降雨，减少地表径流，对贮墒防旱有显著作用。伏、秋耕比春耕能有充分时间熟化耕层，改善土壤物理性状，能更有效地防除田间杂草，并诱发表土中的部分杂草种子。盐碱地伏耕能利用雨水洗盐，抑制盐分上升，加速洗盐效果。此外，伏、秋耕翻能充分发挥农机具效能，播前的准备工作也有充裕的时间，赢得了生产的主动权。总之，就北方地区的气候条件及生产条件而论，伏耕优于秋耕，早秋耕优于晚秋耕，秋耕又优于春耕。春耕的效果差主要是由于翻耕将使土壤水分大量蒸发损失，严重影响春播和全苗。

204. 翻地有哪几种方法？不同翻地方法有什么特点？

通常翻地方法有四种：平翻、耙茬、垄翻和深松。

平翻：平翻法是当前春大豆栽培区普遍应用的用机械将耕作层全面耕翻的一种方法。耕翻深度以20～22厘米为宜，而春翻深度应比秋翻浅5～7厘米。翻地标准应达到：田面平整，耕深一致，耕幅一致，回垡一致，并做到不重耕，不漏耕。

耙茬：耙茬是浅翻平播大豆的一种方法。耙茬深度一般在12～15厘米。大豆耙茬耕法：前茬为小麦作物时，在春小麦收获后，立即用双列圆盘耙耙地灭茬，采用对角线耙法耙两遍，并在第二年播种前耢细、耢平，达到播种最适宜状态。前茬为玉米、高粱等作物时，对有深翻或深松基础田块，也可在秋季耙茬，拣净茬子，然后耙平耙细。

垄翻：垄翻是东北地区农民采用的传统耕作方法。由于前茬作物不同，垄翻的具体方法不同。

(1) 搅垄。春小麦收获后，立即用犁搅垄，一般搅1～2遍。搅垄后，在表土稍干时镇压一次，第二年耲种。

(2) 扣种。适用于玉米、高粱或谷子为前作地块。一般在秋季先用灭茬机灭茬，或者前作原茬越冬，早春土壤解冻前用铁制或木制重耢子耢碎地上残余的根茬，然后垄翻播种，耕播结合，当地也叫扣种。

(3) 顶浆打垄。在土壤解冻至一犁深时，抓住时机施肥打垄及时镇压，待播期一到，立即用大豆点播机进行播种，即翻耲结合。

深松：深松是用凿形犁（也叫深松铲）将土层耕松，但不翻转土层的方法。一般应用的是条状间隔深松，即在垄翻的基础上，或深松垄底、或深松垄沟。当土壤水分充足时，可松垄底；土壤水分不足时，只能松垄沟。垄底深松不宜过深，一般为15～20厘米；垄沟深松可稍深，一般为25～30厘米。

205. 翻耕深度要注意哪些问题?

掌握耕作的合适深度是提高耕地质量、发挥翻耕作用的一项重要技术，耕地深、耕层厚、土层松软，有利于贮水保墒。耕层厚而疏松，通气性好，有机质矿化加速。但是在某些条件下，如在多风、高温、干旱地区或季节，深耕会加剧水分丢失；翻耕过深易将底层的还原性物质和生土翻到耕层上部，未经熟化，对幼苗生长不利。一般情况下，土层较厚，表、底土质地一致，有犁底层存在或黏质土、盐碱土等，翻耕可深些；而土层较薄，砂质土，心土层较薄或有石砾的土壤不宜深耕。在干旱、多风地区不宜深耕，否则会造成失墒严重，提墒困难。同时，翻地越深，生土翻到地面也越多，不利于作物的生长发育。此外，耕地深度还要根据农机具性能和经济效益而定，畜耕的浅些，机耕的深些。一般机械翻地深度18～20厘米为宜。

206. 什么为深松技术？

以无壁犁、深松铲、凿型铲对耕层进行全面的（无壁犁或靴式犁）或间隔的（凿形铲或铧形铲）深位松土，不翻转土层。耕深可达25～30厘米，最深为50厘米。

与翻耕相比，只松不翻、不乱土层是深松的最大特点。深松可以分散在各个适当时期进行，避免翻耕作业时间过分集中，做到耕种结合和耕管结合，可以间隔深松，做到纵向虚实并存，节省动力；深松耕可以打破翻耕形成的犁底层，利于降水入渗，增加耕层土壤持水性能；深松耕可以保持地面残茬覆盖，防止风蚀，减轻土壤水分的蒸发，雨水多时可以大量吸收和保存水分，防旱防涝；盐碱地深松耕，可以保持脱盐土层位置不动，减轻盐碱危害。深松的不足之处是翻埋肥料、残茬和杂草的作用效果差，地面比较粗糙等。它适合于土层深厚的干旱、半干旱地区，以及耕层土壤瘠薄，不宜耕翻的盐碱土、白浆土地区。

207. 整地包括哪些作业以及整地最佳时期？

整地包括耙地、耢地、耱地和镇压。对已耕翻过的土地来说，整地是翻地的补充和继续；对于未耕翻的地块，整地可以代替耕翻。

整地最佳时期：东北春大豆提倡秋季翻地之后及时耙地，否则会出现土壤风干，土块不易耙碎，严重失墒的现象。对于受时间、地势等条件的限制，秋翻后没有及时耙地的田块，春整地更要抓住时机，利用当地的返浆期及时耙地和镇压，尽量保墒。而春翻地块，及时整地尤为重要，应该实行翻地、耙地、耢地和镇压连续作业，确保播种质量。

208. 何为旋耕？

运用旋耕机进行旋耕作业，既能松土，又能碎土，地面也相当平整，集犁、耙、平三次作业于一体，在全国各地都表现出其优越性。而且结构简单、机体小、机动灵活。多年连续单纯旋耕，易导致耕层变浅、理化性状变劣，故旋耕应与翻耕、深松相结合应用。干旱年份，浅深松要好于旋耕。

209. 何为耙地？

收获后、翻耕后、播种前或播后出苗前、幼苗期采用的一类表土耕作措施，深度一般5～10厘米左右。不同场合采用的目的不同，工具也因之而异。圆盘耙应用较广，可用于收获后浅耕灭茬，耙深可达8～10厘米，也用于翻耕后破碎垡块或坷垃，耙深5～6厘米；钉齿耙作用小于圆盘耙，但它常用于播后出苗前耙地，破除板结，保蓄耕层土壤水分。振动耙主要用于翻耕或深松耕后整地，质量好于圆盘耙；缺口耙入土较深，可达 12～14 厘米，常用缺口耙代替翻耕。

210. 何为耢地？

耙地之后的平地碎土作业。一般作用于表土，深度为 3 厘米。耢地除联结耙后外，也有联结播种机之后，起碎土、轻压、耱严播种沟、防止透风跑墒等作用。耢地多用于半干旱地区旱地上，也常用在干旱地区灌溉地上，多雨地区或土壤潮湿时不能采用。

211. 何为镇压？

镇压是以重力作用于土壤，达到破碎土块、压紧耕层、平整地面和提墒的目的，一般作用深度 3～4 厘米，重型镇压器可达 9～10 厘米。镇压器种类很多，简单的有木磙、石磙，大型的有机引 V 型镇压器、环型式网型镇压器。较为理想的是网型镇压器，它既能压实耕层，又能使地面呈疏松状态，减轻水分蒸发，镇压保墒，主要应用于半干旱地区旱地上，半湿润地区播种季节较早也常应用。播种前如遇土块较多，则播前镇压可提高播种质量。播种后镇压使种子与土壤密接，引墒反润，及早发芽。冬小麦越冬前也常用镇压，防止漏风，引墒固根，提高越冬率。

正确镇压是一项良好的技术措施，如使用不当，也会引起水分的大量蒸发。所以，应用时应注意在土壤水分含量适宜时镇压，过湿则会使土壤过于紧实，干后结成硬块或表层形成结皮。根据经验，以镇压后表土不生结皮，同时表面有一层薄的干土层最为适宜。镇压后必须进行耢地，以疏松表土，防止土壤水分从地面蒸发。在盐碱地或水分过多的黏重土壤不宜过度镇压，应选择轻压或不镇压。

212. 垄作大豆的整地有哪些?

垄作大豆是创造人为小地形，实现抗旱、防涝、增温作用。垄高约为 14～18 厘米，标准垄型为方头垄。一年中，垄型有方头垄、张口垄及碰头垄的垄型变化。垄距 60～70 厘米，超过这一垄距抗旱抗涝能力增强，但不能合理密植；小于该垄距耕层不够深厚，不耐旱涝，而且易被冲蚀。根据整地与播种的不同，可分为平翻后起垄、平播后起垄、扣种、灭茬原垄播、原垄卡种等。

213. 何为平翻后起垄?

一般前茬是麦茬，在小麦收获后进行伏翻，并及时耙耢，整平耙细，起垄，镇压越冬，第二年垄上播种大豆。优点是土壤疏松，耕层深厚。不足之处是作业次数多，机耕费用高，不适宜春季整地作业。

214. 何为平播后起垄?

前茬是小麦、玉米可进行伏、秋翻，或耙茬、或旋耕，第二年平播大豆，在大豆苗期结合中耕培土起垄。此种方法可以省去一次起垄作业。

215. 何为扣种？扣种有哪些形式?

东北典型的垄作耕法的一种形式，抗旱、抗涝、防风蚀。但是缺少一次作业机，目前，生产上采用机械分段作业或半人工半机械作业。扣种有以下几个形式：

沟播扣种大豆。在干旱、半干旱地区，由于春季严重干旱，为保证出苗，将种子先播到垄沟中，然后破茬覆土，用石蛋棍子镇压。以后结合中耕起垄。该方法充分利用了垄沟中的水分，以后起垄又可利用垄型的增温作用，特别适宜春旱严重的地区。

扣空垄播种大豆。秋季或早春先用耢子耢碎茬子，然后顶浆扣空垄，垄上机播大豆。由于目前农村机械动力不足，扣空垄有两次作业和一次作业两种方法，两次作业耕作深度大，起垄效果好。两次扣空垄是先破茬，在掏墒成垄。一次扣空垄是一次掏墒成垄。

两犁挤扣种大豆。早春化净雪后，顶冻耢碎茬子。播种时，先破茬，破茬后播种，然后掏墒起垄覆土。

216. 什么叫灭茬原垄播?

前茬玉米或高粱，因茬子大而硬，为使根茬不影响播种效果。通常作业方法是前茬留茬越冬，第二年到播种时用灭茬机灭茬，灭茬深度以打碎玉米根茬的三股叉为宜。然后原垄机械精量播种。待大豆出苗后用钎尺（深松铲）松垄帮部分。

217. 什么叫原垄卡种?

通常作业方法是前茬留茬越冬，第二年到播种时用，铁茬原垄机械精量播种。待大豆出苗后用钎尺（深松铲）松垄帮部分。此种方法抗春旱，保苗效果好，作业次数少，但要求有高质量的播种机。

218. 平作大豆整地方法有哪些?

大豆推广窄行密植以来，在生产上平作面积发展迅速。由于平作密植播种出苗后，机车难以进地作业。前期整地作业特别重要。其方法有：

翻耕平作。小麦或玉米后茬种大豆，在收获后进行伏翻、秋翻，并及时耙耢，整平耙细，并镇压，达到播种状态。第二年轻耙破除板结播种大豆。优点是土壤疏松，耕层深厚。不足之处是作业次数多，机耕费用高，不适宜春季整地作业。

耙茬平作。土壤有机质含量高的壤质土或前作有翻地基础，土壤相对疏松的地块，可以用圆盘耙耙茬、耢平后，第二年平播大豆。

耙茬深松。在平作地一般以70厘米间隔深松，然后耙地，可形成1∶0.8虚实比的耕层结构，第二年平播大豆。

松耙松。在较黏重土壤的平作地上，先深松一个行距内的某个部位，后耙表土，最后深松另一个部位，并耢平，第二年平播大豆。

219. 抗旱的耕作措施要注意哪些问题？

耕作的实践告诉我们，在有自然降水补给，蓄墒是耕作的主要目标；在无天降水补给期间，保墒是耕作的主要目标；在墒情不足情况下，接墒、提墒是耕作的主要目标。

(1) 蓄墒　就是要充分利用降水分布不均的特点，在集中降雨期间，通过伏翻、秋翻、深松、深中耕等措施，蓄住天上水为来年所用，这就是伏墒春用、秋墒春用的问题。耕翻前无雨，翻后则失墒；如翻前无雨，而翻后有雨，却未能充足给翻地土壤以降水补给，则仍是失墒趋势；如翻后耕层土壤得以充足降水补给，则可以蓄更多的墒，这都决定降水条件。翻前有雨，耕层含有充足水分，翻地后则应特别注意保墒问题。深松与翻地是类似的，只是动土少、失墒少而已。

(2) 保墒　就是利用耙、耢以及覆盖等措施，减少土面蒸发以保墒，是属整地范畴，从而增强翻、松耕作措施蓄墒能力。根据经验，翻后或松后，耙耢与否，直接影响蓄水保墒效果。

（3）接墒 就是利用播前镇压使垄体或无垄地的干土层土壤密接，以利于春雨接墒及早播种，是抢墒播种一次全苗的重要措施。研究表明，尤以原垄地播前镇压的效果最为明显。播前镇压以利接墒，是播前耕作土壤管理的重要措施。

（4）提墒 就是利用播后镇压使苗床土壤与种子密接，土壤颗粒之间密接，以增强地下水毛管水分上升的能力，利于种子及时吸水萌发。根据研究，播后镇压以不少于 800 克/厘米^2 为宜。当然，不同土壤播后镇压是不一样的，松散土壤要大些，黏重土壤则要小一些。

220. 抗旱保苗的技术有哪些?

抗旱保苗的耕作法有多种，其最基本的方法是：顶、抢、借、抗。在干旱半干旱地区，采用顶、抢、借、抗耕作，保苗是完全可以做到的。但其效果则各有不同，顶浆播种的保苗率一般在 90%以上，抢墒播种的保苗率一般在 85%左右，深种借墒的保苗率一般不会超过 80%，灌水抗旱的一般在 95%以上。

（1）顶 就是顶浆早播。在有浆可返的地上，当化冻一犁土时，要马上顶浆整地，并提早播种，抓住返浆水，保证出苗。

（2）抢 就是趁春雨或秋墒抢墒播种。充分利用秋墒早播或趁春雨抢种，可以进行原垄播种或扣种等，争取农时，利用仅有的墒情确保出苗。

（3）借 就是深播借墒。在无浆可返的岗地，可以加大播种深度，将种子播到深土上借墒，待种子萌动后耢去一部分覆土，保证出苗。

（4）抗 就是灌水抗旱。在有灌水条件的地块，可实行播前灌水或坐水种植等办法，把种子点在湿土上，保证全苗。

221. 什么叫垄向区地?

垄向区田的技术原理是根据垄向坡度的大小筑不同距离的土档，将每一滴雨水保留在它降落的地方。不论横坡垄或顺坡垄，只按垄向坡度确定档距，随坡度大小调整档距，以提高单位面积耕地拦储降雨的能力。

222. 垄向区地的技术要点?

（1）根据坡度选取档距（见表2）；

表2　垄向不同坡度的最佳档距

垄向坡度（度）	0.5	1.0	2.0	3.0	4.0	5.0	6.0	7.0	8.0	9.0
最佳档距（厘米）	225	161	115	95	83	74	68	63	59	56

（2）秋起垄，春季随播种随筑档，保水性能最佳，也可在中耕后进行筑档；

（3）土档高度低于垄顶2厘米，底宽20厘米为宜；

（4）筑档后马上踩紧压实；

（5）运用垄向区田的耕地坡度以小于6度为宜。

223. 什么是少耕、免耕技术?

大豆少耕、免耕又称为大豆保护性耕作技术，少耕和免耕是解决土壤生态问题的良方，是一种新型旱地耕作法。在以翻、耙、压为主的传统耕作制度下，播种前要用铧式犁把残茬及杂草翻入地下，然后耙、压使地表疏松、细碎、平整。这种耕作不仅耗能高，而且会造成耕地“裸地休闲”，水土流失严重，破坏生态环境。20世纪30年代，美国中部大平原曾发生特大“沙尘暴”，风暴过处，风沙蔽日，尘埃滚滚，几日之内10厘米表土被大风刮走。这就是著名的“黑风暴”。风暴过后，美国人惊恐地发现，造成植被破坏，土壤沙漠化和气候恶化的主要原因就是铧式犁耕作。1936年美国发行的一部电影名为《犁耕毁了中部平原》，1943年出版专著《愚蠢的犁耕者》。号召废除铧式犁，推广保护性耕作。目前，美国、加拿大和澳大利亚等国已基本采用了以机械化为支撑的保护性耕作方法。我国北方地区春季多干旱多风，冬季寒冷，夏秋降水集中，水土流失严重，保护性耕作应以增加土壤含水量、抵御春旱和控制风蚀和主要目标，以免耕、覆盖、少耕播种等技术措施为重点。

224. 保护性耕作的关键技术是什么?

保护性耕作主要包括四项关键技术：一是改铧式犁翻耕土壤的传统耕作方式为免耕或少耕。免耕就是除播种之外不进行任何耕作，少耕包括深松与表土耕作。深松可以疏松深层土壤，基本上不破坏土壤结构和地面植被，可提高天然降雨入渗率，增加土壤含水量。二是将30%以上的作物秸秆、残茬覆盖地表，在培肥地力的同时，用秸秆盖土，根茬固土，保护土壤，减少风蚀、水蚀和水分无效蒸发，提高天然降雨利用率。三是采用免耕播种，在有残茬覆盖的地表实现开沟、播种、施肥、施药、覆土、镇压复式作业，简化工序，减少机械进地次数，降低成本。四是改翻耕灭草为喷洒除草剂或机械表土作业控制杂草。

225. 选用大豆良种原则有哪些?

(1) 适应气候条件和耕作制度。即选用与当地光照条件、温度状况和轮作制度相适应的对路品种。春大豆区应选用短光照性弱的生育期在110～140天的熟期类型品种种植。

（2）根据土壤肥力和栽培条件。大豆不同品种对土壤肥力和栽培条件的适应性不同。在土壤肥沃、雨水充沛、栽培条件较好的地区，应选用喜肥水、茎秆粗壮、主茎发达、株高中等、开花多、结荚密、抗倒伏、中大粒、丰产性能好的有限或亚有限结荚习性品种；在土壤肥力较差或干旱地区，则应选用植株高大、繁茂性强、耐瘠薄、抗干旱、开花期长、着荚分散、中小粒、抗逆性强的无限结荚习性品种。

（3）分析当地病虫害发生情况。病虫害对大豆的危害程度因品种而异，所以要根据当地病虫害发生的情况，选用抗性强的品种。

（4）考虑机械化作业条件。机械化程度较高的大豆产区，为了利于机械收割和脱粒，需要选用植株高大、直立不倒、主茎发达、株型紧凑、结荚部位高、成熟时落叶性好、不易炸荚及种皮不易破裂等特性的大豆品种。

（5）结合栽培目的性和实用性。不同栽培目的，对品种有不同的选择。作籽粒用，宜选择粒型中等，种脐色淡、种皮光泽度好、外型美观黄色圆粒大豆。以榨油为目的，应选择脂肪含量在21.5%以上的品种。以摄取蛋白为目的，应选择蛋白质含量在45%以上的品种。如蛋白质、脂肪兼用，则应选用二者含量合计在63%以上的品种为宜。

226. 如何选择适宜的品种，才能获得稳产、高产？

选择种植品种时，应注意品种的成熟期既不能过早，也不能过晚，应按当地生态类型选择适宜的优质、高产、抗逆性强的审定推广品种，并且品种至少3年更新1次。

227. 什么样的种子才是合格种子？

种子要达到二级以上标准，即纯度不低于98%，净度不低于98%，发芽率不低于85%，含水量不超过13%。

228. 种子处理有几种方式？如何进行种子处理？

种子处理有三种方式：晒种、拌种和种子包衣。

(1) 晒种 在贮藏条件差或种子含水量较高的情况下，为了提高种子发芽率和发芽势，播种前应晒2～3天。晾晒时应薄铺勤翻，防止中午强烈日光曝晒造成种皮破裂。晾晒后，将种子摊开散热降温，再装入袋子备用。

(2) 拌种 根瘤菌拌种：在新开垦地、重迎茬地或多年未种过大豆的地块，有必要进行根瘤菌接种。每公顷大豆种子用根瘤菌剂7.5千克，具体方法：用适量清水将固体粉剂、液体剂稀释，将种子与菌剂拌匀，或先将种子浸湿，然后将固体粉剂均匀地粘在种子上，使每一粒种子表面都粘上菌剂，拌后放在阴凉地方，防止阳光直射杀伤根瘤菌，接种根瘤菌后，稍阴干便可播种。

微肥拌种：根据土壤微量元素缺乏情况，可选用钼酸铵、硼砂等进行拌种。钼酸铵拌种：用量每千克大豆种子拌钼酸铵2～4克，将2～4克钼酸铵先用少量热水溶解，然后加水稀释至20毫升左右，喷洒在豆种上混拌均匀，阴干后播种。硼砂拌种：用量每千克大豆种子拌硼砂1～3克，将1～3克硼砂溶于20毫升水中，喷洒在豆种上混拌均匀，阴干后播种。

(3) 种子包衣 选用已登记的大豆专用种衣剂（如26%多克福种衣剂1∶60或15%福克种衣剂1∶60）进行种子包衣处理。

微肥拌种和种子包衣同时应用时，应先微肥拌种，阴干后再进行种子包衣。根瘤菌应避免与酸性农药同时应用。

229. 如何提高农药的有效性？

在优质农产品生产中应特别重视农药的安全性，要始终把农药的安全性放到农业生产的第一位，认真抓好落实。

（1）对症下药。按农药防治对象对症下药。农药类别确定后，还要适当选好农药品种，要针对防治对象，选用最合适的农药品种和施药方法。

（2）适时打药。掌握病、虫、草在不同生育期的活动特性，做好监测预报，适时喷药。同一种害虫，由于生育不同，对药剂的敏感程度也不同，一般以三龄为分界线，三龄以前药力小，三龄后耐药力就大多了。在防治病害时要及早发现及早施药，因为大多数杀菌剂是以保护作用为主，用药不及时防病效果差。

（3）适量配药。无论使用哪种农药，都应根据防治对象、生育期和施药方法的不同，严格遵照其使用浓度、单位面积上的用药量和施药次数。

（4）轮换用药。一种有机合成农药在大豆的生长期内只允许使用一次。避免多年重复使用同一种药剂，通过轮换使用及混用来避免或延续抗药性的产生。

（5）安全用药。施药过程必须采取安全措施，保障环境及人畜安全。用药期按照农业部制定的《农药合理使用准则》中的安全采摘间隔期有关规定执行。

（6）依法用药。所选用的农药必须取得农业部“农药登记证”或“农药临时登记证”，特别注意临时登记的农药必须经联网试验方可使用。根据防治对象选择合适的农药，根据农业部农药检定所制定的《农药合理使用准则》及农药注册使用范围、施用量（或浓度）和施药次数，按规定的次数施药后，一但还需防治时应更换其他适用的农药品种，不得一种农药反复使用，在确定施药时期，绝对不少于标准中规定的安全间隔期。

230. 大豆生产中可选用的安全农药？

（1）防治大豆根腐病选用适乐时、金阿普隆、菌克毒克、

35%多克福种衣剂，配合使用益微、埃姆必、生物肥。

（2）防治大豆菌核病选用施保克、速克灵、农利灵、多菌灵、菌核净与益微、米醋混用。

（3）防治大豆蚜虫选用辟蚜雾、敌杀死、功夫、氯氰菊酯、来福灵。

（4）防治大豆灰斑病选用多菌灵、甲基托布津与磷酸二氢钾、米醋、康凯或益微混用。

（5）防治大豆食心虫选用敌杀死、功夫、桃小灵、氯氰菊酯、来福灵与益微或康凯、磷酸二氢钾、米醋混用。

（6）防治大豆蓟马选用锐劲特。

（7）除草剂选用金都尔、都尔、异丙草胺（乐丰宝、普乐宝、旱乐宝）、禾耐斯（90%乙草胺）、异噁草松（广灭灵、广灭净、田得济、豆草灵）、速收、阔草清、精稳杀得、高效盖草能、喷特、威霸、收乐通、精禾草克（丰山盖草灵、盖冒、精喹禾灵、闲锄）、大豆欢、苞豆宁、虎拿草、氟磺胺草醚（大连松辽）、耕田易、豆易耕。

（8）植物生长调节剂推荐内源激素类用益微、康凯。

231. 农药混合使用的原则是什么？

（1）农药混合后不应发生不良的化学和物理变化。混合后不被分解，乳油不被破坏，悬浮液不产生絮聚或大量沉淀的现象。

（2）混合后的混合药液（药粉），对作物不应出现药害现象，如出现药害，就不能相互混合使用。

（3）混配后要增效。

（4）药剂混合后，其混合液的急性毒性一般不能高于各自原来的毒性，也就是说不能增毒。

232. 施用有机肥有什么作用?

（1）提供多种养分，肥效长。有机肥为大豆植株生长发育提供丰富的有机质和氮、磷、钾及各种微量元素，并可以持续满足大豆生育中后期开花、结荚、鼓粒对大量养分的需要。

（2）改善土壤结构，培肥土壤。有机肥中的有机质能使板结的黏土得以疏松，又可使松散的砂土得以团聚，为大豆根系生长发育创造了良好的水分、通气、温度条件，促进植株地上部分生长发育。

（3）缓解或控制重迎茬危害。有机肥不但可以随时补充土壤养分，改善土壤结构，培肥土壤，还有消除土壤中毒害物质等功能，从而减轻重迎茬危害。

（4）增产作用。生产实践证明，施用有机肥可以显著提高大豆产量，增产幅度一般为10%～20%，而且越是瘠薄土壤，施用有机肥增产效果越明显。

233. 怎样才能发挥有机肥的作用?

首先应保证有机肥的质量。一般有机质含量在8%以上，才称其为有机肥。只有施用营养丰富的优质农家肥，才能获得增产效应。其次，施用的有机肥必须经过沤制，使其充分发酵，从而杀死病菌和虫卵。

234. 什么叫底肥、种肥和追肥?

底肥：也叫基肥。通常把施在垄底的肥料叫底肥。用作底肥的肥料包括有机肥和氮、磷、钾化肥总施用量的3/4量。施用方法：一是结合秋翻整地一次施入，翻地前均匀施入地表，然后翻到18～20厘米土层；或是结合耙地施入，耙地前将粪肥均匀扬开，然后耙入土中，深度以10厘米左右为宜；或者条施，扣种前把粪肥均匀地施在垄沟，使其集中到苗带，深度以10～15厘米为宜。

种肥：播种时施于种子附近的肥料叫种肥或叫口肥。用作种肥的肥料包括氮、磷、钾化肥总施用量的1/4量和部分中、微量元素肥料。种肥的施用方法，施于种侧或种下3～5厘米处。

追肥：在大豆不同生长发育阶段，如开花期、结荚鼓粒期等，补充施用的肥料叫追肥。包括根部追肥和根外追肥。一般在开花期或结荚鼓粒期，当底肥和种肥满足不了大豆生长发育要求时，可进行根部追肥。根外追肥，大豆叶片吸收养分能力很强，开花结荚期和鼓粒期需要吸收大量养分，在土壤供给养分充足时可采用根外追肥，即叶面喷肥。

235. 如何科学施肥？

科学施肥的原则：是有机和无机肥料相结合，重施底肥，配合施用种肥，适时合理追肥。

（1）增施有机肥 每公顷施用有机质含量8%以上的有机肥20吨以上，或纯农家肥1吨以上，结合整地做底肥1次施入。

（2）平衡施用化肥 采用测土配方施肥技术，氮、磷、钾合理搭配。一般每公顷施肥量按纯氮18～36千克、五氧化二磷46～92千克、氧化钾30～60千克，施用时折合成所用化肥的实际用量。同时增施中、微量元素肥料，每公顷施用硫酸锌15～30千克；缺硫地块还应增施硫肥，每公顷施用纯硫30～60千克。

（3）采用科学的施肥方法 科学施肥法即分层施肥，也就是基肥深施，种肥浅施。分层施肥适宜的分配比例为底肥：氮、磷、钾化肥总施用量的3/4，种肥：氮、磷、钾化肥总施用量的1/4。具体方法如下：

a. 种肥：氮、磷、钾化肥总施用量的1/4量和部分中、微量元素肥料做种肥，施于种下3～5厘米。切忌种、肥同床，以免烧种。

b. 底肥：氮、磷、钾化肥总施用量的3/4量做底肥，施于种下8～12厘米。一般与有机肥一起结合秋翻整地一次施入。

c. 追肥：包括根部追肥和根外追肥。

根部追肥：是指大豆开花结荚期，在土壤肥力较差的地块，当底肥和种肥满足不了大豆生长发育要求，大豆植株长势较弱时，每公顷可追施尿素50～75千克，过磷酸钙75～150千克。必要时也可配合硫酸钾，每公顷用量75千克左右。追肥方法：多采用铲完最后一遍地时，将肥料均匀地施于豆株一侧，追肥时注意不要碰到叶片上，也不要紧靠近根部，然后进行趟地覆土。

根外追肥：也叫叶面喷肥。在土壤供给养分充足时，也可使用。在大豆开花始期或鼓粒初期，每公顷用5.0～7.5千克尿素和1.0～1.5千克磷酸二氢钾对水500千克，叶面喷施。

236. 什么是大豆专用肥？

大豆专用肥是根据某地区的土壤养分状况及主栽品种的营养特性研制出的物化产品。具有针对性强，养分配比合理，施肥均匀，省工省时，施用方便等特点。试验结果表明，施用大豆专用肥可比习惯施肥平均增产8%～15%。因此，建议施用正规厂家生产的大豆专用肥。具体施用量应根据所用大豆专用肥说明书确定。

237. 什么是大豆微肥？微肥施用的原则是什么？

微量元素肥料（通常简称微肥），就是指植物正常生长发育不可缺少的那些微量营养元素，通过工业加工过程所制成的，在农业生产中作为肥料施用的化工产品，如硫酸锌、硫酸锰、硫酸铜、钼酸铵、硼砂和硼酸、硫酸亚铁等。微量元素肥料还包括其它含微量营养元素的废渣等。

微肥施用的原则是什么?

根据土壤的需要决定施用的种类和数量，微量元素在土壤中一般都有一定的含量，但其有效性受土壤影响很大，在不同土壤条件下，微量元素丰缺也不一致。因此，应本着缺啥补啥的原则，在对土壤进行化验分析或新时期实验的基础上，确定微肥的施用种类和施用量。

混合的微肥元素种类不宜过多，各种微肥在浓度适宜时才能发挥作用，若混合过多就很难保证各种微肥的最佳浓度和施用量，这样不仅不能更好地发挥作用，而且对大豆也不利。

弄清微肥之间、微肥与土壤之间的相互关系，大豆吸收各种营养成分，都是以水溶液中的离子状态吸收。由于土壤中 pH 不同和微肥所带电荷及价数不同，离子间会出现互相吸引、互相对抗、互相抑制等现象。影响大豆的吸收利用。所以要掌握微肥之间、微肥与土壤之间的相互关系。一般来说，钼肥与氮、磷、钾肥混合施用效果好。锌肥与硫酸铵、氯化铵可混合施用，不能与尿素、碳酸氢铵、氨水混合施用。硼肥可与氮、磷肥混合施用。铜肥、锰肥、硼肥在一定条件下可按比例混合施用。

238. 大豆钙肥如何使用?

在缺钙的酸性土壤上施用石灰，在黄泛石灰性冲积土上施石膏，都有显著增产效果。钙肥可作基肥，也可在初花期追施。在酸性土壤上宜施用碱性的石灰，一般每公顷施 225～375 千克。在盐碱土、石灰性土上宜用生理碱性肥料——石膏，一般每公顷施 300～450 千克。钙肥施用上尤要注意，对于土壤含钙过多、石灰性丰富、呈碱性反应的地区，或经常施用过量石灰的地块，钙肥应少施或不施，否则会影响多种微量元素的有效性，大豆会出现缺铁，缺锰，缺镁，缺硼的现象。

239. 大豆钼肥如何使用？

目前常用的钼肥主要有工业用钼酸铵、钼酸钠等速溶钼肥，还有三氧化钼、含钼工业废渣，含钼玻璃肥料等迟效钼肥。

拌种：称取钼酸铵20～30千克（白浆土用量较多），先用少量35～40℃温水溶解后，再加水0.75～1千克，制成1%～2%的溶液。称取50千克种子，放在水泥晒场上或平坦坚实的地上，用喷雾器或喷壶均匀地将钼酸铵溶液喷洒在豆种上，边喷雾边搅拌均匀，使溶液全面附着在种皮上，阴干后即可播种。注意拌种后的种子一定要阴干，以免霉烂而降低发芽率，但不要晒种，以免种皮破裂，影响种子发芽。如种子还需要拌药，必须在种子阴干后进行。钼肥也可与根瘤菌拌种结合进行。

浸种：称取钼酸铵15～25千克，用少量温水溶解后，对水12.5～15千克，配成0.1%～0.2%的溶液，再将每公顷计划播种量的大豆种子放入，浸泡3～5小时，捞出后即可播种。

叶面喷施：速效钼肥喷施浓度以0.1%～0.2%为宜，每公顷喷药量以750千克为宜。可仅在苗期或花期喷施，但钼素在植株体内难以再利用，以苗期、初花期各喷一次为好，还可在盛花期加喷一次。钼肥也可根据情况与氮、磷肥混合喷施。即每公顷用磷酸二铵450克，或11.25千克尿素，或11.25～15千克过磷酸钙浸泡一夜后的上清液，分别与每公顷规定用量的速效钼肥，配成混合溶液，叶面喷施。

注意事项：大豆需钼量虽大大高于非豆科大豆，但需要属微量水平，施用钼肥一定要严格控制用量，如超出规定标准，会使大豆发生钼中毒。

240. 大豆硼肥如何使用?

硼肥以硼酸最好，硼砂次之。硼肥最好作基肥施用，其次是根外追肥，也可作种肥和拌种。

基肥：每667米^{2}用500克硼酸或硼砂，与20～30千克过筛的有机肥或细土充分拌匀，均匀地撒施后翻耕入土，或开沟条施。或用硼砂泥、含硼玻璃肥料25～30千克与过磷酸钙充分混合、撒匀后翻耕入土。

叶面喷施：每公顷用硼酸或硼砂1.5千克，对清水750千克，即成为0.2%的溶液，于大豆始花期和盛花期各喷一次。

拌种：每千克大豆种子用0.4克硼酸或硼砂。根据种子量称取硼酸或硼砂，先用2千克清水充分溶解，然后用喷雾器直接喷洒大豆种子，边喷边拌，力求均匀，晾干后即可播种。

注意事项：大豆施用硼肥应严格控制用量、否则引起硼毒害、不仅不能增产，反而造成减产。

241. 大豆铁肥如何使用?

目前常用的铁肥有硫酸亚铁、硫酸亚铁铵、螯合态铁，都是易溶于水的速效态铁肥，主要有浸种和叶面喷施等施用方法。

浸种：称取硫酸亚铁150～225克，对水180～225千克，配制成0.1%的硫酸亚铁溶液，待充分溶解后，将公顷播种量的种子放入，浸泡12小时，捞取后晾干、播种。

叶面喷施：每公顷每次喷洒0.2%的硫酸亚铁溶液750千克，在出现新叶发黄时喷施，一般喷洒2次即可。

注意事项：如果在缺铁地块种植大豆，最好同时采用这两种方法施用铁肥，如果采用一种方法，则以叶面喷施效果最好。因易铁被土壤固定，叶面喷施则可避免土壤固定。

242. 大豆锌肥如何使用?

基施：由于锌在土壤中移动很慢，且有一定的残效，所以锌肥一般作基肥，作追肥施用效果差。一般每公顷用 15 千克硫酸锌，与 300 千克细土掺匀，作基肥撒施或条施。

浸种：以 0.1%～0.5%的硫酸锌溶液浸种 12 小时，捞出晾干种皮，即可播种。

243. 如何确定大豆的适宜播种期？具体播种日期?

大豆的适宜播种期与当地的耕作制度、自然条件、栽培大豆的类型密切相关。一般当 5 厘米土层的日平均温度达到 10～12℃时播种最适宜。播种原则：要求适期内早播，尽量缩短播种期。

不同地区适宜播种时期不同。辽宁省适宜播种期为 4 月 20 日至 5 月 10 日。吉林省适宜播种期东部地区为 4 月 30 日至 5 月 10 日，中部地区为 4 月 20 日至 5 月 5 日，西部地区为 4 月 25 日至 5 月 10 日。黑龙江省适宜播种期中南部地区为 4 月 25 日至 5 月 10 日，北部和东部地区为 5 月 5 日至 15 日。内蒙古自治区适宜播种期为 4 月 20 至 5 月 20 日。

244. 如何确定大豆的播种密度?

品种的种植密度原则上应根据品种特性、水肥条件及栽培方式而定。土壤肥力高的地块，种植繁茂性强、生育期长的品种宜稀植；反之土壤肥力较差的地块，种植繁茂性差、生育期短的品种宜密植。

辽宁省 60 厘米垄距穴播每公顷保苗 12 万～18 万株。

吉林省常规（60～70 厘米垄距）垄作栽培，东部地区每公顷保苗 18 万～20 万株，中部地区为 18 万～22 万株，西部地区为 20 万～22 万株。窄行密植栽培，每公顷保苗东部地区为 30 万～35 万株，中部地区为 25 万～30 万株，西部地区为 22 万～25 万株。

黑龙江省常规（60～70 厘米垄距）垄作栽培，中南部地区每公顷保苗 25 万～28 万株，北部地区每公顷保苗 28 万～32 万株。窄行密植栽培，中南部地区每公顷保苗 33 万～38 万株，北部地区每公顷保苗 36 万～46 万株。

245. 怎样计算大豆的播种量？

大豆播种量与密度、百粒重、种子净度、发芽率及田间损失率有关。具体计算公式如下：

$$\frac{\text{公顷播量}}{\text{千克/公顷}}=\frac{\text{公顷保苗数(万株)}\times\text{百粒重(克)}}{\text{净度(\%)}\times\text{发芽率(\%)}\times 10^{5}}\times[1+\text{田间损失率(\%)}]$$

田间损失率以 10％计算。间苗地块应增加播种量 15％～20％。实际播种量与计算播种量误差为±3％。

246. 如何掌握大豆的适宜播种深度？

大豆播种过深苗弱产量低，过浅则容易失墒出苗率低。一般镇压后播种深度以 3～5 厘米为宜。土壤水分充足时，播种深度在此范围内可稍浅些；土壤水分不足时，播种深度则可以稍深些，并且播种时一定做到深浅一致。

247. 大豆有几种播种方法？如何播种？

大豆的播种方法分条播、穴播和点播三种。

(1) 条播。种子播下后成一条型苗带，一般苗带宽度为5～10厘米。也就是农民常说的拉拉稀播种。

(2) 穴播。在苗带上，按一定距离成穴种植大豆，每穴播种4～6粒，出苗后每穴一般留3株。

(3) 点播。按密度要求在苗带上等距离种单粒或双粒，这是一种精量播种的方法。

248. 什么样土壤适合种植大豆?

(1) 质地优良的土壤。最适合种大豆的土壤有黏砂壤土、黏壤土和砂壤土。

(2) 有机质含量高的土壤。大豆产量与土壤有机质含量正相关，即土壤有机质含量高，大豆产量也高。

(3) 中性及弱酸性弱碱性土壤。一般比较适宜种大豆的土壤pH范围为6.5～7.0，土壤总盐量应小于0.18%、氯化钠含量应小于0.03%，超过这个范围，就需要采取补救措施进行调整。偏酸性土壤应施用碱性肥料，偏碱性土壤应施用酸性肥料，盐碱土壤需要掺砂压碱，同时增施有机肥料。一般当土壤pH小于6或大于8时，种大豆应慎重。

249. 大豆有几种种植方式?

春大豆的种植方式包括清种、间种和套种三种方式。

250. 什么叫清种? 什么是大豆清种?

清种也叫单种，是指在同一块地上种植同一作物，包括同一品种清种，不同品种混种和不同品种间种。

大豆清种是指在同一块地上仅种植大豆作物，包括同一大豆品种清种，不同大豆品种混种和不同大豆品种间种。

251. 什么叫间种？大豆高产间种形式和栽培要点？

间种：是指同一块地上种植两种以上作物，作物间形成一行或多行有规律相间排列的种植方式。

大豆高产间种形式：是大豆与小麦1∶1间种，大豆与早熟马铃薯1∶1间种。

大豆间种栽培要点：

（1）确定合理的间种比例。大豆与矮棵早熟作物间种比例以1∶1、2∶1、2∶2为宜。

（2）选择适宜间种的品种。矮棵作物应选择早熟、秆强、高产的品种，如小麦、马铃薯等。大豆应选择繁茂性强、分枝多、秆强、结荚密的中晚熟品种。

（3）大豆的种植密度应适当加大。种植密度一般比单种增加10%。

252. 什么叫套种？大豆套种栽培要点？

套种：是指在前茬作物生长后期，将后茬作物种子播于前茬作物的行间。

大豆套种栽培要点：

（1）选配适宜品种。前茬作物要选择早熟、矮棵、株型收敛、抗病、高产的品种；套种的大豆一定要选择前茬作物收获后能迅速生长发育，在霜前能够成熟，抗病性强，丰产性好的偏早熟品种。如小麦套种大豆或马铃薯套种大豆等。

（2）确定套种的适宜时期。前茬作物一定要适时早种，以延长套种的总生长期；后作大豆一定要在对本身影响较小，生育期又可满足需要的时期播种。这样才可获得前茬和后茬作物双高产。

253. 大豆田常见杂草种类有哪些?

我国幅员辽阔，自然条件复杂，由于各地种植方式、耕作制度和栽培措施的差异，大豆田形成了类型繁多的杂草种群。每年大约有10～20种杂草成为危害大豆的优势种群。常见的一年生禾本科杂草有稗、狗尾草、金狗尾草、马唐、野燕麦、牛筋草等；一年生阔叶杂草有苍耳、苋、龙葵、风花菜、铁苋菜、香薷、水棘针、狼把草、柳叶刺蓼、酸模叶蓼、猪毛菜、藜、菟丝子、鸭跖草、马齿苋、猪殃殃、繁缕、苘麻、萹蓄、卷茎蓼等；多年生杂草有问荆、苣荬菜、大蓟、刺儿菜、芦苇等。

254. 大豆田杂草发生的特点有哪些?

在北方区，种植大豆常实行垄作，行距较宽，到封垄之前大豆对地面的覆盖率很小，因此自播种开始直到8月末不断有杂草发生。前期，以一年生早春杂草占优势，过去往往采取播前除草及芽期苗耙灭草；到6月上旬，则以一年生晚春杂草占优势，对这类杂草多借中耕管理进行防除，但由于中耕的局限性，往往只能除掉行间杂草，特别是遗漏的稗草、苍耳、苘麻、藜、鸭跖草、狼把草、龙葵、蓼、苋、苣荬菜、刺儿菜、大蓟、芦苇等进入雨季生长旺盛，后期株高超过大豆，危害严重。

在黄淮海地区，大豆杂草发生分集中型和分散型两种类型。集中型一般发生于适期播种的大豆田，在播后5天出现萌发高峰，25天杂草出苗可达总数的90%以上，整个杂草出土期早而集中，到大豆封垄后杂草基本不再出土，相对密度小，危害轻。分散型多发生于失时播种大豆田，杂草在播后10天左右出现萌发高峰，直到播后40天才大部分出土，其中禾本科杂草出土稍快，整个杂草出土期可持续 70 天左右，比集中型密度大，危害重。

在南方区，大豆春、夏、秋都有播种，少部分地区还有冬播大豆。该区特点是雨水充沛，气温较高，无霜期长，在大豆整个生育期间都有杂草发生，其发生密度较大，危害严重。

255. 化学除草有哪几种方法?

大豆田化学除草有以下 6 种：

1. 秋季施药。秋施除草剂是东北地区防除第二年春季杂草的有效措施，比春季施药对大豆安全，并可提高药效 5%～10%，特别对鸭跖草、野燕麦发生严重的地区，是与秋施肥、秋起垄相配套的措施。

秋季施药在秋季气温降到 10℃以下至封冻前进行。施药前土壤要达到播种状态，地表无大土块和植物残株；施药要均匀，施药前要把喷雾器调整好，达到流量准确、雾化良好、喷洒均匀，作业中要严格遵守操作规程；混土要彻底，混土要用双列圆盘耙，耙深 10～15 厘米，机车速度每小时 6 千米以上，地先顺耙一遍，再以与第一遍垂直的方向耙一遍。对于易挥发、光解的除草剂如氟乐灵、地乐胺等在施药后 1～2 个小时内必须均匀混入土中，最迟不超过 8 小时，灭草猛必须在 15～20 分钟混入土中。

秋施除草剂用量一般比春季施药高 10%～20%。

2. 春季播前施药。大豆播种前土壤施药，然后用双列圆盘耙耙入 5～7 厘米土层，形成药土层，平作和秋起垄大豆应用效果好。春季播前施药整地要求同秋施药。

3. 播后苗前施药。播后苗前施药在土壤表面形成药膜，杂草一萌芽即可接触药剂而中毒，其药效受土壤湿度影响较大，施药后应用旋转锄浅混土，垄播大豆培土 2 厘米，可以保墒并能避免风蚀而降低除草效果。干旱条件下施药，除草效果较差，甚至无效。

4. 苗后施药。苗后施药一般在大豆 2～4 片复叶期，阔叶杂草 2～6 叶期，鸭跖草分枝前，禾本科杂草 3～5 叶期进行。近年来北方地区由于气候等原因杂草出苗早，为保证对阔叶杂草药效，于大豆 1 片复叶展开后即开始施药。此外苗后施药也是一种根据前期灭草效果好坏，视杂草种类和多少而灵活应用的补救措施。苗后施药受作物、杂草生育期和长势，喷雾器械、施药时温度、空气相对湿度、风速等多因素影响，一般施药应在早、晚空气相对湿度较大、温度相对较低、风速小于 4 米/秒、杂草生长旺盛时进行，长期干旱，空气相对湿度较低，会严重影响药效发挥，不宜施药。在低洼积水地、低温、高湿、根腐病发生严重的地块使用氟磺胺草醚、三氟羧草醚、乳氟禾草灵、乙羧氟草醚、氯嘧磺隆（苗后）、噻吩磺隆（苗后）、咪唑乙烟酸（苗后）等药剂易造成严重药害。

5. 苗带施药。垄作大豆田，将药液喷洒在垄台苗带上，而垄沟不施药，结合中耕除草，可节约用药量。

6. 苗行间喷雾。此施药方法适用于中耕作物或间、套种作物，可节约用药量。喷头需安装防护罩，确定喷头位置，避免药液粘到大豆叶片上，造成药害。如灭生性除草剂草甘膦、百草枯用此法防除大豆行间杂草。

256. 如何进行苗前除草？除草剂种类、用量和方法？

土壤墒情好时，可以在大豆播种后拱土前进行封闭处理。每公顷用 50%乙草胺乳油 3 000～3 750 毫升，或 90%禾耐斯 1 500～2 000 毫升加 70%赛克津可湿性粉剂 300～600 克，或加噻吩磺隆 30～37.5 克，或加 75%宝收干悬浮剂 30 克，或加 48%广灭灵乳油 800～1 500 毫升，或加 72%的 2，4－D 丁酯

1 000～1 500毫升，对水 450 千克进行土壤喷雾。

257. 如何进行苗后除草？除草剂种类、用量和方法？

出苗后在大豆 1～3 片复叶，杂草 2～5 叶期进行防除。防除禾本科杂草，每公顷用 5%精禾草克乳油 900～1 500 毫升，或用 15%精稳杀得乳油 750～1 000 毫升，或用 10.8%高效盖草能乳油 450 毫升，或用 6.9%威霸浓乳剂 750～900 毫升，或用 12.5%拿扑净乳油 1 250～1 500 毫升，对水 300～400 千克喷雾。

防除阔叶杂草，每公顷用 25%虎威、龙威、氟磺胺草醚等水剂 1 000～1 500 毫升，或用 44%克莠灵水剂 2 000 毫升，或用 24%杂草焚水剂 1 000～1 500 毫升，对水 450 千克喷雾。

258. 如何进行秋季除草？除草剂种类、用量和方法？

在秋季气温稳定在 10℃以下，土壤湿度适宜（以翻地不结块为准）的情况下施药。先进行秋翻耙平地后，边喷药边用机车牵引圆盘耙耙一次，耙深 10～15 厘米，待全田施完药，与第一次耙地方向成直角的方向再耙一次，耙地深度与第一次相同，然后起垄。秋施药可有效地防除第二年春季杂草，秋施药在用量上要比春施药多 10%～20%。一般每公顷可用 72%的都尔乳油 2 500～3 000 毫升加 48%广灭灵乳油 800～1 500 毫升或加 50%的速收粉剂 120～180 克，或用 90%的禾耐斯 2 200～2 500 毫升加 50%的速收粉剂 120～180 克。

259. 大豆田除草剂喷洒技术要注意哪些问题？

大豆田除草剂喷施技术包括三个方面，一是器械符合农艺标准，包括杂草着药均匀度、雾滴分布密度、作业效率三方面；二是依据杂草和作物的生长状况、土壤湿度、相对湿度、温度、降水等条件调配喷嘴；三是规范的施药作业程序。

260. 如何选择喷药器械？

喷洒除草剂首先要有标准的喷雾机械。拖拉机喷雾机要有搅拌装置、液泵压力可调、封闭严密、不滴漏，喷头、喷嘴材质应耐腐蚀、耐老化、作业状态稳定。苗前喷洒除草剂应选用 Teejet11003、11004、11005 型扇形喷嘴，配 50 筛目喷嘴过滤装置；苗后喷洒除草剂应选用 Teejet11001、80015 或 8002 型扇形喷嘴、配 100 筛目的喷嘴过滤装置。人工背负式喷雾器药箱材质好，坚固耐用，抗腐蚀，防紫外线，最好有活塞泵，压力 1～5 个大气压，稳压性好，操作轻便。喷头配扇形喷嘴，适用于喷洒除草剂。要有搅拌装置。过滤系统齐全，喷头能安装柱形过滤器，喷杆配备压力表。人工背负式喷雾器苗前除草选用 Teejet11003、11004 型扇形喷嘴，配 50 筛目喷嘴过滤装置；喷洒苗后除草剂应选用 80015、Teejet11001 型扇形喷嘴，配 100 筛目的喷嘴过滤装置。

注意事项：施药器械的过滤系统、回流及搅拌系统、喷雾系统、泵（或人工增压）系统、压力检测装置要齐全，是检修的关键，泵系统的负载能力要与整个系统配备的多套喷嘴输出流量相匹配。

261. 如何调配喷嘴？

苗前喷洒除草剂，风速在每秒 4 米以下施药，雨前一周内施除草剂药效明显，降大雨后 3～4 天内施乙草胺、异丙草胺、异丙甲草胺等部分除草剂除草效果降低，可以配用 Teejet11003、11004 型扇形喷嘴，雾滴在 300～400 微米，压力 2.5～3.5 个大的黑夜和较短的白天促进生殖生长，抑制营养生长，较短的黑夜和较长的白天抑制生殖生长，促进营养生长。因而北部高纬度地区的大豆引种到南部低纬度地区时，由于日短夜长，促进了生殖生长，抑制了营养生长，大豆品种开花、成熟提前，株高降低，产量减少，南北距离越远越明显。南部低纬度地区的大豆品种引种到北部高纬度地区，由于日长夜短，促进大豆营养生长，抑制生殖生长，该品种会延迟开花成熟，植株生长高大繁茂，南北距离过远会导致大豆在当地收获期不成熟，造成损失，并影响为下茬作物腾地播种。

大豆对海拔和温度也有明显的反应。从低海拔向高海拔引种，生育期延长，从低温地区向较高温度地区引种，成熟期提前。

经验表明，相同纬度和海拔及温度地区东西方向的引种容易成功，南北引种的纬度差别一般应在 2 个纬度以内，差别过大，难以成功。

为了进行大豆引种，必须首先了解品种选育地点的纬度、海拔、温度等自然条件和品种的丰产性、稳产性、生育期和抗性等性状。然后对引进品种进行 1～2 年引种观察，以当地推广品种为对照。引种观察认可的品种可参加多点品种比较或区域试验，进一步确定引进品种不同年份、不同地点的丰产性、适应性和抗逆性，然后可大量繁育或调入品种以推广利用。

185. 怎样选用夏大豆优良品种？

选用优良品种是一项投资少见效快的农业增产措施。不同的品种有不同的生态特性和适应范围，同一品种在不同条件下产量、生育期等性状有时差别很大。选用优良品种时，首先要了解品种的特性，并且考虑当地无霜期长短，土壤肥力、耕作制度，栽培水平，地势及水利条件等，选用最适合当地条件的优良品种，才能获得最高产量和经济效益。

一般情况下，黄淮海夏大豆产区北部要考虑前茬小麦收获腾茬晚，下茬小麦播种早的特点，应选用生育期90余天早熟大豆品种；黄淮海中部地区应选用生育期100～105天的中熟大豆品种；前茬小麦收获腾茬较早，下茬小麦播种较晚的黄淮海南部地区应选用生育期105天左右的中熟大豆品种。

根据土壤水肥条件和地势，平原地区，水肥条件较好，应选用有限结荚习性，株高中等偏矮，秆硬抗倒，叶片较小，透光性好，籽粒偏大，百粒重20克左右的品种。丘陵旱地或平原瘠薄地，应选用无限或亚有限结荚习性，生长繁茂，分枝性强，叶片中大，籽粒偏小，百粒重20克以下的品种。

根据耕作制度，玉米、大豆间作的地区应选用早熟、矮秆、抗倒、多分枝，耐阴性强的品种。

186. 为什么夏大豆品种会发生退化？如何防止退化问题？

一个大豆新品种，用于生产之后，一年纯，二年杂，三年就退化。是什么原因？主要是在大豆的收获、贮藏、运输等过程中混入其他品种的种子，造成机械混杂。其次，大豆是自花授粉作物，但也会有极少数的天然杂交变异株出现，造成自然混杂退化。第三，耕作管理粗放，肥料不足，种性得不到发挥和保持，会造成退化。第四，病虫害危害，尤其是病毒病感染，也会造成退化。

退化的大豆品种，会产生成熟期、株高、籽粒大小等性状不一致，导致产量降低，品质下降。因而必须认真对待退化问题。其防止办法首先是避免机械混杂，对要留种的优良品种单收单打，妥善保存。对优良品种要按品种特性进行相适应的栽培管理措施，并注意病虫害的防治。

气压，车速每小时6～8千米，风速大时选11004型喷嘴，低作业速度，喷雾压力为3个大气压时，公顷喷液量可达300升，反之选用11003型喷嘴，作业[illegible]米左右的速度，喷液量200升左右，在干旱条件下能保证药效发挥。人工背负式喷雾器喷液量每公顷300升，压力2个大气压。

苗后喷洒除草剂，风速在每秒4米以下施药。风速小、相对湿度大于65%时，选用Teejet11001、80015型喷嘴、雾滴直径250～400微米，喷雾压力3个大气压，车速每小时8千米左右，公顷喷液量约80～100升；风速接近每秒4米，相对湿度低于65%时，选用8002、11003型喷嘴，车速每小时6千米左右，公顷喷液量150～220升，可获得稳定的药效。人工背负式喷雾器喷液量每公顷100～150升、采用Teejet11001型扇形喷嘴，压力2个大气压。适宜施药气象条件，一般温度28℃以下，空气相对湿度65%以上，风速每秒4米以内。

注意事项：喷液量应依据气象及土壤条件灵活掌握，重点是选择好喷嘴，确定有效的作业速度和作业时机，利用先进的农药助剂，是干旱条件下取得良好防治效果的关键。长期干旱，空气相对湿度较低，施药时在药液中加入植物油型喷雾助剂如快得7、信德宝、药笑宝和有机硅助剂如丝润、杰效利等。

262. 除草剂施用作业程序有哪些？

(1) 人工喷雾 施药前测定喷洒流量和行走速度，确定喷幅宽度，准确计算喷液量和药量，喷雾时定喷雾压力、喷头距地面高度和行走速度，起垄作物一次喷一条垄，不能左右甩动施药，不能随意降低喷头高度等。

(2) 拖拉机喷雾 施药前对喷雾器进行认真调整，步骤如下：A安装后做一次检查，看安装是否合理，有无滴漏。B喷头、喷杆的安装和调整喷头要同型号安装在一起，喷雾扇面与喷杆成 10 度角，喷杆与地面平行，高度 40～60 厘米，最高不超过 80 厘米。C 单喷头喷液量测定，喷嘴间误差不超过＋10%。D 喷液量调整选择设计喷液量[illegible]除草剂选择喷液量。选择拖拉机适当的行走速度，计算公式如下：

$$f=\frac{r \cdot d \cdot a}{10\ 000}=\frac{s \cdot r \cdot a}{600} \qquad s=\frac{f \cdot 600}{r \cdot a}$$

式中：r：喷幅＝喷头间距离×喷头个数（米）

d：拖拉机行走距离（米/分）

a：设计喷液量（升/公顷）

s：拖拉机时速（公里/小时）

600 和 10 000 单位换算常数

f：喷头单口喷液量（升/分）×喷头个数

车速 6 千米/小时以内为好，最高不要超过 8 千米/小时，d 按着设计的车速选择适宜的挡位，最后到所施药田间实测车速，计算实际喷液量和药量。

田间施药拖拉机要带划印器，土地丈量准确，打堑、插旗，地头留枕地线，喷洒时应先活动，然后打开送液开关，后切断动力。在地头转变过程中，动力输出轴应始终旋转，以保持喷雾液体的搅拌，但送液开关须为关闭状态。喷洒作业中应注意风速、风向，风速每秒超过 4 米时应停止作业。

（3）用药量计算 喷雾机调整好后，需要计算每药箱加药量，单位面积的喷液量，用药量与加药箱容量都是已知的，可用下列公式求出每箱加药量。

$$\text{每药箱加药量（千克或升）}=\frac{\text{药箱容量（千克或升）}}{\text{喷液量（升/公顷）}}\times\text{用药量（升/公顷）}$$

（4）药剂配制 加药液前要防止药箱残留药害，严格清洗药箱及喷头。同时应准备好两只药桶供配制母液用。配制母液时如用可湿性粉剂，可先在桶中加入少量水，边搅拌，边加药，切不可一次加药过多，否则不易搅拌均匀。配制乳剂母液也要这样边加药边搅拌边加药。药箱加药时，要先在药箱中加入一半清水，然后加入配制好的母液，再加满清水。可湿性粉剂与乳剂混用时，可在两个药桶中分别配制母液。如在一个桶中配制，要先加可湿性粉，待可湿性粉剂搅拌均匀后再加乳剂进行搅拌，待完全均匀后再加入药箱。

注意事项：适宜湿度和温度条件下，除草剂有利于杂草吸收，有利于大豆对除草剂的降解，因此宜选择傍晚或夜间作业，部分除草剂发挥需要有足够的光照，因此这类除草剂的施药时期要以天气预报为准可获得良好的除草效果。

263. 除草剂喷雾助剂的种类有哪些？

在喷洒除草剂时药液中加入的助剂称喷雾助剂（Spray adjuvant）。除草剂喷雾助剂可分为矿物油型助剂和植物油型助剂，矿物油型包括表面活性剂（Surfactants）和非离子表面活性剂（NIS，nonionic surfactants）。植物油型助剂包括植物油（crop oils），浓缩植物油（COC，Crop oil concentrates），植物源油（COO，Crop origin olis），也称菜籽原油（VOC，Vegetable oils concentrates）。另外还有液体肥（Liquid Ferliliazers）、缓冲剂（Buffers）、消泡剂（defoamers）、稳定剂（Compatibility agents）和飘移抑制剂（Drift reduction agents）。

264. 常见除草剂药害急救措施有哪些？

除草剂对作物的药害多表现为抑制作物生长，缺乏营养。解除除草剂对作物的抑制可使用促进型的植物生长调节剂，如赤霉素、生长素等，不能用抑制型的植物生长调节剂如多效唑、烯效唑、矮壮素等，否则会加重药害。人工合成的外源激素与作物没有亲和性，用量不好掌握，用量过大会加重药害；植物调节剂中的内源激素与作物有亲和性，使用过量，作物吸收后能自身调节，对作物安全。

（1）植物微生态制剂-益微（增产菌）　在生产上水稻秧田丁草胺、丁扑、丁西药害，本田丁草胺、稻思达（丙炔恶草酮）、快杀稗（二氯喹啉酸）、二甲四氯、莎稗磷单用药害或与壮秧剂等混合发生药害，氯嘧磺隆、咪唑乙烟酸残留药害；玉米田发生氯嘧磺隆、氟磺胺草醚、咪唑乙烟酸残留药害，拿捕净、精稳杀得、精禾草克、高效盖草能等飘移药害；麦田2，4-滴、二甲四氯、百草敌药害；玉米田长残效除草剂氯嘧磺隆、氟磺胺草醚残留药害；长残效除草剂氯嘧磺隆、普施特（咪唑乙烟酸）、金豆（甲氧咪草烟）、甲磺隆、绿磺隆、莠去津、广灭灵（异噁草松）、阔草清（唑嘧磺草胺）、氟磺胺草醚等造成高粱、谷子、棉花、花生、亚麻、油菜、甜菜、向日葵、烟草、菜豆、马铃薯、苜蓿、西瓜、南瓜、番茄、辣椒、甘蓝、萝卜、胡萝卜、茄子、洋葱等残留药害。上述药害每公顷用益微300～450克（毫升）喷雾，喷液量每公顷人工100～150升，拖拉机喷雾机100升，飞机场5～30升。一般施药后7～10天可恢复正常生长。

（2）内源植物生长调节剂　生产上常用的有康凯、天然芸薹素内酯等，用于水稻、甜菜、大豆、小麦、大麦、洋葱、芸豆、小豆等缓解、减轻除草剂药害。对生产上水稻秧田丁草胺、丁扑、丁西药害，本田丁草胺、稻思达（丙炔恶草酮）、快杀稗（二氯喹啉酸）、二甲四氯、莎稗磷单用药害或与壮秧剂等混合发生药害；麦田2，4-滴药害；玉米田氟磺胺草醚、氯嘧磺隆、咪唑乙烟酸残留药害；洋葱氟磺胺草醚、氯嘧磺隆残留药害；芸豆、小豆乙草胺、异丙甲草胺、嗪草酮药害等起到一定的缓解作用，可促进作物恢复生长，减少产量损失。

（3）微生物肥　目前生产上使用的微生物肥主要有钾细菌亦称硅酸盐细菌（Bacillus mucilaginosus）；磷细菌有巨大芽孢杆菌（Bacillus megaterium）、蜡状芽孢杆菌（Bacillus cereus）蕈状孢芽杆菌（Bacillus mycoides）、多粘孢芽杆菌（Bacillus poiymyxa）等，生产上称生物钾、生物磷等，发展趋势向多种菌混合方向发展。水稻受除草剂丁草胺、稻思达等，人工合成的植物生长调节剂多效唑、烯效唑、赤霉素、萘乙酸、吲哚乙酸等药害后，每公顷用微生物复合肥如丰业生物肥、圣丹生物肥（磷钾生物复合肥）40～45千克撒施，一般施后7～10天药害解除，恢复正常生长。

265. 何为中耕除草？有什么作用？如何进行中耕除草？

中耕除草：一般指用人工铲地铋草，用机械或马犁中耕培土。中耕除草的作用：中耕除草不仅能消灭与大豆竞争营养的杂草，还能疏松土壤，改善土壤透气性，从而提高地温和蓄水保墒。

当大豆子叶刚拱土显行时，进行第一次机械深松土或畜力趟地，但不培土。此后视田间杂草的多少，进行铲地，并随之趟地。至大豆封垄之前，完成三次铲地、三次趟地，每次铲、趟间隔时间10～15天，铲趟伤苗率要小于3%。后期在草籽尚未成熟前拔净田间大草。保证土壤疏松，田间无杂草。

266. 怎样补种？

在大豆拱土时进行查苗，如发现缺苗断条，就应该及时补种。补种多采用催芽坐水种方法。

267. 什么时期移栽补苗？怎样移栽补苗？

对于因缺苗没来得及补种的田块，应在大豆单叶到第一复叶展开期间进行移栽补苗，查苗移栽的时间不得晚于第二层复叶展开时。

移栽补苗时，应乘阴天或晴天下午 4 时之后，将备用苗带土挖出，并移栽到缺苗处，覆土后浇水，等水渗下后及时用土封埯。

268. 如何准备备用苗？挖取备用苗时应注意什么？

备用苗一般在播种时种在行间，为取苗方便，隔一定行数种相应量豆种为好。

挖苗时应该注意尽量不伤根，不散土。

269. 间苗适宜时期、原则和方法？

间苗时期：间苗的时间宜早不宜晚，一般在大豆两个对生单叶展开至第一片复叶展开前，为人工间苗的适宜时期。

间苗原则：间去弱苗、病苗、杂苗，留大苗、壮苗、纯苗，按计划密度一次定苗。

间苗方法：人工间苗应按计划密度留苗，尽量拔掉弱苗和可以分辨出的杂株。对幼苗过于集中处更要注意间开“死簇子”。发现大的断空时，应采取借苗办法，即在断空两端多留几株。

270. 无限生长习性或结荚习性的大豆有什么特点？

开花特点：开花早，从第一复叶腋芽开始开花；开花顺序是由下而上，由内向外；花期长，一般 30～40 天；每节开花数少，花轴短。

结荚特点：每节着生 2～5 个荚；多数植株中下部和顶端只

有1～2个小荚，甚至没有荚，并且荚内豆粒一般较小。

植株特点：茎下部的叶片较大，中部以上叶片逐渐变小。主茎上部明显较下部细，分枝细长而有韧性，不易折断，节间也较长，并且植株高大。

271. 有限生长习性或结荚习性的大豆有什么特点？

开花特点：开花较晚，在主茎生长高度超过株高一半以后，茎的中上部才开始开花，开花顺序沿着上下两个方向逐节开放。花期短，一般只有15～20天。每节开花数多，花轴长，花轴上着生10～40朵花，茎顶端有一个大的花簇。

结荚特点：全株结荚密，结荚部位较低。荚多集中在植株的中上部，尤其是顶端，可结十几个甚至几十个荚。荚内豆粒较大。

植株特点：叶柄一般较长，叶片，尤其是顶端叶片肥大。植株较矮，当茎秆顶端开花后，茎停止生长。主茎和分枝粗壮，且分枝短于主茎、株型紧凑。

272. 亚有限生长习性或结荚习性的大豆有什么特点？

亚有限生长习性是介于无限生长习性和有限生长习性之间的一种类型。开花顺序与无限生长习性的大豆植株相同，结荚密集程度又与有限生长习性的植株相似。

开花特点：花轴较长，多属于中长花轴类型。茎顶端也有一个较大的花簇。

结荚特点：一般主茎结荚较多、茎顶端在正常情况下结有8～10个荚。

植株特点：植株高大，主茎也比较发达，分枝性稍差，抗倒伏性较强。亚有限生长习性的品种，在雨水少，密植的情况下栽培，表现出无限生长习性的特征；在水肥适宜、稀植的情况下栽培，又表现出近似有限生长习性的特征。因此这类生长习性的品种适应范围比较广泛。

273. 大豆开花结荚期田间管理关键技术措施有哪些?

（1）巧施花荚肥。在土壤肥力较差的地块，大豆植株长势较弱时，每公顷可追施尿素 50～75 千克，过磷酸钙 75～150 千克。必要时也可配合硫酸钾，每公顷用量 75 千克左右。追肥方法：多采用铲完最后一遍地时，将肥料均匀地施于豆株一侧，追肥时注意不要碰到叶片上，也不要紧靠近根部，然后进行趟地覆土。

也可在开花始期或结荚期进行根外追肥，即叶面喷肥。每公顷用 5.0～7.5 千克尿素和 1.0～1.5 千克磷酸二氢钾对水 500 千克。叶面喷施。

（2）及时灌溉。在大豆开花结荚期如干旱无雨，应该根据土壤墒情适时灌水，或根据田间植株叶片表现情况灌水。当植株叶片早晨尚坚挺，近中午叶片有萎蔫表现时就应及时灌水，灌水应在傍晚进行。灌水方法可采用沟灌、喷灌或滴灌，有条件的地方最好采用喷灌，每次灌水量为 30～40 毫米。

（3）摘心或喷洒生长调节剂。在土壤肥力较高的条件下，有些品种由于前期栽培管理不当，会出现徒长倒伏现象，因此，需要采取人工摘心和喷洒生长调节剂等措施进行补救。

（4）及时防治病虫害。大豆开花结荚期的病虫害较多，如大豆蚜虫、大豆灰斑病及大豆菟丝子等。此时期应特别重视搞好病虫调查，及时采取有效措施进行防治。

274. 灌溉方法有哪几种？每种灌溉方法有什么特点？

目前春大豆的灌溉方法主要有三种：沟灌、喷灌和滴灌。

（1）沟灌。沟灌需要修筑田间渠道工程或购入大量输水管，将水输送到垄沟中。要求地平，灌水均匀、透彻。沟灌又有隔沟灌和逐沟灌之分。在干旱不严重时，通常采用隔沟灌。为了提高灌水效果，避免灌水不匀和防止冲断田垄，最好采用分段灌水。并且，灌溉后要适时将土壤板结层耕松。

（2）喷灌。喷灌是通过一整套机械灌水设备，将水用喷头喷出，具有降雨一样效果的灌水方法。喷灌可比沟灌能节省40%～50%的用水量，并且灌溉后土壤不板结，有利调节田间小气候。

（3）滴灌。滴灌需要一套完整的灌水设备，使水流入每个垄台上设置的滴管中，然后通过滴头，一滴一滴渗入垄台土壤中。滴灌比喷灌还能节省 40%～50%的用水量，这种方法更有利调节土壤中水、气、热状态，从而促进大豆生长发育。

275. 摘心时期、方法和注意事项？

摘心是指人工摘除大豆的生长点，用以控制植株营养生长，促进生殖生长的一项栽培技术。

摘心适宜时期和方法：是在大豆开花末期，即营养生长停止前 10 天左右。摘除生长点的长度为 1～2 厘米。

摘心注意事项：大豆摘心只能在土壤肥沃、植株有倒伏危险的豆田进行。还要注意品种的生长习性，以无限生长习性品种摘心效果为最好，亚有限生长习性品种次之。有限生长习性品种效果最差，通常不做摘心处理。

276. 抑制大豆植株生长的调节剂有哪些？如何使用？

控制大豆营养生长目前效果较好的调节剂有两种，分别为2，3，5-三碘苯甲酸和多效唑。

（1）2，3，5-三碘苯甲酸。在大豆初花期喷洒2，3，5-三碘苯甲酸水液。公顷用药量为60～80克，加入适量酒精将其充分溶解之后，加水500千克，叶面喷施。2，3，5-三碘苯甲酸不仅可以有效地控制大豆徒长，还可以促早熟，一般可提早成熟3～5天。

（2）多效唑（代号PP333）。在大豆开花期使用，公顷用药量为80～100克，加水500千克，搅拌后均匀地喷洒在大豆叶面上。

277. 大豆鼓粒成熟期田间管理关键技术措施有哪些？

（1）适时叶面喷肥。大豆进入鼓粒成熟期，根系吸肥能力逐渐减弱，但叶片吸肥能力仍很强，因此根外追肥，即叶面喷肥效果好。

在大豆鼓粒初期，每公顷用5.0～7.5千克尿素和1.0～1.5千克磷酸二氢钾对水500千克。叶面喷施，效果明显。

（2）及时灌好鼓粒水。鼓粒成熟期正处于降雨高峰之后，土壤水分往往不足，即农民所说的“秋吊”。因此要根据土壤水分状况和植株的生育状态，并结合气象条件及时灌好鼓粒水。通常灌水应在傍晚进行，灌水方法可采用沟灌、喷灌或滴灌，有条件的地方最好采用喷灌，每次灌水量为30～40毫米。

（3）拔除田间大草。在大豆鼓粒期杂草种子未成熟前，人工拔除田间大草。

（4）防治荚粒虫害。危害大豆豆荚和籽粒的害虫主要有大豆食心虫和豆荚螟等，应该及时防治。

278. 怎样确定大豆黄熟期?

当大豆植株的茎秆变为浅棕色，叶片基本脱落。叶柄大部分脱落时，即为大豆的黄熟期。黄熟期一般为13～16天。

279. 怎样确定大豆完熟期?

当大豆植株的茎秆变成褐色，叶片全部落净，叶柄基本脱尽，豆荚和籽粒呈现品种固有的颜色，并且籽粒已归圆，摇动豆株时有响声，即为大豆的完熟期。完熟期一般为7～10天。

280. 什么时期收获对大豆的产量和品质有利?

大豆收获应该在黄熟期后至完熟期之间进行。过早过晚收获都会降低大豆的产量和品质。而且适时收获应根据气候条件灵活掌握，如果大豆成熟期遇到气候干旱可适当早收，在黄熟期即可收获；如果大豆成熟期遇到雨水多、空气湿度大的年份应该适当晚收。

人工收割在大豆植株叶片还有10%未脱落时进行，并且应选择晴天早上收割；机械收割，应在植株叶片全部落净，豆粒归圆时进行。

281. 大豆的脱粒方法有哪几种？如何脱粒?

大豆脱粒方法有三种，分别为人工脱粒、磙压脱粒和机械脱粒。

(1) 人工脱粒。大豆种植面积小的地方，多采用这种脱粒方法，即脱粒前将豆株放在脱粒场上摊开晾干，然后用连枷拍打脱粒。

(2) 碾压脱粒。目前应用最广泛的脱粒方法。脱粒时，把豆垛散开铺在脱粒场上，厚度在40厘米左右，经过短时间晾晒后，用畜力或轮式拖拉机牵拉磙子进行滚动镇压脱粒，并用杈子上下翻动。

(3) 机械脱粒。用机械动力带动脱粒机进行脱粒。

282. 大豆脱粒后如何进行干燥处理?

联合收割机收获的大豆籽粒含水量一般在18%～20%左右，因此种子需要进行干燥处理。通常干燥处理分自然干燥处理和人工干燥处理。

(1) 自然干燥。将脱粒后的大豆摊放在事先准备好的晒场上进行晾晒。种子摊晒厚度一般在10厘米左右，种子含水量高时可适当薄一些，反之种子含水量不是很高时则应该适当厚一些。晾晒时应该经常翻动，使种子均匀地干燥。大约经过4～5天，当种子用牙咬能破碎时，含水量即降到贮藏的标准（含水量12%～13%左右）。

(2) 人工干燥。即利用干燥机进行干燥。种子在干燥室内铺放的厚度一般在40～50厘米，具体厚度因种子含水量而定。干燥温度一般在40～45℃，当种子含水量为18%时，经过5～6小时就可使含水量降低到12%～13%左右。

283. 大豆如何贮藏?

大豆籽粒贮藏前必须充分晾晒，使含水量达到规定标准（12%～13%）时，再入仓贮藏。贮藏温度应该保持在3℃以下，并时时注意仓内温度的变化，定期进行检查和管理，作好“八防”，即防潮、防寒、防热、防火、防鼠、防雀、防虫和防病。用作豆种的大豆，如数量不多，可装麻袋堆放，并经常测定发芽势和发芽率。

284. 什么是大豆“三垄”高产栽培模式？栽培要点？

“三垄”高产栽培法原称“旱作大豆机械化高产栽培综合技术体系”。所谓“三垄”，即是在垄作基础上采用三项技术措施。一是垄底深松播种；二是垄体分层施肥：三是垄上双条精量点播。

增产机理：(1) 深松可以打破犁底层，加深耕作层；增强土壤蓄水保墒、防旱抗涝和放寒增温的能力。(2) 化肥深施避免了种肥同床烧种、烧苗现象，同时提高了化肥利用率。(3) 实行精量播种能在合理密植的基础上，使群体结构进一步趋于合理，协调了光、热、水、肥的矛盾。

栽培要点：(1) 土壤深松。深松的深度以打破犁底层为准，一般深度以 25～30 厘米为宜。(2) 化肥分层深施。种肥深度要达到种下 5～6 厘米；底肥深度要达到种下 10～15 厘米。(3) 精量播种。机械双行等距播种，小行距 10～12 厘米；穴播机等距穴播，穴距 18～20 厘米，每穴 3～4 株。

适应地区及应用条件：大豆“三垄”栽培适用于平川地、土壤墒情较好的地块，丘陵坡岗地土壤墒情不好的地块不宜应用。

285. 什么是大豆窄行密植栽培模式？

以往将行距小于 50cm 的播法称之为窄行条播，随着机械化的发展，化学除草剂技术的推广应用，大豆窄行密植栽培技术对提高单产发挥了显著作用。目前已形成平作是以“深窄密”为代表的窄行密植综合配套模式，垄作是以“大垄密”为代表的，也包括“高垄平台”等垄作的窄行密植模式，同时垄作的窄行密植还有“小垄密”栽培模式，这些窄行密植综合配套模式已在各地得到广泛的应用与推广。

286. 什么是大豆“深窄密”与“大垄密”栽培模式？

“深窄密”栽培技术是以矮秆品种为突破口，以气吸式播种机与通用机为载体，结合“深”即深松与分层施肥；“窄”即窄行；“密”即增加密度综合配套技术。在条件好的情况下可采取“深窄密”平播形式，行距30～35厘米，双条精量点播，即行距平均15～17.5厘米，株距11厘米；在低洼地可采取“大垄密”即把原先70厘米或65厘米的大垄，二垄合一垄，成为140厘米或130厘米的大垄，在垄上种植3行的双条播，即6行。

287. 大豆“深窄密”、“大垄密”栽培模式的栽培要点是什么？

选择适宜的矮秆、半矮秆抗倒伏的品种。“深窄密”、“大垄密”选择品种必须以“不产生严重的倒伏”为前提，否则不仅不增产，反而要减产。因此“深窄密”“大垄密”必须选择抗倒伏的增产潜力大的矮秆、半矮秆品种。目前生产上应用较适宜品种黑龙江有红丰11、北丰11、黑河19等，吉林省适合窄行的品种有吉育47，辽宁省有铁丰31、辽豆14，内蒙古可采用黑龙江的品种。选择的品种在当地熟期不宜过早，否则浪费积温影响产量。

要有深松的耕作基础。“深窄密”、“大垄密”对土壤耕层要求更加严格，它要求需有一个良好的土壤耕层条件，要达到耕层深厚、地表平整、土壤细碎。有深翻、深松基础的地块，可进行秋耙茬，耙深12～15厘米，耙平耙细。

耕作以深松为主。采用ISQ-250型全方位深松机或用大犁改装的深松机。要求打破犁底层，深松深度达到耕层以下6～15厘米，要求深浅一致，不得漏松。

“深窄密”平播的在伏秋整地的基础上达到播种状态；“大垄密”和“小垄窄行密植”均应在伏秋整地的基础上起垄，进行伏、秋翻起垄或耙茬深松起垄。“大垄密”窄行密植可用做台机打成130～140厘米的大垄，垄高15～18厘米，垄体压实后垄沟到垄台的高度为18厘米，小垄窄行密植可用普通起垄机打45～50厘米的小垄，起垄后镇压，达到待播状态。

施肥。窄行密植要实现高产，必需增加肥料的投入并合理施用。首先是增施农肥，中等肥力地块施用量22.5吨/公顷以上，化肥要氮、磷、钾搭配，施用量要比常规垄作增加10%以上，有条件的要进行测土配方施肥，还要因地施用微量元素肥料。种肥深施或采用叶面肥满足大豆花荚期对营养的需求。施肥比例最理想通过大豆平衡施肥，按照“最小养分律”原理，进行土壤养分的测定，按照测定的结果，动态调剂施肥比例。在没有进行平衡施肥的地块，经验施肥的一般氮、磷、钾可按1：1.15～1.5：0.5～0.8。分层深施于种下5厘米和12厘米。肥料商品量每公顷尿素为50千克；二铵为150千克；钾肥80千克。氮磷肥充足条件下应注意增加钾肥的用量。施肥装置采用划刀式。并进行花期的喷施叶面肥。叶面一次施肥在大豆盛花期，二次施肥在开花初期与结荚初期，可用尿素加磷酸二氢钾（每公顷5～10千克尿素加磷酸二氢钾2.5～4.5千克）。采用飞机喷洒为最理想。

播期。以当地日平均气温稳定通过7℃的80%保证率之日期作为当地始播期为宜。

种子处理。由于机械精播对种子要求严格，所以种子在播种前要进行机械精选。种子质量标准，要求纯度大于99%，净度大于98%；芽率大于95%，水分小于13.5%，粒型均匀一致。

精选后的种子要进行包衣，在根腐病发生严重，土壤pH在5.5～6.5的土壤选用配方如下：每100千克大豆种子用2.5%适乐时150毫升+益微100～150毫升（克）；或每100千克大豆种子用35%多克福1 500毫升+益微100～150毫升（克）；或每100千克大豆种子用2%菌克毒克1 000～1 500毫升+益微100～150毫升。

在pH大于6.5的土壤选用配方如下：每100千克大豆种子用2.5%适乐时150毫升+35%金阿普隆40毫升+益微100～150毫升（克）；或每100千克大豆种子用2%菌克毒克1 000～1 500毫升+益微100～150毫升；或每100千克大豆种子用35%多克福1.5升+益微100～150毫升（克）。

MAX（适乐时+金阿普隆）或适乐时等用量低，如要拌均匀需加水稀释，拌大豆加水不要超过种子量的1%。包衣要包全，包匀。包衣好的种子要及时晾晒，装袋。

播种方式：可分为二种，一是土壤条件较好，可采取平播"深窄密"种植模式。二是在低洼地可采取"大垄密"种植模式。"深窄密"播种行距30～35厘米，双条精量点播，即行距平均为15～17.5厘米，株距为11厘米；播深3～5厘米；以气吸式播种机，一次完成作业为最理想。"大垄密"目前一般采用把原先70厘米或65厘米的大垄，二垄合一垄，成为140厘米或130厘米的大垄，在垄上种植3行的双条播，即6行。另外也可采用拖拉机肚下1.4米，种植4～5行；播种机二边各是二个1米的大垄，垄上种4行。同样可依据当地实际情况，采取20厘米、30厘米的单条播；45厘米的双条播等，形式可以多种多样。

播种密度要依据土壤、品种、行距等情况确定。一般公顷播种密度可在45万株，以45万/公顷为基础。各方面条件优越，肥力水平高的，要降低播量的10%；整地质量差的，肥力水平低的，要增加播量的10%。

播种标准。在播种前要进行播种机的调整，调整的方法是把播种机与拖拉机悬挂连接好后，要求机具的前后、左右要调整水平，要与拖拉机对中。气吸式播种机风机的转速应调整到以播种盘能吸住种子为准，风机皮带的松紧度要适度，过紧对风机轴及轴承影响较大，易于损坏，过松转速下降，产生空穴。精量播种机通过更换中间传动轴或地轮上的链轮实现播种量的调整。并通过改变外槽轮的工作长度来实现施肥量的调整，调整时松开排肥轴端头传动套的顶丝，转动排肥轴，增加或减少外槽轮的工作长度来实现排肥量的调整。要求种子量和施肥量流量一致，播量准确。对施肥铲的调整，松开施肥铲的顶丝，上下串动，调整施肥的深度，深施肥在10～12厘米，浅施肥在5～7厘米。行距的调整，松开长孔调整板上的螺栓，使行距调整到要实施的行距，锁紧即可。

播种时要求播量准确，正负误差不超过1%，百米偏差不超过5厘米，播到头，播到边。

田间管理。可用旋转锄于大豆出苗前、单叶期和第一片复叶期分别除草一次。"深窄密"、"大垄密"栽培的化学除草应采取秋季土壤处理，播前土壤处理与播后苗前处理这三个时期的处理方法。秋季土壤处理，采用混土施药法使用除草剂，秋施药可结合大豆的秋施肥来进行。秋施广灭灵、普施特、阔草清、施田补等，喷后混入土壤中。播前土壤处理，使土壤形成5～7厘米药层。可选用速收、乙草胺或金都尔混用。播后苗前土壤处理，主要控制一年生杂草，可同时消灭已出土的杂草。药效受降雨影响较大。大豆播后苗前可选用乙草胺、金都尔与广灭灵、速收等混用。喷液量每公顷150～200升，要达到雾化良好，喷洒均匀，喷量误差小于5%。

喷药的时候要注意以下几点：第一，药剂喷洒要均匀。坚持标准作业，喷洒均匀，不重，不漏；第二，整地质量要好，土壤要平细，第三，混土要彻底。混土的时间与深度，应根据除草剂的种类而定。

化学除草剂的选用原则是：第一，安全性放在首位选择安全性好的除草剂及混配配方；第二，据杂草种类选择除草剂和合适的混用配方；第三，根据土壤质地、有机质含量、pH和自然条件选择除草剂；第四，选择了除草剂还必须选择好的喷洒机械，配合好的施药技术；第五，要采用二种以上的混合除草剂，同一地块不同年份间除草剂的配方要有所改变。

化控。大豆开花初期，使用植物生长延缓剂控制株高、调节株型，以达到壮秆、壮根、防倒、抗逆、平衡营养等作用。

288. 采取大豆“深窄密”、“大垄密”栽培模式要注意什么问题？

大豆机械化“深窄密”、“大垄密”栽培方法在应用中要掌握以下几个必要条件：首先，要有深松的基础；其次，窄行的目的是使大豆群体分布均匀，所以可根据本地实际情况，因地制宜，采取不同行距，一般单条平均可在15～20厘米左右；第三，要有较好除草剂应用技术，尤其在杂草较多的地块，不宜采用此项技术；第四，品种的密度是个关键，应根据具体情况，公顷收获株数掌握在40万～45万；第五，后期一定要喷叶面肥。

289. 什么是大豆“小垄密”栽培模式？栽培要点？

大豆“小垄密”栽培法也是在引进消化美国“大豆平作窄行密植高产栽培技术”的基础上，结合我国大豆生产实际，将其嫁接到垄作上，形成了“小垄密”栽培法。即在45～50厘米小垄上双行条播。

栽培要点：（1）选择肥沃土地合理轮作；（2）耕翻起垄；（3）选用良种进行种子包衣；（4）精量播种双行条播，公顷保苗36万～46万株。

增产的机理：增加了保苗株数，提高了土地利用率；土壤保墒性能好，提高了供水能力。该技术起到了缩垄增行的目的，是黑龙江省固有的大豆增产技术。

290. 什么是大豆“垄双”栽培模式？栽培要点？

“垄双”栽培是指在60～70厘米的垄上双行点播，密度为每公顷25万～30万株左右，采用单体或小型双行播种机播种。

栽培要点：(1) 选用肥力较高地块正茬种植；(2) 秋季耕翻精细整地起垄；(3) 选用良种进行种子拌种或包衣；(4) 精播细种保全苗。

增产机理：增加了保苗株数，提高了土地利用率；土壤保墒性能好，提高了供水能力。“垄双”栽培模式适合于一家一户小地块应用。是吉林省所固有的大豆增产技术。

291. 什么是大豆大垄垄上行间覆膜栽培模式？

这项技术是针对春旱、低温气候特点所采取的以地膜为载体，以机械化覆膜为核心，良种良法配套，农艺农机相结合的一种新栽培模式。突出特点是：具有抗旱、增温、保墒、提质、增产、增效、集雨以及防终霜冻害的作用，是北方寒地旱作农业的又一项创新性综合栽培新技术。技术的主要要点是伏秋整地，深松耙茬，适时早播，精量点播，适当降密，苗带除草。品种采用以秆强，主茎结荚的品种为主。生产实践证明，其增产幅度可达30%，且明显提高大豆品质。与传统的苗带覆膜方式相比，这项技术具有机械化作业速度快、省时、省工、管理方便、效率高，更具有便于残膜回收，免除白色污染的特点。大豆机械化行间覆膜栽培技术主要有平作行间覆膜和大垄垄上行间覆膜两种技术模式。

292. 大豆行间覆膜技术增产机理是什么？

大豆是需水量较多的作物，许多试验表明，维持大豆植株体内水分平衡，可以使光合作用，呼吸作用得到很好协调，对大豆干物质积累十分有利，从而增加产量。大豆行间覆膜增产的理论基础即是是利用覆盖物对土壤地下水的利用，在干旱地区和干旱年份以增加水分而提高光合效率；以增加温度抗御早春低温；以水分调节肥料的利用率；选用秆强品种防止倒伏，保证高产的实现。

293. 大豆行间覆膜技术其主要模式与栽培技术要点是什么？

大豆行间覆膜技术可分为平作行间覆膜与大垄垄上行间覆膜两种技术模式，一般干旱地区，风沙较大地区采用平作行间覆膜；在生育前期干旱，后期雨水较多的地区采用大垄垄上行间覆膜。

①适应区。大豆行间覆膜栽培技术因具有明显的保墒、增温等作用，而使大豆显著增产、增收。但大豆覆膜栽培技术也有其局限性，其适宜范围是大豆生育前期受干旱影响严重的、土壤肥力中等的平川地和岗地，不适应无干旱发生的地区或者二洼地、易内涝的地块。大豆平播行间覆膜、大垄垄上行间覆膜应选择排水及渗透性良好，前茬为禾谷类作物或非豆科作物，有深松基础的地种植。

②整地。在土壤水分适宜时进行伏秋整地，严禁湿整地。要求对麦茬等没有深松基础的实行深松；玉米茬等有深松基础的采用耙茬或旋耕。深松深度 35 厘米以上，耙茬深度 15～18 厘米，旋耕深度 14～16 厘米。

质量要求整后耕层土壤细碎疏松，地面平整，达到播种状态。大豆大垄垄上行间覆膜的整地要在伏秋整地后，秋起 1.3 米的平头大垄，并及时镇压。秋起平头大垄的标准要遵循八个字，即高、宽、平、齐、匀、直、施、墒。“高”就是垄台高度镇压后应达 10～15 厘米；“宽”是指垄台面宽大于等于 90 厘米；“平”是垄台面平整，土碎无坷拉，无秸秆；“齐”是起垄起到头起到边，地头整齐；“匀”是垄距均匀一致；“直”是垄向直，百米误差不超过 2 厘米；“施”是有条件的进行秋施肥、秋施药；“墒”是适时镇压，确保土壤墒情好。

③播种。

品种选择。首先要根据当地积温或无霜期，选用适应的熟期类型的品种，保证品种在正常年份能充分成熟，又不浪费有效光热资源。由于品种生育日数成熟期和活动积温年际间变化大，以当地主栽品种作参照是十分必要的，凡与主栽品种熟期相近的就不会有大的问题。大豆行间覆膜选用品种时，千万要注意不能选用成熟期晚的品种，因为覆膜并不能使大豆品种提早成熟，可选用当地中熟品种作为行间覆膜选用的品种。另外大豆行间覆膜要选用主茎发达、中短分枝，茎秆直立，单株生产力高的，秆强抗倒伏的品种。

地膜选择。大豆行间覆膜，膜选用厚度为 0.01 毫米，选宽度为 60～70 厘米的地膜，应尽量选择拉力较强的膜，以便于机械起膜作业。大豆平作行间覆膜要改变以前膜的宽度为 80 厘米为 60 厘米，这样能使田间分布更为均匀，有利提高产量。

种子处理。由于机械精播对种子要求严格，所以要求种子在播种前要进行机械精选。种子精选的质量标准，是要求纯度大于 99%，净度大于 98%；芽率大于 95%，水分小于 13.5%，粒型均匀一致。精选后的种子要进行包衣，在根腐病发生严重，土壤 pH 在 5.5～6.5 的土壤选用配方如下：每 100 千克大豆种子用 2.5%适乐时 150 毫升＋益微 100～150 毫升（克）；或每 100 千克大豆种子用 35%多克福 1 500 毫升＋益微 100～150 毫升（克）；或每 100 千克大豆种子用 2%菌克毒克 1 000～1 500 毫升＋益微 100～150 毫升。

在 pH 大于 6.5 的土壤选用配方如下：每 100 千克大豆种子

用 2.5%适乐时 150 毫升＋35%金阿普隆 40 毫升＋益微 100～150 毫升（克）；或每 100 千克大豆种子用 2%菌克毒克1 000～1 500 毫升＋益微 100～150 毫升；或每 100 千克大豆种子用 35%多克福 1.5 升＋益微 100～150 毫升（克）。

MAX（适乐时＋金阿普隆）或适乐时等用量低，如要拌均匀需加水稀释，拌大豆加水不要超过种子量的 1%。包衣要包全，包匀。包衣好的种子要及时晾晒，装袋。

播种期。采用覆膜技术种植大豆的地块，可以提早播种。一般可以比正常播种期提早 7 天。确定播期的原则是：当 5 厘米耕层 5 天稳定通过 5℃或略早时开始覆膜播种。一般的适宜播期，黑龙江省东部地区为 4 月 20 日至 5 月 1 日，黑龙江省西部地区和内蒙古大豆主产区为 4 月 28 日至 5 月 5 日；辽宁省 4 月 15 日至 5 月 5 日；吉林省平原区 4 月 15 至 25 日，山区或半山区 4 月 20 日至 5 月 1 日。

播种方法。播种采用机械播种。大豆平播行间覆膜播种机可选用黑龙江省白桦耕作机械有限公司生产的 2BM－4 型四膜八行平播覆膜播种机；辽宁省瓦房店生产的 2BM－4 型四膜八行覆膜播种机；黑龙江省大西江农场生产的 2MBJ－8 型四膜八行或 2MBJ－10 型五膜十行平播覆膜播种机。可一次完成施肥、覆膜、播种、镇压等作业。苗带间距为 65 厘米。膜外精量点播，种子距膜 3～5 厘米。

大豆大垄垄上行间覆膜选用黑龙江省白桦耕作机械有限公司的 2BM－3 型行间覆膜通用耕播机，垄上膜外单苗带气吸精量点播，一次可播三垄六行，行距 65 厘米，一次完成施肥、覆膜、播种、镇压等作业。

机械调试。无论使用那一种型号的覆膜播种机，在使用前都要进行机械调试。重点是施肥装置、覆膜装置、播种装置、覆土装置。要调试好施肥的数量、位置和深度，地膜的伸展状况，播种的数量、匀度和深度。覆膜质量的好坏关键在于播种机具的调整，以 2BM－3 型行间覆膜通用耕播机为例，进行覆膜播种机的调试。

具体方法是：

整体的调整。播种机与拖拉机悬挂连接好后，机具的前后、左右要调整水平，要与拖拉机对中。

风机的调整。风机的转速应调整到以播种盘能吸住种子为准，风机皮带的松紧度要适度，过紧对风机轴及轴承影响较大，易于损坏，过松转速下降，产生空穴。

地轮的调整。通过调整丝杠实现整机的上下调整。

播种量的调整，更换中间传动轴或地轮上的链轮实现播种量的调整。

播肥量的调整，通过改变外槽轮的工作长度来实现，调整时松开排肥轴端头传动套的顶丝，转动排肥轴，增加或减少外槽轮的工作长度来实现排肥量的调整。

行距的调整，松开长孔调整板上的螺栓，使行距调整到 65 厘米，锁紧即可。

施肥铲的调整，松开施肥铲的顶丝，上下串动，调整施肥的深度，深施肥在 10～12 厘米，浅施肥在 5～7 厘米，施肥铲左右移动调整肥与种子间的距离，一般肥距膜 5～7 厘米。

覆膜、播种装置的调整，开膜沟圆盘在土壤水分及整地条件比较适中情况下，深度一般在 10～12 厘米，宽度在 8～10 厘米，白浆土地可以适当深些宽些。膜一定要安装在挂膜轴的中间，左右不能偏差，以免影响覆膜质量。展膜辊通过上下位置的串动，调整离地间隙的大小，一般在 5～8 厘米，展膜辊在地面允许的条件下，越低越好，防止因春天风大，使膜自动转动，影响覆膜效果。压膜辊轴要与膜保持垂直运动，一定要走在开好的膜沟里，保证随地形的变化自动仿形，不能出现悬空。覆土圆盘深度一般在 8～10 厘米，角度与前进方向呈 20 度左右，白浆土地较硬，水分较小时，应适当增加深度和角度，一般在 12 厘米和 30

度左右。播种深度通过调整伸缩杆的长短来实现，选择适合大豆播种的播种盘，调整拨杈实现播量的准确。镇压轮主要起膜边土和种子覆土的镇压作用，要调整到对应位置，压实程度用伸缩杆来调整。调整好的覆膜播种机，从侧面看高低应一致，成一条线，从后面看各调整部件的角度应一致。这样覆膜播种机就调整好了，可以进行覆膜播种作业。作业时要注意安全，风机的前后一定不要站人，人要站在设计好的踏板上或坐在座上。不能在行走中排除故障。机车应正常速度行驶，不能超速，否则，影响覆膜效果。

覆膜标准。覆膜的作业标准，要求覆膜笔直，百米偏差不超过5厘米，两边压土各10厘米，风沙小的地区每间隔10～20米膜上横向压土，风沙大的地区每间隔5～10米膜上横向压土，防止大风掀膜。并要使膜成弓形，以利于接纳雨水。

播种标准。要求播量准确，正负误差不超过1%。行要直，百米偏差不超过5厘米。播到头，播到边。种子距膜3～5厘米。

种植密度。种植密度应遵循肥地宜稀，瘦地宜密的原则。一要因品种而异，主要根据植株的繁茂程度来确定，植株高大繁茂，分枝多的品种，适于较小的密度；植株矮小繁茂性差，分枝差的品种适于较大的密度。因肥水条件而异，一般情况，同一大豆品种，在肥水条件较好时，植株生育繁茂，密度宜小些；相反，肥水条件差时，密度宜大些。因种植方式而异，大豆行间覆膜栽培方式的公顷保苗应在24万～26万株。注意不能过密，防止营养生长过旺徒长，田间郁闭，捂花捂荚，造成倒伏。

黑龙江、内蒙古东四盟地区行间覆膜品种密度应该保持在每667米^{2}25万株左右，不宜过密，吉林和辽宁要进一步降低密度。

④施肥。

施肥量。由于地膜覆盖后有增加肥料利用率的作用，因此可适当减少种肥量，增加叶面肥次数。施肥比例最理想通过大豆平衡施肥，按照“最小养分律”原理，进行土壤养分的测定，按照测定的结果，动态调剂施肥比例。在没有进行平衡施肥的地块，具体施用量和比例应视土壤肥力而定，一般公顷施氮、磷、钾纯量120～150千克，氮比磷比钾的比例，黑土地为1∶1.5∶0.6；白浆土地为1∶1.2∶0.6。肥料商品量每公顷尿素为50千克；二铵为150千克；钾肥100千克。氮磷肥充足条件下应注意增加钾肥的用量。

施肥方法。采用分层侧深施肥。肥在种侧膜内或膜边5厘米左右，1/3肥施于种侧膜下5～7厘米深处，2/3的肥施于种侧膜下10～12厘米深处。

叶面追肥。在大豆花期进行叶面追肥。叶面肥第一次施肥在大豆盛花期，第二次施肥在开花初期与结荚初期，可用尿素加磷酸二氢钾，用量为每公顷尿素5～10千克加磷酸二氢钾2.5～4.5千克。最好采用飞机航化作业。

⑤田间管理

化学灭草　灭草方式以土壤处理为主，茎叶处理为辅。提倡播前土壤处理和秋施药技术。化学除草要重视除草剂品种和配方的选择及经济效益、生态效益、社会效益，合理使用除草剂，要重视除草剂品种结构的调整。

选择大豆除草剂首先要选择杀草谱宽，持效期适中（1.5～3个月），不影响后连作物的，以土壤处理为主，苗后茎叶处理为辅，尽量采用秋施和春季苗前施药和混土施药法。

苗前施药比苗后施药药效稳定，成本略低、产量高效益好，秋施药又比春季苗前施药效果稳定、产量高。苗后施药一般比苗前667米^{2}成本高1～2元。苗后受雨水影响或错过时机，易产生药害及杂草竞争，至少减产10%，多者减产30%～40%。

大豆田苗前安全性好的除草剂有速收、广灭灵、金都尔、都尔、普乐宝、乐丰宝、阔草清、宝收、普施特。

土壤处理和茎叶处理应根据杂草的种类和当时的土壤条件选择施药品种和施药量。茎叶处理可采用苗带喷雾器，进行苗带施药，药量要减1/3。喷液量土壤处理每公顷150～200升，茎叶处理喷液量每公顷150升。要达到雾化良好，喷洒均匀，喷量误差小于5%。苗后除草剂施药时药液中加入喷液量0.5%～1%植物油型喷雾助剂药笑宝、信得宝或快得7，具有增效作用，可减少30%～50%除草剂用药量，且对作物安全。

中耕管理　在大豆生育期内机械中耕3遍，第一遍中耕在大豆出苗期进行，中耕深度以15～18厘米为好，或于垄沟深松18～20厘米，要垄沟和垄帮有较厚的活土层。第二遍中耕在大豆2片复叶时进行，深度以8～12厘米为宜，这次中耕可以高速作业，以提高拥土挤压苗间草的效果。第三遍中耕深度仍以8～12厘米为好，要注意保持土壤清洁层，防止伤根或培成小垄，以利机械收割。三次中耕的深度变化，一般是深～浅～浅。

病虫害防治。目前大豆生产中主要是防治大豆食心虫、大豆蚜虫、灰斑病等病虫害。

蚜虫和蓟马的防治：百株蚜量达到1 000头；蓟马每株20头以上或顶叶皱缩，且近期无大雨，温度适宜，用乐果乳油进行防治。

大豆灰斑病的防治：7月末8月初，降雨较多，当大豆30%出现灰斑时，每公顷用70%甲基托布津1.125千克或50%多菌灵1.5千克进行防治。

大豆食心虫的防治：要在测报基础上，成虫盛发期每公顷用2.5%敌杀死0.3～0.375升或2.5%功夫乳油0.3升或30%桃小灵乳油0.45升等菊酯类杀虫剂喷雾防治。

⑥化学调控。行间覆膜能提墒、增墒、增温，肥料利用率高，大豆植株生长旺盛，因此，应视植株生长状况，在初花期选用多效唑、三碘苯甲酸等化控剂进行调控，控制大豆徒长，防止后期倒伏。

⑦残膜回收。大豆行间覆膜技术的显著特点之一就是它便于残膜回收，避免白色污染。最好在大豆封垄前也就是7月初进

行，将残膜全部清理、回收。最好使用起膜中耕机进行残膜回收，随起膜随中耕，防止后期杂草生长并接纳雨水。

⑧收获。收获时，可采用分段收获和联合收获，当田间植株70%以上落叶，植株变黄时，进行机械或人工割晒。

当大豆叶片全部脱落，茎干草枯，籽粒归圆呈本品种色泽，含水量低于18%时，用带有挠性割台的联合收获机进行机械直收。

收获的标准：要求割茬不留底荚，不丢枝，田间损失小于3%，收割综合损失小于1.5%，破碎率小于3%，泥花脸小于5%。

294. 大豆行间覆膜技术应用应注意事项是什么？

第一，不能选择过晚品种，要选择在本地能正常成熟的品种。种植的密度每公顷应控制在25万株左右。第二，大豆行间覆膜技术应选择适应的区域应用，在干旱地区或干旱年份应用，有极大的增产潜力；不易在水分充足的地块应用此项技术。第三，要选用拉力强度大的膜，以有利于膜的回收，不污染环境。第四，要喷洒叶面肥，以防止后期脱肥。

295. 什么是大豆“原垄卡”种栽培模式？栽培要点？

“原垄卡”种栽培模式是在玉米等作物原垄越冬的前提下，来年经简单的耙耢作业后，在原垄上直接播种大豆。

栽培要点：(1) 通常前茬应为玉米作物，并且在玉米收获后，搞好田间清理。(2) 播种量较正常量增加10%～15%。(3) 采取播后苗前封闭灭草。(4) 苗后垄沟深松，深度35厘米；中耕三遍；喷施叶面肥2～3遍。(5) 人工拿大草1～2遍。

增产机理：“原垄卡”种大豆是在充分保持玉米原有垄形的

基础上，有效利用玉米的残肥，节省肥料的投入，田间作业少，可减少土壤水分的散失，有利于保墒增温，并可降低能耗，争得农时，便于及时播种，有利于保证苗全、苗齐、苗壮。原垄卡种大豆适合在前茬为玉米作物，整地条件较好，土壤较干旱地区应用。

病虫害防治篇

296. 在大豆叶子上出现黄斑，皱缩，叶子卷曲，部分植株矮小，籽粒上出现褐色或黑色斑纹，这是什么病引起的？对大豆有什么影响？

根据描述的症状判断，这是大豆花叶病毒引起的病毒病害，它在我国大豆产区都有发生，自北向南危害逐渐加重，是影响我国大豆产量和品质的最主要病害之一。

大豆花叶病毒病侵染大豆后，常使大豆叶片出现花叶、黄斑，随后出现卷曲、皱缩、矮化，贪青晚熟。在部分品种上出现叶片褐色坏死，甚至顶芽或侧芽枯死等，这对大豆的生长影响更为严重。

由于感病大豆叶片中叶绿素含量降，叶面积减小，影响光合面积和光合能力，造成大豆减产，一般减产5%～15%，严重年份可达60%。花叶病毒病造成病株籽粒出现褐斑，严重时病粒率达50%以上，严重降低大豆的商品品质。

297. 如何防治大豆花叶病毒病？

大豆花叶病毒通过种子传播。田间最初的病毒来自带病毒种子，带病种子长成病苗。病苗的病毒通过田间有翅蚜虫进行传播扩散。

根据大豆花叶病毒的流行特点，该病的防治应着重在（1）

选用抗病品种：不同的大豆品种对大豆花叶病毒的抗性有显著差别，目前我国各个大豆产区都育成了一批抗病性较好的品种，选用抗病品种是防治该病的最经济有效的途径。(2) 及时拔除田间的病苗，特别是留种田里的病株，减少田间病源，降低种子带毒率。(3) 清除田间和地头的杂草，铲除蚜虫的孳生和繁殖场所。(4) 通过用化学药剂杀死大豆田内蚜虫，切断病毒传播途径，控制扩散和蔓延。

298. 大豆灰斑病对大豆有哪些危害?

大豆灰斑病又俗称褐斑病。是我国北方春大豆产区的主要病害之一，尤以黑龙江省的三江平原危害最为严重，灰斑病菌可以危害大豆的叶、茎、荚、籽粒，但对叶片和籽粒的危害更为严重。在叶片上最初形成褪绿病斑，而后逐渐扩展成中间灰色，周围褐色的病斑，其形状和颜色极似蛙眼，所以该病也被称做蛙眼病。大豆灰斑病可以引起叶片枯黄，脱落，严重影响产量。由于引起籽粒斑驳，影响大豆商品品质。灰斑病幼苗期发病时，子叶上产生半圆凹陷病斑，呈深褐色，天气干旱时病情扩展缓慢，低温多雨条件下病斑发展较快，可蔓延至生长点，使顶芽变褐枯死。大豆生长后期成株叶片受害，产生红褐色小斑点以后扩展成不规则形。与正常部分分界清晰，这是区分灰斑病与其他叶部病害的主要特征。气候潮湿时，病叶背面病斑中间产生灰色霉层，发病严重时，数个病斑互相连成片，最终使病叶干枯脱落。茎秆感染后，产生椭圆形病斑，中央褐色，边缘红褐色，豆荚感染后出现圆形褐色病斑。籽粒感病后产生褐色圆形至不规则形病斑，边缘褐色，中央灰白。

大豆灰斑病是真菌引起的病害，其适宜的生长温度为 20～28℃，分生孢子萌发的最适温度为 25～33℃，低温或高温均不利于菌丝生长。灰斑病菌主要以菌丝体或分生孢子形式在大豆病残体上越冬，种子也携带部分菌丝体或分生孢子。越冬的病原成为来年灰斑病的初侵染源。它可借助风雨传播进行再侵染。多雨潮湿的气候有利于病菌的扩散。

299. 如何防治大豆灰斑病?

根据大豆灰斑病的特点，大豆灰斑病的防治可以从如下几个方面考虑：(1) 选用抗病品种。东北农业大学大豆所，合江地区农科所等单位培育了部分对灰斑病抗性较优异的品种，例如黑农37，合丰30号，合丰37，垦农18、垦农19，绥农8号等。(2) 农业防治合理轮作避免重茬，清除田间大豆残体，及时清除田间杂草，使通风透光，降低田间湿度，收获后及时深翻。(3) 种子处理：利用杀菌剂，例如50%多菌灵可湿性粉剂与50%克菌丹可湿性粉剂1∶1混合拌种可以有效降低灰斑病的危害，用量一般为种子重量的0.3%～0.4%。(4) 药剂防治：可用以下药剂喷雾防治：70%甲基托布津，36%多菌灵悬浮剂500倍液或40%百菌清悬浮剂600倍液、50%甲基硫菌灵可湿性粉剂600～700倍液、50%苯菌灵可湿性粉剂1 500倍液、65%甲霉灵可湿性粉剂100倍液、50%多霉灵可湿性粉剂800倍液，隔7～10天防治1次，整个生育期防治2次即可。

300. 如何防治大豆紫斑病?

大豆紫斑病是我国各大豆产区普遍发生的一种病害，它对产量的影响较小，但严重时也能引造成20%以上的产量损失。

紫斑病是半知菌引起的大豆病害，它在叶片上形成紫色圆形小点，以后扩大，受叶脉限制成为多角形斑或不规则斑，病斑多时合并成大斑块。气候潮湿时病斑上密生灰色霉层，是病菌的孢子，以叶背面产生的孢子最多。茎及叶柄上病斑为长条形或梭形，紫褐色或深褐色，常合并成不规则的长条。严重时整段茎或叶柄变成紫黑色。豆粒上的症状最明显，为紫色斑块，有时大部分种皮变成深紫色，有龟裂条纹。

病菌在种子内或病株残体中越冬。病粒播种后，长出的幼苗子叶上便出现褐色龟裂，幼茎上可见到病斑。

紫斑病防治方法包括：(1) 选用抗病品种为最基本的防治措施。(2) 合理轮作 (3) 清除田间残枝病叶。(4) 利用杀真菌药剂处理种子处理，例如用拌种双、多菌灵或福美双的种衣剂拌种。(5) 在开花结荚初期可喷洒多菌灵、甲基托布津等杀菌剂。

301. 大豆胞囊线虫有哪些危害？

大豆胞囊线虫病俗称“火龙秧子”是一种土传大豆毁灭性病害，是我国东北和黄淮两个大豆主产区仅次于大豆花叶病毒病的第二大病害。受害轻者减产10%左右，严重年份可减产30%～50%，甚至绝产。

大豆胞囊线虫主要危害大豆根部，被害植株发育不良，矮小，苗期感病后子叶和真叶变黄，发育迟缓，成株感病地上部矮化和枯萎，结荚减少，重者全株枯死，病株根系不发达，根瘤少而小，根系上着生许多白色或黄白色小颗粒即胞囊，发病轻的虽能开花结荚，但结实稀少。在土质疏松，透气性好的土壤上大豆胞囊线虫危害严重，黏重以及含水量高的土地不利大豆胞囊线虫生存，所以危害较轻。

线虫的生活史包括卵、幼虫、成虫三个时期。胞囊线虫的胞囊内含有几十到几百个卵。卵能很快孵出幼虫，幼虫进入土中可自由生活数周，然后侵入大豆根部，寄生在幼根皮层内。幼虫在大豆根部生长并最终成为成虫。成虫突破根的表皮露出体外与土壤中的雄虫交配，完成一代发育过程，在东北胞囊线虫一年可发生3～4代，在南方一年可发生4～5代。

大豆胞囊线虫以胞囊形式在土中越冬，成为来年初侵染来源。胞囊的抗逆性很强，可在土中存活3～4年，甚至7～8年。胞囊也可以混杂于种子、土块以及大豆残体上成为初侵染来源。大豆胞囊线虫远距离传播主要是种子。近距离传播主要途径包括田间农事操作时农具或人畜携带传播。排灌的流水或雨水携带，未腐熟的肥料也可能带有胞囊而传病。线虫本身活动的距离很短，一年仅能移动30～60厘米，所以病株在田间往往呈块状分布。

大豆胞囊线虫的发生和危害与耕作制度、温湿度及土壤类型肥力状况有密切关系，大豆连作发生重，连作时间越长，发病越重，干旱，保水，保肥能力差的土壤危害重，胞囊线虫是在土壤中侵染的，土壤温湿度直接影响它的侵染寄生活动，在发育最适温度15～27℃范围内发育速度与温度成正相关、温度越高，发育越快，发生虫量越多，最适合的土壤湿度为40%～60%，过湿氧气不足，易使线虫死亡，温度偏高、湿度适中有利于胞囊线虫的发生。

302. 如何防治大豆胞囊线虫?

防治大豆胞囊线虫的措施包括以下几个方面：(1) 由于大豆胞囊线虫在我国局部地区发生危害，而且不同地区的生理小种不同，因此应加强检疫制度，严禁将病原带入非感染区，或把其他生理小种带入不存在该小种的地区。(2) 推广抗病品种：种植抗病和耐病品种是防治大豆胞囊线虫的一项经济有效的措施。(3) 合理轮作由于线虫残留在土壤中，通过与非寄主作物的轮作、水旱轮作、抗病品种与感病品种的轮作都可以有效降低土壤中胞囊线虫的数量。(4) 加强栽培管理：选择保水、保肥的土壤种植大豆，增施有机肥，提高土壤肥力，促进植株生长健壮，增强抗病性。(5) 化学防治：在线虫浸染而又无抗病品种的地区，应用化学药剂防治大豆胞囊线虫确有效果，目前常用的有8%甲多种衣剂，药种比例为1∶75进行种子包衣处理；种衣剂26-1，防效可达68.7%，另外，还有5%甲基异硫磷等都能有效地防治大豆胞囊线虫病。因农药对环境有污染，应尽量减少使用量。（6）生物防治：应用生物防治剂如大豆保根菌剂进行防治。大豆保根菌剂是中国农业科学院生物防治研究所研制的最新成果。利用寄生在胞囊线虫雌虫上致病真菌达到杀灭线虫的目的。如草酸青霉菌、茄病镰刀菌等菌系制造的菌剂，对防治大豆胞囊线虫有较好的效果，同时兼防大豆根腐病。

303. 大豆细菌性斑点病有何危害？如何防治？

大豆细菌性斑点病又叫：细菌性角斑病主要分布在北方大豆产区，主要危害叶片，也危害幼苗、叶柄、豆荚和子粒。发病最初在叶片上形成水渍状斑点，呈褪绿色，后转变为黄色至深褐色多角形病斑，周围有黄绿色晕圈。在湿度大时病叶背后常有白色黏液，干燥后形成有光泽的膜。严重时多个病斑汇合成不规则枯死大斑，病组织易枯死脱落，病叶呈破碎状，造成下部叶片早期脱落。茎及叶柄感病形成黑褐色水渍状的条状病斑。豆荚上的病斑初呈红褐色小点，逐渐变成黑褐色不规则形斑点，多集中在豆荚的合缝处。种子上病斑不规则，呈褐色，剥开后常见病粒上覆盖一层菌脓。

细菌性斑点病菌在种子上或未腐熟的病残体上越冬。翌年播种带菌种子，出苗后即发病，成为该病扩展中心，病菌借风雨传播蔓延。多雨及暴风雨后，叶面伤口多，利于该病发生。连作地发病重。

细菌性斑点病菌防治应侧重以下措施：（1）与禾本科作物及棉、麻、薯类等作物进行3年以上轮作轮作，收获后及时深翻，促使病残体加速腐烂。（2）选用抗病品种。（3）使用充分腐熟的有机肥。(4) 种子处理：播种前用种子重量0.3%的50%福美双拌种。(5) 发病初期喷洒50%多菌灵或30%绿得保悬浮液400倍液，视病情决定防治次数，一般2～3次。

304. 如何防治大豆锈病?

大豆锈病俗称豆锈病，主要分布在长江以南秋大豆产区，且有从南向北蔓延的趋势。大豆锈病属气传、专性寄生病害，发病后一般损失10%～30%，严重的可达50%，早期发病甚至造成绝收。

大豆锈病主要发生在叶片、叶柄、茎秆等部位，其中以叶片危害最重。大豆整个生育期均能被感染。发病初期叶片上出现褐色小点，以后病斑逐渐扩大，呈黄褐色，红褐色，紫褐色或黑褐色小斑，病部渐隆起，形成夏孢子堆，单个病斑约1毫米左右，病斑密集时，形成被叶脉限制的坏死斑，病斑表皮破裂，散出很多锈色夏孢子。发病后期，气温下降，可产生黑色冬孢子堆。植株一般先从下部叶片感病，向上蔓延，叶片迅速发黄，并提早脱落。

大豆锈病病原菌在8～25℃均可萌发，在适合的温度条件下，雨量是决定病害流行的重要因素，雨量的多少直接影响病害发生的程度。田间湿度及土壤含水量对发病也有一定的影响，低洼易涝，湿度大的田块发病严重，排水良好的田块发病轻。同时，因田间湿度大，植株生长差，抗病力减弱，有利于病菌的侵入和繁殖，导致病害严重发生。大豆品种对锈病的感病程度有很大差异。

大豆锈病防治方法包括 (1) 选用抗病品种：不同的大豆品种对大豆锈病的抗病性不同，各地可因地制宜地选用抗病良种，这是防治大豆锈病最经济有效的措施。根据各地特点可选择种植抗病或耐病品种。常见的抗病品种包括中豆19、油84-87、早春1号等。(2) 农业防治：适当调整播种期，一般过早播种病害严重，各地应根据当地实际，在保证成熟的情况下，适当迟播，避开病害发生高峰时期，从而减轻大豆锈病危害。合理密植，增加通风透光；采用高畦或垄作，开沟排渍，降低田间湿度，同时加强田间管理，适当增施磷、钾肥，以提高大豆的抗病能力。(3) 化学防治：在大豆锈病发生初期可施用药剂进行防治。常用的有15%粉锈灵1 500倍液；75%百菌清750倍液；70%代森锰锌500倍液。隔10天左右喷1次，连续喷2～3次即可。

305. 如何防治大豆霜霉病?

大豆霜霉病主要发生在黑龙江、吉林、辽宁、山西、河南等气候冷凉的地区，春大豆与夏大豆产区均有不同程度的发生。霜霉病使大豆植株早期落叶，严重影响大豆的产量和品质。

霜霉病从大豆苗期到结荚期均可发生，主要危害大豆幼苗、叶片、豆荚和籽粒。幼苗受害，在复叶展开后便开始显症，先在叶片基部出现褪绿斑块，以后沿叶脉向上扩展，使叶片大部分甚至全部变为淡黄色。气候潮湿时，病斑背面密生灰色霉层。病苗生长受阻，植株矮小，病重时幼苗早期死亡，病轻时植株结荚很少或不结荚。成株期叶片受害，先在叶片表面产生黄绿色斑点，扩大后变成黄褐色，形成多角形枯斑。病斑背面密生灰白色霉层。发病严重时数个病斑扩展连在一起，形成黄褐色大斑块，致使叶片干枯，脱落。豆荚受害，其外表不产生明显症状，但剥开病荚，可见其内壁有灰色霉层，病荚内所结的种子，表面布满一层白霉，即病菌的菌丝体和卵孢子。

大豆霜霉菌是以卵孢子在病残体和种子上越冬，并随种子进行远距离传播；带菌种子和病残体是霜霉病的初次侵染来源，在种子越冬的卵孢子萌发产生游动孢子，侵入大豆胚茎，引起幼苗发病。病苗上产生的孢子囊，通过风雨传播扩大再侵染。病残体内越冬的卵孢子萌发侵染幼苗。结荚后，病株内的菌丝经过茎和果柄扩展到荚内造成种子发病，并在种子表面形成卵孢子。种子带菌率越高发病越严重，并且为后期成株发病提供大量菌源。霜霉病的发生与温度、湿度、雨量关系密切。种植密度过大，高湿，温度在20～24℃时有利于该病的发生；在苗期感染后造成系统侵染，中心病株在开花结荚期扩散和蔓延。高温干旱条件下病害发生轻。

防治方法包括：(1) 选用抗病品种：大豆品种间对霜霉病的抗性有明显差异，在相同的栽培条件下，不同品种发病程度不同。可选用如绥农4号、绥农6号、合丰25号、东农36号、黑农21号、早丰5号、九农2号、九农9号等。(2) 轮作：病株残体上的卵孢子是霜霉病重要的初侵染来源之一。大豆连作，发病严重。因此，大豆与禾本科作物实行二年轮作，可有效的减轻发病。(3) 彻底清除田间病株残体可减少第二年病害的初次侵染来源。(4) 种子处理：用50%福美双可湿性粉剂按种子重量的0.5%拌种或50%多菌灵可湿性粉剂按种子重量的0.7%拌种。以及70%敌克松可湿性粉剂按种子重量的0.3%拌种。(5) 喷药防治：发病始期喷药进行防治，每隔15天喷一次，连续喷2～3次。常用药剂有75%百菌清可湿性粉剂500～1 000倍液；75%瑞毒霉可湿性粉剂500～1 000倍液；50%福美双可湿性粉剂500～1 000倍液；65%代森锌可湿性粉剂500～1 000倍液。

306. 大豆菌核病有何特点？如何防治？

大豆菌核病又称白腐病、死秧子病、白绢病。全国各地均可发生。黑龙江、内蒙古为害较重，流行年份减产20%～30%。病害严重的地块甚至绝产。该病危害地上部，在大豆苗期、成株期均可发病，造成苗枯、叶腐、荚腐等症状，但以成株花期发生为主，受害最重。

大豆菌核病致病真菌主要侵染大豆茎部，田间植株上部叶片变褐枯死，茎部或分枝产生褐色病斑。湿度高的病斑上产生白色絮状菌丝体，并渐渐形成白色不规则颗粒状菌丝团，以后变为灰色，直至最终形成黑色菌核，分散排列在病株茎部内外。后期病斑组织破碎，露出木质部，严重的整株死亡。叶片被害时呈暗青色、水渍状、腐烂，有时有絮状菌丝。也能侵染豆荚，使荚内种子腐烂、干皱、无光泽，严重时导致豆荚不能结实。

大豆茎部形成的菌核圆柱形、鼠粪状或不规则型。菌核落在土壤里或在病株残体以及混在种子内越冬，越冬后的菌核在环境适宜的条件下产生子囊盘和子囊孢子成为田间的初侵染源。子囊孢子通过风、气流飞散传播蔓延进行初侵染。再侵染则通过病健部接触传播或菌丝碎断传播，条件适宜时，特别是大气和田间湿度高，菌丝迅速增殖，2～3 天后健株即发病。菌核在田间土壤深度 3 厘米以上能正常萌发，3 厘米以下不能萌发，在 1～3 厘米深度范围内，随着深度的增加菌核萌发的数量递减。菌核从萌发到弹射子囊孢子需要较高的土壤温度和大气相对湿度。要求适宜的土壤持水量为 27%至饱和水，过饱和不利于菌核萌发，却会加快菌核腐烂。该病发生流行的适宜温度为 15～30℃、相对湿度在 85%以上。一般菌源数量大的连作地或栽植过密、通风透光不良的地块发病重。

菌核病的防治措施包括（1）种植抗病品种，例如合丰 25、合丰 35 抗性均较好。（2）精选种子：播种前，将种子过筛以清除混杂于种子间的菌核。（3）深翻：实行秋季深翻，深度不小于 15 厘米，将落入田间的菌核埋入土壤深层，使其不能萌发。（4）清除田间病株残体。（5）轮作：与非寄主作物或禾本科作物实行 3 年以上轮作，避免重迎茬，可减轻大豆菌核病的发生。（6）加强田间管理，及时排除田间积水，降低田间湿度，合理施肥与密植，适当控制氮肥的施用量，增施钾肥。在菌核萌发前铲趟，破坏子囊盘可减轻发病。（7）药剂防治：用 40%纹枯利可湿性粉剂 800～1 200 倍液或 50%速克灵可湿性粉剂 2 000 倍液，于菌核病发病初期叶面喷雾，隔 7 天补喷 1 次。在该致病真菌子囊盘萌发盛期，可用 40%菌核净可湿性粉剂 1 000 倍液喷雾。

307. 在我国大豆根腐病有哪些种类?

大豆根腐病是大豆苗期根部真菌病害的统称。我国大豆根腐病菌主要有三种类型。(1) 镰刀菌根腐病：东北地区、山东省、江苏省、安徽省都有发生，是三种根腐病中发生最普遍的一种。幼苗的根及茎基部产生褐色或红褐色长条不规则病斑。发病轻时，后期可恢复正常，病重时使病株萎蔫，幼苗枯死。(2) 腐霉根腐病：东北及黄、淮海豆区均有发生。多发生在土壤潮湿或有积水的地块。这种根腐病不及镰刀菌根腐病菌发生普遍，但危害性较大，引起出土前或出土后幼苗猝倒、枯死。(3) 疫霉根腐病：近几年在黑龙江等省零星发生，有上升趋势。病害发生在潮湿或有积水的地块，发病面积不大，但危害性很大。病害除引起出土前后幼苗腐烂外，至分枝期还可危害。

308. 大豆疫霉根腐病有哪些特点?

大豆疫霉根腐病 1995 年被列为国内检疫对象，是一种毁灭性病害。它在我国局部发生，黑龙江省大豆产区发生面积逐年增加，危害程度逐年加重。该病可造成种子、根、茎腐烂，在大豆整个生育期均可侵染危害，使植株逐渐枯萎死亡，在感病品种上可造成 25%～50%的损失，个别感病品种损失可达 60%～75%或更多，甚至绝产。

大豆疫霉可侵染任何生育阶段的大豆。在大豆出苗时在子叶和真叶基部发病形成褐色病斑，2～3 天后褐色斑中间呈灰白色，后期病斑边缘呈褐红色水渍状，幼苗猝倒死亡。叶片水渍状，不退色。复叶期发病部位一般在茎基部1～4节间，褐色，叶片退绿变黄，不脱落呈“八”字形下垂。病斑继续向上部扩展，病部茎干枯死亡，呈黑褐色，有的表面着生白色霉状物。花荚期病斑出现在基部至12节间，有的分枝也发病。发病前期，病斑呈红褐色，椭圆形或不规则形，稍有凹陷。病菌逐渐向上，向周围及茎内部侵染。发病中期，随着病情加重，病斑扩大，颜色变为浅褐色，病菌由表皮向髓部侵染，髓部呈水渍状。发病后期，病斑长度约在4～18厘米之间，茎部皮层和维管束组织变色坏死，植株叶片变黄下垂，整个植株萎蔫，节间发病的叶柄脱落。鼓粒期发病时，病部有明显的不规则黑褐色小斑，有些豆荚也感病，最初在豆荚基部呈水渍状，逐渐往端部扩展，致使整个豆荚变褐干枯，豆荚表皮失去光泽呈淡褐色。种子受害干瘪皱缩，青绿色或有褐色斑，部分种子因表皮皱缩呈现出网纹，且籽粒体积明显变小。

大豆疫霉是典型的土壤真菌，病菌以抗逆性强的卵孢子在土壤、病残体、种子内越冬。当来年温湿度条件适宜时，卵孢子打破休眠萌发，并长出芽管发育成菌丝体和孢子囊，孢子囊在土中不断形成，积累，当土壤积水时，产生大量游动孢子，并从孢子囊中释放出来，通过土壤中的水流传播，游动孢子被吸引到发芽的种子、幼根和老根渗出液周围，并聚集在那里进行休止，然后萌发再侵入寄主根部，病菌在根组织细胞间生长，以小球状或指状吸器伸入寄主细胞内。根系受侵后，向上扩展蔓延至茎部和下部侧枝，当风雨将病土颗粒吹落到叶面时，出现叶部侵染，如阴雨潮湿，叶部感染更重并向叶柄和茎部蔓延。

土壤湿度是影响大豆疫病严重发生的关键因素，饱和的土壤湿度有利于游动孢子的形成和传播，如果土壤被水淹没或下雨后排水不良，游动孢子大量形成并释放，有利于病害发生。此病通常发生在难以耕作的粘重土。土壤温度是影响病害的另一个重要环境因素，冷凉潮湿有利于此病的发展，在土温高达35℃时，植株很少出现症状。疏松的土壤发病较轻。

309. 如何防治大豆根腐病?

引起大豆根腐病的病原物有几种类型，在东北主要是尖孢镰刀菌，在黄淮地区主要是茄病镰刀菌，其他还有立枯丝核菌、木贼镰刀菌以及疫霉菌。由于它们都属于真菌引起的，所以其防治措施类似，主要包括（1）加强检疫：由于大豆疫霉根腐病局部发生，应加强检疫，防止疫区扩大，特别是加强对疫区调出种子的检疫。（2）推广抗病品种：不同品种对大豆根腐病的抗性有很大差异，因此，在发病地区广泛使用抗病或耐病品种，以减轻或避免病害的发生。（3）加强田间管理，及时排除田间积水，中耕松土，多施有机肥，增加土壤通透性，有利于减轻发病。（4）实行轮作：轮作可以减少土壤中的病原数量，减轻发病。化学药剂用瑞多霉处理种子可有效抑制苗期猝倒。瑞多霉是内吸性杀真菌剂，主要集中在地上部分，保护根系的能力较弱，还可用做土壤处理，尤其是和耐病品种结合应用时效果较好。还可用70%百德富锰锌、64%杀毒矾和72%克露可湿性粉剂在播种前进行种子处理，用药量为种子量的0.3%～0.38%。

310. 如何防治大豆菟丝子?

大豆菟丝子又称黄丝藤、黄金狗丝草、无根草，是一种大豆田间一年生恶性寄生杂草。它在我国各大豆产区都有危害。大豆菟丝子造成大豆生长不良，严重时减产50%以上，甚至绝产。

大豆菟丝子藤茎丝线状，黄色或淡黄色，叶退化成鳞片状，茎先端能旋转，接触到大豆等寄主就缠绕在寄主茎上，吸根伸入寄主体内，吸取大豆体内养料和水分，使大豆生长不良或枯死。菟丝子果实球形，内有种子2～4粒；种子表面粗糙，淡褐色。

菟丝子种子成熟后落入土中，在土中越冬，也可有一部分混入大豆种子中，随种子播种时回到田间，或作远距离传播。春季菟丝子种子遇到温、湿度适宜时萌发，长出胚根，固定土中。另一端伸出幼芽，生长成为黄色茎蔓，茎蔓生长迅速，遇大豆便缠绕豆茎，产生吸盘伸入豆茎内吸取养分。此时茎与胚根断离，完全靠大豆的养分生长。菟丝子的种子萌发后如遇不到寄主，7～10天后死亡。菟丝子藤的再生能力很强，折断的一小段的藤上只要有一个生长点就可以发育成一株新的菟丝子，再为害大豆。菟丝子种子在土中可保持发芽力5～7年。

菟丝子防治方法有：(1) 清选种子：菟丝子种子很小，用过筛方法很容易消除混于大豆种子中的菟丝子种子。(2) 轮作：菟丝子一般不寄生禾本科作物，因此与禾本科作物轮作可以减轻危害。(3) 深翻：菟丝子种子小，幼苗生长细弱，幼苗出土能力低，种子在土表7厘米以下不易发芽出土，深翻可大量减少菟丝子幼苗出苗率。(4) 拔除病株：菟丝子出现初期尚未开始结种子，应及时连同病株一起拔除，带出豆田，晒干烧毁。(5) 药剂防治：许多除草剂可以防治菟丝子，其中地乐胺防治效果最好。国产48%的乳剂150～200倍稀释液，始花期喷洒，防效可达80%以上。大豆始花期后抗药能力增强，此时菟丝子种子大多已经萌发，容易发现，可只喷洒病株，喷药后3～5天菟丝子变褐色，枯死脱落。另外每667米^{2}用48%拉索乳油200毫升，对水30千克，在大豆出苗、菟丝子缠绕初期均匀喷雾。每亩用86%乙草胺乳油100～170毫升对水50千克均匀喷雾于土壤都有较好的防除效果。

311. 如何防治大豆食心虫？

大豆食心虫又称小红虫，属鳞翅目小卷叶蛾科，俗名大豆蛀荚蛾，是我国北方大豆产区的主要害虫。大豆食心虫幼虫共分4

龄，初产时淡黄色，入荚脱皮后变为乳白色。末端幼虫体长 8～10 毫米，老熟后呈红色，略呈圆桶型。成虫红褐色，体长 5～6 毫米，雄蛾颜色较浅，雌蛾较深。

大豆食心虫以幼虫危害大豆籽粒，幼虫蛀入豆荚，取食豆粒，轻者吃成“兔嘴”，重者可把豆粒吃成大半。形成虫口破瓣，严重时豆粒被吃光。主要发生区一般年份虫食率 10%左右，严重年份达 34%～40%，甚至 80%以上，造成减产和大豆品质下降。

大豆食心虫在东北一年发生一次，以老熟幼虫在土中作茧越冬。第二年 7 月中旬开始上升到表土层，陆续化蛹，7 月末 8 月初出现成虫，8 月中、下旬产卵，并孵化成幼虫。幼虫蛀荚为害期为 20～30 天，而后开始脱荚，入土结茧越冬。大豆食心虫成虫出土后由越冬场所飞到大豆田，成虫交配多停留在豆叶上，交配后第二天雌成虫产卵。产卵时间多在黄昏时候。成虫产卵对豆荚的大小、部位及品种特性有明显的选择性：卵主要产在多毛的豆荚上，以 3～5 厘米长的豆荚最多，每雌虫可产卵 80～200 粒。产卵期为 5 天。卵期约为 1 周左右。卵化出的幼虫行动敏捷，多以豆荚合缝附近钻入豆荚，开始咬食豆粒。幼虫在荚内为害直至末龄，此时正值大豆已成熟，逐渐脱荚落土作茧越冬。

大豆食心虫防治方法：(1) 选用抗虫品种，一般豆荚无毛或少毛的品种较抗虫。(2) 生物防治：利用赤眼蜂在大豆食心虫产卵盛期放赤眼蜂 1～2 次；也可用白僵菌防治，每公顷用菌粉 7.5～9.75 千克，加细土 90 千克，混拌均匀，在 9 月上旬食心虫脱荚之前撒在豆田的垄台上。(3) 药剂防治：在成虫盛发期封垄比较好的情况下，用 80%的敌敌畏乳油制成毒棍，每隔 4 垄插一行，熏蒸防治。另外可用菊酯类农药进行防治。如用 2.5%溴氰菊酯乳油，每 667 米^2 商品量 30 毫升，或用 5%来福灵，每 667 米^2 商品量 25 毫升，对水 30～40 千克喷雾。幼虫的防治应掌握在幼虫未蛀入豆荚前。

312. 地老虎有哪些种类？如何防治？

地老虎又称地蚕、土蚕等，属于鳞翅目，夜蛾科，它们属于多食性害虫，除危害大豆外，也危害许多其它作物，但以双子叶植物为主。地老虎分布广，种类繁多。主要有小地老虎，黄地老虎，白边地老虎，警纹地老虎，大地老虎，显纹地老虎，八字地老虎等。

在地老虎家族中，小地老虎分布广，种群数量大，在全国各地均有发生与危害。小地老虎，各地 1 年发生世代略有不同，一般 3～5 代，每代共有 6 龄，1～2 龄幼虫常群集在幼苗心叶或叶背上取食叶肉，留下一层表皮，也咬食成小孔洞或缺刻，因取食量小，不易被发现。3 龄后幼虫，白天潜伏于表土下或阴暗处，夜出咬嫩茎，将嫩头拖入土穴内取食。4 龄后进入暴食期，危害明显。小地老虎成虫喜食甜酸味的液体、发酵物、花蜜及蚜虫排泄物等，由于早春蔬菜茬蚜虫发生较重以及油菜茬残枝落叶腐烂发酵物多，对小地老虎成虫诱集作用强，田间落卵量高。在此类茬口上种植大豆地老虎危害一般较重。

小地老虎，成虫体长 16～23 毫米，灰褐色。老熟幼虫体长 37～50 毫米，头部黄褐色至暗褐色，体深灰色，背面有暗色纵带。体表粗糙，密布黑色圆形小突。

地老虎的越冬虫态因种类不同而异。许多种类以老熟幼虫或蛹越冬，如警纹地老虎、八字地老虎。有些种类以卵态幼虫越冬，如白边地老虎。同一种类的越冬虫态常因不同地区的气候条件不同而异。有的种类在气温低的地区越冬，在温暖地区则不越冬。如小地老虎在南岭以南冬季能继续生长，繁殖危害；在南岭以北，能安全越冬；在江淮以北地区，田间越冬存活率很低。越冬场所多在地表之下，深度因各地区温度不同而异。

地老虎综合防治包括（1）农业防治：作物收获后及时翻耕，

冻垡，使土壤疏松，不利于幼虫在土壤中越冬；清除作为小地老虎产卵场所的田间残枝落叶及杂草；在作物苗期结合中耕锄草，消灭卵和幼虫。(2) 诱杀：作物出苗前，在田间每隔3～4米堆放一些新鲜菜叶，诱集幼虫，每日清晨翻菜叶捕杀幼虫。对高龄幼虫可在清晨拨开被咬断幼苗附近的表土，进行捕捉；在成虫盛发期用糖醋液（3份红糖、4份醋、1份酒、10份水，混合后加入0.1%的敌敌畏乳剂）诱杀，将糖醋液倒入事先备好的诱捕器内，并用三角架支撑在离地面1米高处，一般每公顷放个诱捕器；用竹竿、稻草或麦秆扎成草把，插于田间引诱成虫产卵，每隔5天换1次，将草把集中烧毁，消灭虫卵。(3) 化学防治：毒土：在播种前每667米^{2}用50%辛硫磷0.5千克，加水适量，喷拌细土30千克撒施于幼苗根际附近。毒饵：用90%敌百虫晶体100～150克，加适量水配药液，再拌入炒香的米糠或麦麸6千克制成毒饵，每667米^{2}用3千克，傍晚撒施于作物畦面上，引诱毒杀。喷雾：1～2龄幼虫用90%敌百虫晶体1 000倍液喷药防治。灌根：3龄后幼虫用90%敌百虫晶体1 000倍液或50%辛硫磷1 500倍液，每株用250毫升进行灌根防治。(4) 生物防治：地老虎的天敌有近20种，因此，要注意对其天敌如寄生蜂、寄生蝇的保护和利用，以充分发挥天敌的控制作用。

313. 豆荚螟有哪些生活习性？如何防治？

豆荚螟又称豆蛀虫、红虫、豆荚斑螟等。属鳞翅目，螟蛾科。它属于寡食性害虫，仅危害大豆、豇豆、豌豆、绿豆、菜豆、扁豆等豆科植物。它以幼虫蛀食豆荚、花蕾和种子，造成瘪荚、空荚，并由于粪便堆积，引起腐烂，严重影响产量和品质。豆荚螟在我国的分布很广，南方危害重于北方。

豆荚螟每年发生代数因地而异，东北2～3代，华南可达6～7代。豆荚螟一般以老熟幼虫在寄主附近土表下结茧越冬，少数以蛹越冬。来年春天温度适合时破土羽化为成虫，成虫日间多栖息于豆株叶背，或杂草丛中，傍晚开始活动。成虫将卵产于大豆的豆荚上，豆荚螟喜欢选择有茸毛的豆荚产卵。在没有豆荚时，也可产在大豆的其它部位。每个雌虫平均产卵88～100粒，产卵期平均4～5天。

豆荚螟的发生与多种因素有关。土壤湿度对越冬幼虫的死亡率影响较大，当土壤水分饱和时，可使越冬幼虫全部死亡；在夏季和降水量有关，降水量大的年份，由于土壤含水量高，可导致幼虫和蛹窒息死亡；同样，灌溉也能影响幼虫和蛹的死亡率。温度是影响发育的最重要因子，在一定温度范围内，温度的高低与完成一代所需要的天数成正相关。天敌也是制约该虫发生数量的重要因素之一，其中以寄生性天敌影响为主，据报道，寄生性天敌有40多种，主要是茧蜂科的种类；其次是白僵菌。

对豆荚螟的防治措施包括：(1) 农业防治：及时清除田间落花、落荚，摘除被害卷叶和果荚，集中销毁；在花期和结荚期灌水。与非豆科作物轮作；深翻土地，使幼虫和蛹暴露在外，被天敌捕食。(2) 生物防治：在老熟幼虫入土前，田间湿度高时，可施用白僵菌粉剂，667米^{2}用1.5千克加细土4.5千克撒施。保护自然天敌，发挥控制作用。(3) 化学防治：从花期开始，在幼虫卷叶前选用特效农地乐52.25%乳油800倍液，或1605乳油1 500倍液，或敌杀死1 000倍液倍液加40%氧化乐果500倍液，于早上8时以前，太阳未出之时，集中喷施，每7～10天防治1次，连续2～3次，效果较好。

314. 如何防治斜纹夜蛾？

斜纹夜蛾又称莲纹夜蛾、斜纹夜盗蛾，是一种杂食性的害虫。此虫属鳞翅目，夜蛾科。它的分布较广，在我国黄淮以及南方大豆产区均有发生危害，是危害大豆的主要虫种之一。一般造成损失 15%，严重的达到 25%～30%，个别田块甚至可达 60%。

斜纹夜蛾是一种暴食性，多食性害虫，可危害豆科，十字花科，茄科，百合科等多种作物。斜纹夜蛾初孵幼虫群栖叶背取食叶肉，二龄以后分散危害，3 龄前仅食叶肉，残留上表皮及叶脉，呈白纱状后转黄，易于识别，三龄以后，进入暴食期。多在傍晚出来为害。幼虫共 6 龄，老熟幼虫在 1～3 厘米表土内一椭圆型土室化蛹，成虫昼伏夜出，有假死性，傍晚开始活动，取食，交配，产卵。成虫飞翔能力很强，有趋光性，特别对黑光灯有强烈的趋向。卵多产于高大，茂密，浓绿的边际作物上。

斜纹夜蛾一年发生 5～6 代，7～8 月大发生，发育适温为 29～30℃。夏季高温干旱是斜纹夜蛾大发生的有利气候条件。

斜纹夜蛾的防治：(1) 农业防治 及时翻耕空闲田，清除田间杂草；人工采摘卵块，捕杀初孵化幼虫，带出田外集中处理；在幼虫入土化蛹高峰期，结合农事操作进行中耕灭蛹；种植诱集作物，集中诱杀。(2) 生物防治：大力推广白僵菌，Bt 乳剂，阿维菌素等生物药剂防治。(3) 化学防治：在卵块孵化后到 3 龄幼虫前，幼虫尚未分散时可用 20%米满或 52.25%农地乐，每公顷用量 600 毫升。(4) 黑光灯诱杀成虫。

315. 甜菜夜蛾对大豆的危害及如何防治？

甜菜夜蛾属鳞翅目，夜蛾科。在我国分布较广，近几年在南方对大豆的危害日益加重。该虫成虫的体色和前翅为灰褐色，后翅为白色，略带粉红闪光。幼虫体色变化较大，有绿、暗绿、黄褐、黑褐等，幼龄色偏绿，高龄虫体色较深。甜菜夜蛾以幼虫取食大豆叶片，严重时可把叶片吃光，对大豆危害相当严重。

甜菜夜蛾在长江流域一般发生 5～6 代，1～2 代危害杂草，3～4 代危害夏大豆。成虫在土中羽化，白天藏于杂草和土缝中，夜晚出来危害。幼虫取食也在夜晚，初龄幼虫群居在叶背部，取食背部叶肉，只留下表皮。3 龄后分散危害，4 龄后食量大，危害严重。

甜菜夜蛾的防治可参考斜纹夜蛾的防治方法。

316. 大豆卷叶螟有哪些生活习性？如何防治？

大豆卷叶螟又名大豆卷叶虫，属鳞翅目螟蛾科。在各地都有发生，是南方大豆上的主要食叶性害虫之一。主要为害大豆、豇豆、菜豆、扁豆等豆科作物。以幼虫蛀食花、蕾和豆荚，致使蕾、花、荚大量脱落、影响品质和产量。近年来，大豆卷叶螟有加重发生的趋势。

大豆卷叶螟初孵幼虫蛀入花蕾和嫩荚，被害蕾容易脱落，被害荚的豆粒被虫咬伤，蛀孔口常有绿色粪便，虫蛀荚常因雨水灌入而腐烂，影响品质和产量。幼虫为害叶片时，常吐丝把两叶粘在一起，躲在其中咬食叶肉、残留叶脉。幼龄幼虫不卷叶，3 龄开始卷叶，4 龄卷成筒状。叶柄或嫩茎被害时，常在一侧被咬伤而萎蔫至凋萎。

大豆卷叶螟成虫昼伏夜出，有趋光性，喜在傍晚活动，取食花蜜，多把卵产在生长茂盛、生长期长、成熟晚、叶宽圆、叶毛少的品种上，卵散产在大豆叶片背面，一般 2～3 粒，卵扁圆形、淡黄色，初孵幼虫取食叶肉，稍大后吐丝将豆叶卷折，潜居其中取食，幼虫有转移为害习性，性活泼，遇惊扰后迅速后退逃避，老熟后在卷叶中化蛹。大豆卷叶螟生活史不整齐，一年发生 2～3 代。以蛹在土壤中或残叶中越冬，翌年春季气温升高时，越冬蛹开始羽化，成虫产卵，卵孵化出的幼虫开始危害，幼虫共有 6 龄，大豆卷叶螟一个世代约为一个月左右。大豆卷叶螟喜欢多雨湿润气候，一般干旱年份发生较轻，生长茂密的豆田重于植株稀疏田，大叶、宽圆叶、叶毛少的品种重于小叶、窄尖叶、多毛的品种，生长期长、晚熟品种重于生长期短以及早熟品种。

大豆卷叶螟的防治：（1）农业防治：及时清除田间残枝落叶，减少越冬虫量；利用黑光灯诱杀成虫；幼虫发生初期摘除田间卷叶，用手捏杀幼虫。（2）选用早熟、窄尖叶、多叶毛、抗虫品种。（3）化学防治：发现初孵卵幼虫时即开始喷药，可选用90%晶体敌百虫1 500倍液，或25%快杀灵、26%灭灵皇、50%辛氰乳油、25%扑虫净等1 500倍液喷雾防治或4.5%高效氯氰菊酯乳油2 000倍药液。每10天左右喷施一次。（4）生物防治：可用每克含100亿个孢子HD-1或“7216”500～600倍悬浮液喷雾，使用生物农药应从开花期开始防治，10～15天后再喷一次。

317. 如何防治大豆红蜘蛛？

大豆红蜘蛛属蛛形纲，蜱螨目，俗名火龙，火蜘蛛。危害豆类、棉花，瓜类及禾谷类等作物，是一种杂食性害虫，红蜘蛛在全国各大豆产区均有发生，但干旱少雨地区或季节发生危害较重，红蜘蛛一般可使大豆减产5%～20%，严重减产20%～60%，甚至绝收。

大豆红蜘蛛的成虫，幼虫或若虫以刺吸式口器危害大豆，在大豆叶片背面吐丝结网并吸食叶汁，受害大豆叶片上最初出现黄白色斑点，以后随着红蜘蛛繁殖增多、吐丝结网，网间略具红色斑块且有大量红蜘蛛潜伏，受害叶片造成局部以至全部卷缩，枯黄，脱落。红蜘蛛一般先危害大豆下部叶片，以后逐渐向上转移。受红蜘蛛危害的大豆苗生长迟缓，矮小，叶片脱落，结荚数减少，结实率降低，百粒重下降，甚至造成田间呈点、块状成片枯死，对大豆的产量影响很大。

大豆红蜘蛛一年约发生10代左右，发生代数与气象条件关系密切，它以成虫在寄主枯叶下，杂草根部或土缝里越冬，第二年气温回升后开始活动，先在小蓟，小旋花，蒲公英，车前草等杂草上繁殖危害，6～7月转移到大豆上危害，7月中下旬到8月初随着气温增高，繁殖速度加快，迅速蔓延进入危害盛期，8月中旬后逐渐减少，到9月份随着气温下降，开始转移到越冬场所，10月份开始越冬。大豆红蜘蛛每一世代所需时间与温度高低密切相关，高温、干旱有利于红蜘蛛繁殖，因此危害加重。其繁殖最适宜的温度是28～30℃之间，最适宜相对湿度在35%～55%之间。低温、多雨、大风对大豆红蜘蛛的繁殖不利。红蜘蛛幼虫及一龄若虫体小而弱，不甚活动。二龄若虫则很活泼，食量也大，善于爬行转移，有时亦可随风传播扩散。所以，在田间常呈现出从田边或田中央先点片发生，再蔓延到全田的特点。

红蜘蛛的防治包括：(1) 农业防治：大豆红蜘蛛在植株稀疏长势差的地块发生重，因此，要保证出苗率，合理施肥，做到苗齐苗壮，增强大豆自身抗红蜘蛛能力；田间杂草也是红蜘蛛的寄主，及时清除杂草，可减少田间红蜘蛛的数量并减轻危害；合理灌水，防止干旱有利减低繁殖速度，减轻危害。(2) 生物防治：保护红蜘蛛的天敌，可以降低红蜘蛛的虫口密度。田间红蜘蛛的天敌很多，例如食螨瓢虫、异色瓢虫、七星瓢虫等各类瓢虫、大、小草蛉、小花蝽以及食虫蓟马等，在天敌活动高峰时，注意不要使用农药。(3) 化学防治：在红蜘蛛点片发生，而气候有利其繁殖时，应及时采用化学防治，控制蔓延。可用40%氧化乐果乳油1 500倍液，20%三氯杀螨醇乳油500～600倍液，20%灭扫利乳油2 000倍液，5%尼索朗乳油1 500倍液，10%天王星乳油3 000倍液等喷雾。为避免害虫产生抗药性，应交替用药或混合用药。

318. 如何根据蛴螬的生活习性进行综合防治?

蛴螬又名白土蚕，是金龟子科幼虫的总称，属于鞘翅目。其种类繁多，分布甚广。蛴螬以幼虫危害为主，幼虫取食地下部分，包括根部、茎的地下部分以及萌动的种子，可以咬断茎根，吃光种子，造成幼苗死亡或种子不能萌发，以致形成缺苗断垄。成虫可取食叶片，重时也可以将叶片吃光。蛴螬属多食性害虫，食性杂，除了危害大豆外，也危害花生、玉米、小麦、马铃薯、烤烟、中药材、果树等作物。

蛴螬一般一年发生一代，少数种类一年发生2～3代或两年一代。以幼虫或成虫在土壤深处越冬。其活动危害与土温关系密切，在土中位置随季节作周期性变化。春季气温回升时升上至表土层活动为害。此时正是东北地区大豆种子萌芽、幼苗生长季节，作物受害严重。夏季气温高，土壤干燥，则潜入土壤较深处活动。秋季气温下降，它又上升至表土层活动，继续为害作物。10月以后，天气逐渐变冷，气温明显下降，它又陆续潜入土壤30厘米左右深处越冬。土壤湿度对其发育关系密切，最适含水量为20%左右，过干或过湿都会造成大量死亡。蛴螬喜欢生活在中性或微酸性土壤中，酸、碱度过大均不适宜其生长发育。土壤结构疏松，有机质多，保水性能好，有利于发生。一般淤泥土的虫量高于壤土，而砂土地发生较少，牲畜粪、腐烂的有机物有招引成虫产卵的作用，施用未腐熟的农家肥一般发生较重。

蛴螬的防治：(1) 秋季耕翻灭虫，秋季适当深耕多耙，可以起到机械杀伤、天敌捕食、低温冻杀的作用。(2) 适度灌水，使部分蛴螬会因窒息而死亡。(3) 施用充分腐熟的农家肥。(4) 水旱轮作可以降低虫口密度，减少危害。(5) 化学防治：使用辛硫酸、甲基硫环磷、乐果等药剂拌种；在成虫金龟子发生盛期，用1.5%乐果粉，2.5%乙敌粉（1%乙基对硫磷和3%敌百虫混合粉剂）每667米^{2}1～2千克进行喷粉防治金龟子效果好。也可用40%乐果或40%氧化乐果乳油800倍液，在被害作物上喷雾防治。

319. 如何防治大豆造桥虫？

大豆造桥虫也叫步曲虫、打弓虫。属鳞翅目夜蛾科，每年发生2～3代，常以幼虫咬食大豆叶肉，造成孔洞、缺口，严重时可吃光叶片，造成落花、落荚，减产10%～15%。

大豆造桥虫是多种造桥虫的总称。其中对大豆危害较重的有银纹夜蛾和大豆小夜蛾，这两种均属爆发性害虫。发生在大豆田的造桥虫还有云纹夜蛾、大造桥虫、豆髯须夜蛾、髯须夜蛾等。

银纹夜蛾、黑点丫纹夜蛾和大豆小夜蛾是豆田造桥虫的优势种，在黄淮大豆产区一年发生三代，第一代危害春播和早播大豆，第二、三代危害夏播大豆。大豆造桥虫的防治措施包括：(1) 人工捕杀：在早晨用装有草木灰的容器，靠近豆株，用扫帚轻扫，振落容器内集中消灭。(2) 生物防治：对初龄幼虫用青虫菌7216等生物农药1 000～1 500倍液喷雾，防效在90%以上。(3) 化学防治：2.5%敌百虫粉、5%西维因粉每667米^2 1.5～2.5千克，在早晚趁露水均匀喷在叶面；50%杀螟松油剂或50%马拉硫磷油剂超低量喷雾，每667米^{2}用原液150～200毫升。

320. 大豆蚜对大豆有哪些危害？如何防治？

大豆蚜是豆科植物的重要刺吸式害虫。俗称“腻虫”、蜜虫。属同翅目，蚜科，我国主要大豆产区均有分布。而以东北、华北地区危害较重。豆蚜成虫和幼虫均可危害。大豆蚜具有趋嫩性，多集中在大豆植株的生长点、顶叶、嫩叶及嫩茎上刺吸汁液，严重时布满茎叶，也可侵害幼荚。大豆植株受害后，常造成叶片卷缩、发黄。早期蚜虫为害严重时，可造成植株矮小，根系发育不良，生长迟缓，甚至整株死亡。被害植株分枝及结荚的数量减少，百粒重下降，产量降低。多发生年份，不及时防治，轻则减产20%～30%，重则减产达到50%以上，该虫还能传播大豆花叶病毒而引起大豆花叶病毒病。

大豆蚜以卵的形式在鼠李上越冬，黄淮地区以卵形式在牛膝草上越冬。次年温度回升后孵化为无翅雌蚜，先在鼠李上危害，后转移到大豆田危害大豆。

大豆蚜防治（1）农业防治：及时铲除田边、沟边杂草，铲除虫源。（2）种子处理：用大豆种衣剂拌种。一般药种比例为1∶75，可预防大豆苗期蚜虫。（3）生物防治：大豆蚜的天敌种类较多，有瓢虫类、食蚜蝇、草蛉、蚜茧蜂、瘿蚊、蜘蛛等。尽量保护天敌。（4）药剂防治：蚜虫发生大量时，在蚜虫盛发前应用药剂进行防治。目前常用药剂有：10%吡虫啉可湿性粉剂2 000～1 000倍液、40%克蚜星乳油800倍液、30%卵虫净乳油1 000～500倍药液、50%抗蚜威可湿性粉剂1 500倍液、5%增效抗蚜威液剂2 000倍液、2.5%天王星乳油3 000倍液。

321. 如何防治大豆蓟马？

大豆蓟马属缨翅目蓟马科，在黑龙江省危害大豆的主要有烟蓟马，豆蓟马，中华管蓟马，豆黄蓟马。蓟马分布极广，国内各省市几乎均有蓟马发生。

蓟马除危害大豆外，尚可危害其它几十种作物和杂草。蓟马的成虫和若虫自大豆出苗到结荚均能危害大豆，它以刺吸式口器危害幼苗嫩芽，嫩叶出现皱缩变形，尤其危害生长点后，不能继续生长而出现多头现象，或停止生长逐渐枯死。后期危害花器以至造成落花、落荚，对产量影响很大，一般可导致减产在8%～20%。

蓟马有趋嫩习性，不论成虫、若虫都喜欢在嫩叶、嫩头上危害，并且将卵产在幼苗的叶或茎的组织内。蓟马有趋花性 如中华管蓟马，多群集花上取食，并且在豆株上不断转移，逐花危害，结实后很少栖息，尤其开花前后，成对蓟马在花间活动与交配频繁，并将卵产在花器上的缝隙或花序间。蓟马有避光性，在豆田的成虫或若虫一般均畏光，主要在叶片背面活动，阴天在豆田可见蓟马在叶面上活动。

蓟马的防治措施：(1) 农业防治：清除田内外杂草。大豆收获后及时进行翻耙消灭其孳生和越冬场所；尽量选择距葱、蒜地远一些的地块种植大豆。干旱年份有条件的地方进行喷灌，均可减少豆田虫源。(2) 化学防治：由于大豆蓟马主要在大豆苗期危害严重，防治的关键是苗期及时发现虫情并进行防治，每株虫量在 4 头以上的豆田应开始防治，可选用 40%氧化乐果乳油 1 000～1 500 倍液，或 5%高效氯氰菊酯，或 10%大功臣可湿性粉剂 2 000 倍液，喷雾时一定要做到均匀周到，尤其是叶背面更要喷到。(3) 生物防治：因蓟马的天敌种类较多，对种群发展有很强的控制作用。因此，在选择化学药剂防治时，应尽量应用对天敌伤害作用小或不伤害天敌的药剂种类、而且在天敌的非活动高峰时使用。

322. 如何防治豆秆黑潜蝇?

豆秆黑潜蝇，又称黑潜蝇、豆秆穿心虫。属双翅目、潜蝇科。主要分布在我国黄淮及其以南地区。豆秆黑潜蝇除危害大豆外，还危害绿豆、豌豆等其它豆科作物。豆秆黑潜蝇一般可以使 70%的大豆植株受害。产量损失常年在 15%～30%，重发生年份可造成减产 50%。

在各地一年发生的世代数不同，在华南地区周年危害，世代数可达 12～13 代，在长江流域 6～7 代，黄淮流域 4～5 代。成虫早晚活跃，多集中在大豆植株的上部叶面活动，夜间、烈日下以及风雨天则栖息在下部叶片或草丛中，25～30℃是取食和交配、产卵的最适温度。成虫除了喜欢吮吸花蜜外，也吮吸植物汁液，造成被害嫩叶的边缘出现密集的小白点和伤孔，严重时使整株枯萎。成虫产卵于植株中上部叶子的背面基部主脉附近的表皮下。孵化的幼虫先在叶背部表皮下潜食叶肉，形成小虫道，经主脉蛀入叶柄，再进一步蛀入分枝和主茎，蛀食髓部和木质部，严重影响水分和养分的运输。老熟幼虫在茎秆或叶柄上咬出羽化孔，并在孔的上方化蛹，羽化孔可断绝输导组织而使植株折断或枯死。豆秆黑潜蝇一般以蛹的形式在豆根茬或秸秆中越冬，来年羽化为成虫。

豆秆黑潜蝇的防治措施包括：(1) 处理秸秆和田间根茬，消灭越冬虫源；(2) 化学防治：豆秆黑潜蝇的防治应特别重视对成虫的防治，兼治幼虫。在成虫盛发期使用40%氧化乐果、辛硫磷500倍液进行防治。由于豆秆黑潜蝇成虫具有迁飞性，喷雾防治应从四周向中间进行，同时对5～10米内的相邻作物也要进行防治。

323. 如何防治豆天蛾?

豆天蛾俗称豆虫，属鳞翅目天蛾科。成虫体长40～45毫米，前翅黄褐色，微带绿色，翅中央有一半圆形淡黄色斑纹，成虫夜间活动，有趋光性。幼虫绿色，蛹深褐色。豆天蛾在各地发生的世代数不同。它以老熟幼虫在土中越冬，来年开始化蛹，羽化、产卵。以幼虫危害大豆以及其它豆科植物，其1～2代低龄幼虫食量小，主要危害嫩叶，3～4代食量渐大，5龄幼虫食量最大，食量占取食总量的90%左右。幼虫有背光性，常躲在叶背部，夜间出来取食。轻者造成叶片缺刻或空洞，重者可吃光叶片，形成空秆。

豆天蛾的防治包括 (1) 因成虫有趋光性，且夜间活动，所以应采取黑光灯诱杀成虫。(2) 豆天蛾幼虫虫体较大，适宜人工捕捉幼虫。(3) 化学防治：4.5%氯氰菊酯2 000倍液、50%辛硫磷1 000倍液喷雾防治。

324. 如何防治草地螟?

草地螟属鳞翅目螟蛾科，主要发生在我国东北、西北和华北等北方地区，主要危害大豆、甜菜、向日葵、苜蓿等作物。草地螟在各地的发生世代略有不同，一般2～3代，一代危害为主。草地螟以老熟幼虫在土中结茧越冬，草地螟成虫有远距离迁飞能力，有较强的趋光性。产卵场所多样，作物，杂草以及田间的枯枝落叶，甚至田间地表土壤均可产卵。一代幼虫常发生在杂草上，以后陆续转向大豆危害。在大豆上危害时一般先危害下部叶片，以后逐渐转向上部危害。草地螟有群集迁移危害特点，集中吃完一块大豆田后，迁移到另一块地继续危害，幼虫每分钟可爬行1.5米。

草地螟的发生与许多环境因子有关，湿度高有利于幼虫蜕皮和发育，多雨有利成虫产卵。高温和长光照发育进度加快。由于草地螟成虫羽化后需要补充营养使性器官发育成熟，所以蜜源植物多的地区易发生草地螟危害。

草地螟的防治措施包括（1）清除田间杂草和枯枝落叶，减少卵量。（2）利用其成虫较强的趋光性在其产卵前诱捕成虫。（3）化学防治应重点防治一代草地螟的低龄幼虫，可使用5%的敌百虫粉剂、25%的溴氰菊酯以及80%敌敌畏进行防治。

325. 如何防治大豆根潜蝇?

大豆根潜蝇是东北地区大豆产区的主要虫害之一，近几年有危害加重的趋势。大豆根潜蝇以幼虫在大豆根皮内侧取食大豆根肉，造成大豆根系损伤，影响对土壤养分的吸收，产量降低。受害大豆早期叶片从下向上逐渐枯黄，落叶。严重的造成整株死亡。

根潜蝇在东北一般一年发生一代，以蛹在大豆根茬内越冬，来年春季羽化为成虫，在大豆田交尾，在大豆茎基部皮层产卵，幼虫孵化后开始危害。

根潜蝇在低洼潮湿的沙壤土、重茬地上发生严重。其防治措施包括（1）秋季深翻土地将蛹深埋以及在羽化前清除田间根茬可减少来年虫量，减少危害。（2）合理轮作，避免重迎茬。（3）种子处理50%辛硫磷拌种，用药量为种子重量的0.1%；呋喃丹沟施，每公顷用量30千克。

加 工 篇

326. 大豆中有哪些可加工利用的组分？

大豆是良好的植物蛋白源，其蛋白质含量40%左右，脂肪达20%左右，这两种组分是可加工的主要组分。此外，大豆中的异黄酮、皂甙、磷脂、甾醇、V_E 及大豆通过发酵后会产生的富含B族维生素的产物都是大豆加工利用的源泉。

表3 大豆中可加工组分

大豆组分	主要可利用组分及代表物质	
大豆油脂	多不饱和脂肪酸	油酸、亚油酸、亚麻酸、花生四烯酸等
	大豆磷脂	卵磷脂、脑磷脂、磷脂酰肌醇等
	不皂化物	甾醇、类胡萝卜素、植物色素、生育酚类物质
碳水化合物	大豆低聚糖	水苏糖、棉籽糖
	膳食纤维	纤维素、木聚糖、果胶质等
微量成分	无机盐	钾、磷、钙、镁等
	维生素	胡萝卜素、维生素 B_1、B_2、B_{12}等
	皂甙	有降血脂效果
	甾醇	V_D 前身
	异黄酮	植物雌激素
	维生素E	天然维生素，抗氧化
	钙	250克豆腐钙含量与250毫升奶钙含量相当
蛋白质（大豆蛋白中清蛋白占5%，球蛋白占95%）	消化率达95%以上	包含赖氨酸、色氨酸、苯丙氨酸、亮氨酸、异亮氨酸等18种氨基酸

327. 大豆产品的发展如何划分？主要有哪些代表性产品？

大豆制品的发展以上世纪 50 年代作为分界线划分为两大类，即传统大豆制品与新兴大豆制品。传统大豆制品分为两大类 5 个系列 100 多个品种 800 多个品牌：一类是发酵制品，产品有酱油、腐乳及豆豉等；另一类是非发酵制品，产品有豆腐、腐竹及豆浆等。新开发的产品有内酯豆腐、冲调即食豆腐、豆腐脑粉、菜汁豆腐、豆筋和豆花等。

新兴大豆制品是传统大豆制品与油脂加工的桥梁，利用其主原料与副产物进行精深加工。新兴大豆制品中共有 3 大类 300 余个品种 600 多个品牌。其产品一类是全脂豆粉、豆乳粉等冲调用蛋白系列产品和作为食品、药品及轻工业添加剂用的分离蛋白、浓缩蛋白、组织蛋白系列产品；二类是食品、药品、饲料及精细化工行业用浓缩磷脂、精制磷脂及卵磷脂系列产品；三类是大豆加工后的副产物再进行精深加工的脂肪酸、异黄酮、皂甙及低聚糖等系列产品。

表 4　大豆加工制品简表

<table>
<tr><th colspan="2">类别</th><th>系列</th><th>主要产品</th></tr>
<tr><td rowspan="5">传统豆制品</td><td rowspan="2">发酵豆制品类</td><td>豆酱系列</td><td>豆酱、酱油、豆豉、纳豆、酸豆乳等</td></tr>
<tr><td>腐乳系列</td><td>红腐乳、白腐乳、臭豆腐、内酯豆腐、无渣豆腐、菜汁豆腐、豆花、豆腐粉等</td></tr>
<tr><td rowspan="3">非发酵豆制品类</td><td>豆腐系列</td><td>水豆腐、干豆腐</td></tr>
<tr><td>豆干制品系列</td><td>腐竹、百叶、千张、豆皮、豆筋、香干、豆丝、豆片等</td></tr>
<tr><td>素制品系列</td><td>豆腐泡、豆腐卷、油炸丝、油炸条、油炸片、素虾等，豆什锦、素火腿、素牛排、辣干、熏素鸡等</td></tr>
</table>

（续）

类别		系列	主要产品
新兴豆制品	蛋白制品类	冲调引用系列	速溶豆粉、豆奶粉、豆奶、豆浆晶、豆乳、大豆炼乳、冰淇淋等
		添加剂用系列	分离蛋白、浓缩蛋白、组织蛋白、全脂大豆粉、脱脂大豆粉、半脱脂大豆粉、活性蛋白粉、半活性蛋白粉、水解蛋白粉、大豆蛋白肽、乳清蛋白粉、大豆发泡粉、大豆精粉、大豆食用纤维、功能性蛋白粉等
	磷脂制品类	基础产品系列	浓缩磷脂等
		中间产品系列	精制卵磷脂、脑磷脂、肌醇磷脂、粉末磷脂、粉状磷脂、膏状磷脂、液状磷脂、氢化磷脂、酵素磷脂、改性磷脂等
		终端产品系列	磷脂胶囊、磷脂软胶丸、磷脂片、磷脂冲剂、磷脂脂肪营养乳、磷脂乳化炸药、磷脂饲料、磷脂洗发香波、磷脂燃油乳化剂等
	副产物加工制品类	食品系列	大豆低聚糖、大豆皂甙、大豆异黄酮、大豆膳食纤维等
		医药系列	大豆Ⅱ价铁、大豆甾醇、大豆干酪素、大豆纤维素等
		精细化工系列	大豆活性炭、大豆脱模剂、大豆植酸、大豆干酪素等
油脂制品	单一制品类		毛油、水化油、机榨油、色拉油、烹调油、起酥油、人造奶油、固体油脂、粉末油脂、植脂末、代可可脂、固化油、环氧油、氢化油等
	复合制品类		调和油、强化油、生物柴油、大豆油脂遮光剂等

328. 收获的新鲜大豆如何作为商品豆保存？

在常温下，大豆的安全贮藏水分为11%～13%。水分和温度对大豆的贮藏有一定的关联作用，水分含量较低时，贮藏温度可以稍高一些，相反，在温度较低的条件下，如0～10℃贮藏，大豆水分含量即便接近临界水分，也会收到良好的贮藏效果。大豆的贮藏方法有：（1）干燥贮藏法：干燥的方法可采用日晒或人工烘干。日晒法简单易行，但劳动强度大，也常受气候条件的制约，这种方法经济实用，适合于小厂；人工烘干，可采用热风干燥机、滚筒式干燥机或远红外干燥机等。人工干燥效果好、效率高，不受天气影响，但投资大，成本高。（2）通风贮藏：冬季低温贮藏，可通过通风降温来实现。夏季降温则需要制冷设备，并在仓库内设置隔热墙，此法成本较高。（3）低温贮藏：保持大豆仓库内良好通风，使干燥空气流通，以便减少水分和降低温度，防止局部发热、霉变。通风的方法可采取自然通风或机械通风两种。一般仓库可将干燥贮藏和通风贮藏结合应用。（4）密闭贮藏：密闭贮藏有全仓密闭和单包装密闭两种，全仓密闭对建筑要求高，单包装密闭可采用塑料薄膜包装。（5）化学贮藏法：就是在大豆贮藏前或贮藏过程中，使用化学药品，钝化酶及杀死害虫和微生物。在实际生产中，上述方法常常配合应用，尽量做到安全、有效、经济。

329. 大豆加工前如何进行预处理，预处理包括哪几个步骤？

大豆加工前的预处理主要是指大豆的清理与脱皮。

清理操作分为预清理和后清理两步，分别在去皮操作前后进行。在预清理中，除去豆中杂质，如沙子、石子、稻草等；在后清理中，进一步除去外来夹杂物，残余豆皮与破损或不合格的大豆，仅留下干净的，颗粒大小均匀的豆作来原料。通常清理后的大豆含杂率应在0.1%以下，下脚含籽率0.5%以下。

脱皮操作是大豆预处理的关键，大豆脱皮时水分最好控制在9.5%～10%，过高或过低，脱皮效果都不理想。大豆破碎的程度也与脱皮效果有关，大豆在破碎后最好分成2瓣，不能超过4瓣。脱皮率控制在90%以上较好。

脱皮方法分为：简易脱皮法、传统烘干脱皮法、热脱皮法。其中传统烘干脱皮法是常用的大豆脱皮方法。

大 豆 → 烘 干 → 破 碎 → 风选去皮

图 1　传统烘干脱皮法

330. 大豆加工前为什么要进行脱皮？大豆脱皮前为什么要进行加热处理？

脱皮是大豆加工过程中的关键工序之一。通过脱皮可以减少土壤中带来的耐热细菌，改善豆乳风味，限制起泡性，同时还可以缩短脂肪氧化酶钝化所需要的加热时间，降低贮存蛋白的热变性，防止酶褐变。

脱皮前通过适当的热处理，使蛋白质发生适度的热变性，使脂肪氧化酶失活，进而抑制大豆加工过程中异味物质的产生。

331. 大豆浸泡到什么程度为好？鉴定标准及浸泡条件是什么？

浸泡好的大豆表面光滑，无皱皮，豆皮轻易不脱落，手感有劲。

浸泡好的大豆最简单的判断方法就是把浸泡后的大豆扭成两瓣，以豆瓣内表面基本呈平面，略有塌坑，手指掐之易断，断面已浸透无硬心为宜。

大豆浸泡时用水量最好为大豆的 2.0～2.3 倍，浸泡温度控制在 15～20℃为好。浸泡好的大豆吸水量约为 1.1～1.2 倍，即大豆增重至 2.0～2.2 倍。

表 5 大豆浸泡时间、季节、水温的关系

季节	水温（℃）	浸泡时间（小时）	备 注
春秋	10～20	12～18	
冬	5	24	
夏	30	6	水温升高可换水

332. 大豆制浆有几种方法？制浆的要点是什么？

大豆制浆分为湿法加工和半干法加工。湿法制浆出品率一般在 52%～55%，半干法制浆出品率在 45%～52%。

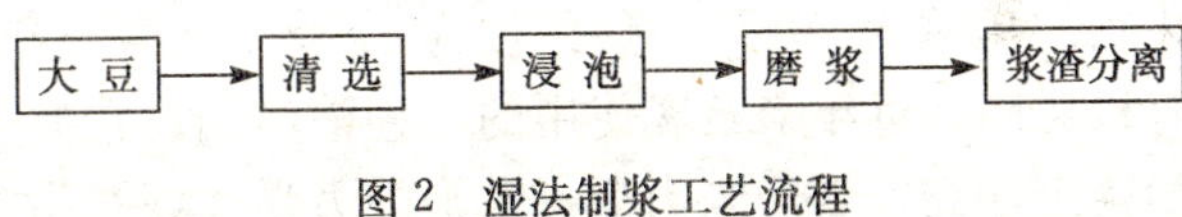

图 2 湿法制浆工艺流程

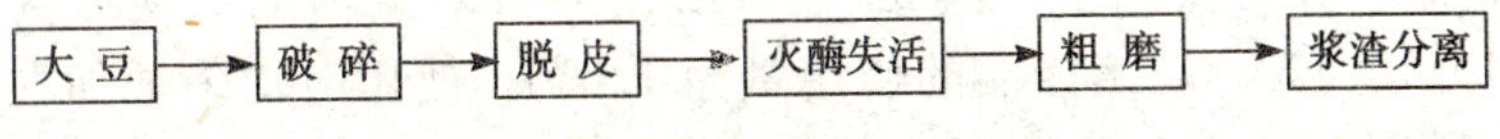

图 3 半干法制浆工艺流程

制浆工艺要点：制浆时的加水量应为沥水浸泡大豆的 2～3 倍。加水量必须稳定均匀，要与进料速度相配合。水的流量过大，会缩短大豆在磨片间的停留时间，豆糊磨不细；水的流量过小，大豆在磨片间的停留时间长，有可能因为摩擦热而使蛋白质变性，影响出品率。豆糊的细度一般要求在 120 目以上，豆渣含水量要求在 85%以下，豆浆的浓度一般要求在 8%～10%，从而制得适于大豆加工的大豆浆体。

333. 豆奶生产中制浆过程为什么要加碱？加量多少合适？

使用碳酸氢钠水溶液制浆，可去除大豆中的苦涩味，一般在含水约 32%～42%的大豆中添加 90℃含 0.1%～1%的碳酸氢钠的热水溶液可去除苦涩味。

334. 豆浆加热为什么会产生泡沫？如何消除？

豆制品生产的制浆工序会产生大量的泡沫，对后续生产操作极为不利，为维持正常的生产常采用消泡剂消泡。目前国内外已开始使用的消泡剂有如下4种：(1) 油脚：油脚是炸过食品的废油或豆油沉降后的渣，其含杂质较多，色泽黑暗，不卫生，但价格便宜，小型手工作坊多使用这种消泡剂。(2) 油脚膏：油脚膏是由酸败油脂与氢氧化钙混合制成的膏状物，油脚与氢氧化钙的比例为10∶1，使用量为1.0%。(3) 硅有机树脂：硅有机树脂是近年来发展使用的一种消泡剂。它的热稳定性和化学稳定性高，表面张力低，破泡能力强。(4) 脂肪酸甘油脂：分为蒸馏品（纯度90%以上）和未蒸馏品（纯度为40%～50%）。蒸馏品的使用量为1.0%，使用时均匀地加在豆浆中，一起加热即可。现市场上有豆制品专用消泡剂产品，主要成分为蒸馏单甘酯等。

335. 制浆为什么要滤渣，如何控制滤渣使产品蛋白回收率最高？

大豆粗磨后形成豆糊的细度即使很细也仍有渣感，因此要除去豆糊中的豆渣。滤浆是对豆糊中的豆渣和蛋白质溶胶体进行分离的操作。滤浆工序应注意掌握加水量和水温，加水量太少影响蛋白质的回收率；加水量过多影响点浆成形，并造成营养物质损失过多。在磨浆、滤浆一次完成的情况下，加水量一般为浸泡大豆重量的7～8倍，如磨浆后再进行滤浆，加水量为豆糊重量的0.9～1倍。水温要根据工序衔接情况而定。

336. 大豆取油有几种方法？其操作要点如何？与生产规模的关系如何？

大豆取油有两种方法：压榨法和浸出法。

压榨法：借助机械外力的作用，将油脂从油料中挤压出来的取油方法称为压榨法取油。与其他取油方法相比具有以下特点：工艺简单，配套设备少，生产灵活，油品质量好，色泽浅，风味纯正。但压榨后的饼残油量高，出油效率较低，动力消耗大，零件易损耗，适合小规模的油脂加工企业。

浸出法：浸出法取油是利用固-液萃取的原理，选用某种能够溶解油脂的有机溶剂，经过对油料的喷淋和浸泡作用，使油料中的油脂被萃取出来的方法，本生产技术适合较大规模的油脂加工企业。

337. 大豆豆渣如何保存利用？有什么价值？

大豆豆渣含有85%以上的水分，不易保存，应及时进行干燥、冷冻或加工成大豆纤维产品。

研究证实大豆豆渣中含有的主要是大豆纤维成分，大豆纤维是大豆中的不溶性碳水化合物，它是食物纤维的主要来源，大豆纤维有很多生理功能：

(1) 降低血浆胆固醇水平 大豆膳食纤维具有较强的阳离子交换功能，故对消化道pH、渗透压及氧化还原电位产生影响，形成一个理想的缓冲环境。更重要的是它能与肠道中的Na^+、K^+进行交换，促使尿液和粪便中大量排除K^+、Na^+，从而降低血液中的Na^+/K^+比值，直接产生降低血压的作用。

由于纤维引起胆酸排泄增加而需要增加胆酸的合成，从而增加了从胆固醇到胆酸的转化率。如果胆固醇合成速度不足以补偿其转变为胆酸的损失，降低了胆固醇的浓度。

（2）改善血糖生成反应 大豆膳食纤维通过以下三种方式减缓小肠对葡萄糖的吸收，抑制膳后血糖升高：①增加肠液黏度，阻碍葡萄糖的扩散；②束缚葡萄糖，降低肠液中葡萄糖的有效浓度；③影响α-淀粉酶对淀粉的降解作用，延长酶解时间，降低肠液中葡萄糖的释放速率，从而达到调节血糖水平的作用。

（3）改善大肠功能 大豆膳食纤维可影响大肠功能。其作用包括，缩短食物在大肠中的通过时间、增加粪便量及排便次数、稀释大肠内容物、以及为正常存在于大肠内的菌群提供可发酵的底物。

338. 大豆产品中豆腥味和苦涩味是如何产生的？如何利用加工手段消除豆腥味和苦涩味？

大豆制品的豆腥味是由于大豆中含有的脂肪氧化酶（亦称脂肪氧合酶）使大豆中的油脂（即大豆中含有的不饱和脂肪酸和亚油酸、亚麻酸等）发生氧化降解反应而引起的。脂肪氧化酶多存在靠近于大豆表皮的子叶处，当大豆的细胞壁被破碎之后，就可因遇到空气中的氧而使油脂氧化，造成豆腥味。其中乙醛是造成豆腥味的主要成分。油脂氧化物只要豆乳中含有极微量的几千万分之一，就足以使成品产生豆腥味而难以饮用，而且这些氧化物又和大豆中的蛋白质有亲和性，即使利用提取或洗净等方法，也难以去除。另大豆的腥味物质与苦涩味物质组成极为复杂，研究的产品不同，结果也不尽相同。但研究中发现，中等长链的羰基化合物可能是挥发性豆腥味的主要构成物，某些呋喃的衍生物也与豆腥味的产生密切相关，而酚类则为不挥发性苦涩味的主要成分，并与黄酮类的雌激素衍生物与苦涩味亦关系密切。

大豆脱腥通常采用加热钝化，加碱去涩以及辅以真空脱臭之配套工艺。加热使大豆脂肪氧化酶灭活，控制温度 140～200℃条件下短时间干热处理的大豆，脱腥效果较好；去除大豆苦涩味的主要办法是加碱浸泡，即用含 0.01%双氧水、pH9 的碱液条件下，不仅能使脂肪氧化酶钝化，而且还可提高大豆的膨胀性和乳化稳定性。

339. 大豆油脂产品有哪些？各有何用途？

包括可食用油脂产品和油脚两大部分。其中可食用油脂产品又可分为：

(1) 普通油脂产品 与高级食用油相比，对普通油脂产品的质量要求较低。大豆油是我国最主要的食用油脂。如果油料品质正常，制取工艺合理，操作正确，得到的毛油酸价不会超过 4，颜色也比较浅，只需将其简单加工就可制得一二级油。

(2) 高级烹调油和色拉油 高级烹调油是家庭和餐馆炒菜用的高级食用油，也可用来油炸食物，但通常用于油炸即食的食品。

色拉油是可生吃的高级食用油，是用于凉拌、制调合油、人造奶油、蛋黄酱和家庭手工调制色拉的上乘油脂。此外，它也可用于油炸即食食品。

油脚：主要含有磷脂，是加工各种磷脂产品的基础原料。

340. 豆奶与传统豆浆在加工上有何区别？

豆奶和豆浆都是以大豆为原料，经过浸泡、磨浆、过滤、煮浆等工序制成液态豆制饮品，都含有丰富的植物蛋白和人体需要的多种氨基酸、维生素、碳水化合物以及钙、铁、磷、硒等微量元素。豆奶和豆浆都是理想的营养保健食品，但它们却又是两种不同的豆制饮品。主要加工工艺区别如下：

(1) 调配工艺不同： 豆浆是原汁原浆，磨浆后煮浆加糖即可食用；豆奶在生产过程中磨浆后还需精磨（用胶体磨）并加进多种辅料，如添加剂、砂糖、奶粉、植物油等（不需加糖精、色素、防腐剂）。

(2) 除腥工艺不同： 大豆在磨浆过程中，大豆皮层的脂肪氧化酶在空气和水存在的条件下与油脂发生作用生成酮、醛、醇类等物质产生豆腥味，在豆奶生产过程中需要除腥、除臭等工序，而生产豆浆无此工序。

(3) 去除抗营养因子工艺不同： 大豆中含有胰蛋白酶、血球凝集素等，对人体有不良影响。豆奶在生产过程中采用物理方法或化学方法消除这些负作用并在生产过程中要除去能引起胃肠涨气的部分低聚糖，而生产豆浆无此工序。

(4) 加工后产品吸收率不同： 豆浆的植物蛋白质和脂肪球颗粒较大，人体只能吸收35%左右；豆奶需均质乳化处理（用均质机），使蛋白质与水、油脂、磷脂、砂糖、奶粉、添加剂等牢固地集合在一起，得到极细而均匀的固体分散物和液体乳化物，并且具有奶状的稠度，人体能吸收75%左右。

(5) 保质期不同： 豆奶经过超高温杀菌（致病毒、腐败菌基本上杀光），因此保质期较长，一般在3个月以上，而豆浆经过煮浆、简易杀菌、保质期只有24小时。

总之，豆奶是在豆浆基础上精加工的制品，豆奶来源于豆浆又不同于豆浆。

341. 真空脱臭在大豆产品加工中的作用如何？操作要点是什么？

大豆产品的生产尽管在制浆工序采取了一系列的灭酶方法，但制得的豆浆仍然不可避免地要含有一些异味成分，它们有的来自成熟大豆本身，有的是制浆工序产生的。真空脱臭的目的就是要最大限度地除去豆浆中的异味物质。

真空脱臭工序的控制是分两步来完成的。首先是利用高压蒸汽（600千帕）将豆浆迅速加热到140～150℃；然后将热浆体导入真空冷凝室，对过热的豆浆突然抽真空，豆浆温度骤降，体积膨胀，部分水分急剧蒸发，发生所谓的爆破现象，豆浆中的异味物质随着水蒸汽迅速排出。从脱臭系统中出来的豆浆温度一般可降到75～80℃左右；适于下步加工。

342. 豆奶生产中为什么要进行均质?

品质优良的豆奶组织细腻、口感柔和，经一定时间存放无分层、无沉淀。通过均质处理可以提高豆奶口感与稳定性。豆奶在高压下从均质阀的狭缝压出，油滴、蛋白质等颗粒在剪切力、冲击力与空穴效应的共同作用下，进行微细化，形成均一的分散液，防止脂肪上浮，蛋白质沉降，增加豆奶光泽度，提高了豆奶的稳定性。

343. 影响豆奶均质效果的因素有哪些？如何控制?

豆奶的均质效果主要受三个因素的影响，即均质温度、均质压力、均质次数。

(1) 均质温度： 均质温度越高，均质效果越好。通常豆乳的均质温度控制在70～80℃之间比较适宜。但在实际生产中，豆乳的均质温度还应根据均质机的性能而定。

(2) 均质压力： 实践证明，豆乳的均质压力越高效果越好。但综合设备性能与经济效益多方因素，一般豆乳生产中通常采用13～23兆帕的压力进行均质。

(3) 均质次数： 增加均质次数也可以提高均质效果，但当均质次数超过两次以后，随均质次数的增加，均质效果的提高并不明显；因此，生产上普遍采用的是两次均质技术。

从豆乳生产工艺流程安排上来讲，均质可以放在杀菌之前，也可以放在杀菌之后，两种安排各有利弊。均质放在杀菌前，经杀菌后能在一定程序上破坏均质效果，易出现“油线”。但采用这个工艺由于杀菌后的污染机会减少了，贮存的安全性较高。经过均质的豆乳再进入杀菌机不易结垢；若将均质放在杀菌之后，则情况刚好相反。

344. 豆奶生产中常添加哪些辅料？如何添加到豆奶中？

纯豆乳调制后可生产出在营养上和口感上接近于牛奶的调制豆乳，也可调制各种风味的豆乳饮料或酸豆乳饮料。

（1）营养组分：基料豆浆中虽然含有足量的蛋白质和脂肪酸等重要营养成分，但仍有些营养物质需要补充和强化，尤其是生产婴儿豆乳时更需注意。

大豆蛋白质是较为理想的蛋白质，但含硫氨基酸相对偏低，在生产豆乳中可以适当添加一些蛋氨酸。

大豆中维生素 B_1 和维生素 B_2 含量不足，维生素 A 和维生素 C 含量很低，维生素 B_{12} 和维生素 D 几乎没有。所以，生产豆乳时极有必要进行维生素的强化。

表 6　100 克豆乳中需增补的维生素量

维生素 A	880 国际单位	维生素 B_{12}	115 微克
维生素 B_1	0.26 毫克	维生素 C	7 毫克
维生素 B_2	0.31 毫克	维生素 D	176 国际单位
维生素 B_6	0.26 毫克	维生素 E	10 国际单位

豆乳中最常增补的无机盐是钙盐，并以用碳酸钙（$CaCO_3$）最好。因其溶解度很低，不易造成蛋白质沉淀，且有提高豆乳消

化率的作用。为防止 $CaCO_3$ 在豆乳中沉淀出来，可用一个小型均质机先进行一次乳化处理。每升豆乳中 $CaCO_3$ 的添加量为 1.2 克时，则与牛乳中的含钙量相近。

为了防止因添加钙盐引起的豆乳沉淀，在蛋白质浓度较低（低于 1.0%）的情况下，可先在豆乳中添加一种或两种 κ-酪蛋白，富含 κ-酪蛋白的酪蛋白，脱磷酸 β-酪蛋白。然后再添加钙盐就不会再出现沉淀了。添加钙盐的豆乳 pH 在 6～8 之间比较适宜，偏酸易沉淀，偏碱影响口味。另外，若在加酪蛋白前，先将豆乳进行一下热处理（90～100℃，5～10 分钟），则所获得的稳定效果会更好。

以上几种物质既可以单独加入，也可以混合加入，添加两种以上混合时温度最好保持在 20～40℃。两种以上混合添加往往使豆乳中蛋白质浓度增加到 1.0%以上，那么混合后就要加热至 90～100℃，5～10 分钟，然后冷却到 20～40℃，或者在混合物中加氢氧化钠（NaOH），使 pH 达到 10，持续几分钟后再用酸调到中性（6～8），这样再添加钙盐，稳定性会更好些。

（2）赋香剂：甜味剂是豆乳生产中必不可少的，几乎没有不添加甜味剂的豆乳。豆乳生产中的糖，宜选用双糖。豆乳中糖的添加量一般在 6%左右，但品种不同，消费对象不同，糖的添加量亦有很大区别。

奶味豆乳是最普遍的品种，也最容易被人们接受。生产奶味豆乳可以用香兰素调香，当然最好是用奶粉或鲜奶。奶粉的使用量一般为 5%（占总固形物）左右，鲜奶 30%（占成品）左右。

生产果味豆乳一般需用果汁、果味香精、有机酸等调制。果汁（原汁）的添加量一般为 15%～20%，果汁在与豆浆混合前，最好先稀释后再加入，而且最好在所有配料都加入后再加。

（3）豆腥味掩盖剂：豆乳生产中虽然采用了各种各样的脱腥脱臭手段，但腥臭味物质总会有些残存，因此在调制时加一些掩盖性物质也是必要的，日本资料介绍，把植物油和小麦粉混合物经短时间加热处理后按 0.1%～5%的比例与豆乳混合，可起到掩盖豆腥味的作用。

在豆乳中加入热凝固的卵白，也可以起到掩盖豆腥味的作用。卵白的添加量为豆乳的 5%～35%，低于 5%掩盖效果不好，高于 35%制品中会有很强的卵白味（硫化氢味），最佳用量为 15%～25%。

另外。棕榈油，环状糊精，荞麦粉（加入量为大豆的30%～40%），核桃仁，紫苏，胡椒，芥末等也具有掩盖豆腥味的作用。

（4）油脂：豆乳中加入油脂可提高口感和改善色泽。油脂的添加量在 1.5%左右（将豆乳中的油脂含量调整到 3%左右）。添加的油脂宜选用亚油酸含量高的植物油，如豆油，花生油，菜籽油，棉籽油，玉米油等，一般以优质玉米油为佳。

（5）稳定剂：

豆乳中使用的乳化剂以蔗糖酯和卵磷脂为主。此外还可以使用山梨糖酯。如把两种以上的乳化剂配合使用效果会更好。卵磷脂的添加量一般为大豆重的 0.3%～2.4%。

蔗糖酯除具有提高豆乳乳化稳定性的作用外，还可以防止酸性豆乳中蛋白质的分层沉淀。

345. 豆乳为什么要杀菌？杀菌方式有哪些？各有何特点？

豆乳是细菌的良好培养基，经调制后的豆乳应尽快进行杀菌。没经杀菌的豆乳，在 50℃下存放 2 小时，pH 就会下降，再经加热蛋白质就会凝沉，所以必须要杀菌。

豆乳的杀菌经常使用的方法有三种，即常压杀菌，高温高压杀菌和超高温瞬时杀菌。

常压杀菌只能杀灭致病菌和腐败菌的营养体，若经常杀菌的豆乳在常温下存放，由于残存耐热菌的芽孢发芽成营养体，并不断繁殖，制品一般不超过24小时即可败坏。若经常压杀菌后的豆乳（带包装）迅速冷却，并贮存于2～4℃的环境下，可存放1～3周。

高温高压杀菌即是将豆乳灌装于玻璃瓶中或复合蒸煮袋中，装入杀菌釜内分批杀菌。加压杀菌普遍采用的是121℃，15～20分钟的杀菌规程，这样即可杀死全部耐热型芽孢。杀菌后的成品可以常温下存放6个月以上。

加压高温杀菌工艺分为用蒸汽杀菌和用水杀菌两种。卧式加压杀菌锅一般采用蒸汽杀菌，因为杀菌锅有一定长度，用水杀菌便不均一。立式杀菌锅一般采用水杀菌。这是传统方法，比较稳妥。水杀菌与汽杀菌在达到120～121℃时，蒸汽压力是不同的，水杀菌较高，约为122.5～132.2千帕。汽杀菌的较低，约为11.7～117.6千帕。加压高温杀菌，费力费时，产品质量不大理想，易引起脂肪析出及蛋白质沉淀。

超高温短时间连续杀菌（UHT）是近年来在豆乳生产中日渐采用的方法。它是将未包装的豆乳在130℃以上的高温下，经数十秒的时间，然后迅速冷却，灌装。超高温杀菌分为蒸汽直接加热法和间接加热法。杀菌后的产品质量稳定，风味纯正，保质期长。

346. 包装及杀菌方式对豆奶产品的保质期有何影响？

豆乳的包装形式很多，有玻璃瓶包装，复合袋包装等。一般采用常压或加压杀菌只能选用玻璃瓶或复合蒸煮袋包装。

（1）巴氏杀菌式包装，保质期7天；

（2）二次杀菌，保质期1～3月；

（3）无菌灌装利乐包，保质期3个月以上。

347. 如何提高豆奶的乳化稳定性?

保持豆乳乳化稳定性的极其重要环节是均质。在加工中除要求磨浆匀细外，还必须通过高压均质处理或利用超声波空腔谐振作用，使变性的蛋白质与油脂等均匀分散于水中呈乳化液。此外添加乳化稳定剂也可以提高豆奶的乳化稳定性。豆奶中使用的乳化稳定剂以蔗糖酯和单甘油酯、卵磷脂为主。使用乳化稳定剂的同时配合使用一些增稠稳定剂和分散剂。常用的增稠稳定剂有：羧甲基纤维素钠、海藻酸钠、明胶、黄原胶等，用量为0.05%～0.1%。常用的分散剂有：磷酸三钠、六偏磷酸钠、三聚磷酸钠和焦磷酸钠，其添加量为0.05%～0.30%。

348. 影响豆奶稳定性的外界因素有哪些?

影响豆奶稳定性的因素主要是由大豆蛋白本身的一些性质所决定，同时也受一些外界因素的影响，主要有粒度、pH、热处理、电解质、微生物等。

(1) 粒度对豆奶稳定性的影响 豆奶之所以能保持稳定，蛋白粒子的大小对豆奶的稳定性影响非常重要。若粒度较大，很容易在其重力作用下沉淀析出。沉降速度与粒子半径、粒子密度、介质密度、黏度有关。沉降速度的大小主要取决于大豆蛋白粒子的半径，粒子半径越大则沉降速度越大。豆奶出现的非酸败沉淀现象多数由于大豆蛋白粒子半径较大，破坏了其乳状液的稳定性。

(2) pH对豆奶稳定性的影响 大豆蛋白分子与其他蛋白分子一样，表面分布着许多极性基团，这些极性基团有氨基、羟基、羧基、胍基、巯基等都是多价电解质，随pH变化其解离程度发生改变，呈离子态的蛋白质粒子可与溶液中的其他异性离子结合生成复杂的蛋白质盐类，从而影响豆奶的稳定性。溶液的pH与其等电点（大豆蛋白的等电为4.5）相差越大，蛋白质分子的解离越多，形成蛋白质盐类的亲水胶体，乳状液越稳定。溶液的pH对蛋白质的水化作用有显著的影响，在等电点附近，水化作用最弱；pH越远离等电点，蛋白质分子水化作用越强，溶液越稳定。在pH7左右大豆蛋白溶解度达到最高值，在98%左右。

（3）热处理对豆奶稳定性的影响 热处理对大豆蛋白的影响主要表现在亚单元结构上。当温度达到80℃之前，它的亚单元结构不发生变化，且溶解度随温度升高而增大，若温度继续升高，升至87℃时亚单元结构开始分解，随温度升高蛋白质的溶解度逐渐下降，在100℃时沉淀。若温度继续升至140℃亚单元结构开始降解，又变成了溶液，然而此时已不是原来的大豆蛋白，已成为改性蛋白质。因此就要求工艺处理时温度控制要适当。

（4）电解质对豆奶稳定性的影响 电解质对豆奶稳定性的影响从理论上讲有两重性。当电解质浓度小时，有助于蛋白质粒子带电形成ξ电位，使蛋白质粒子间因同性电的斥力而不易聚结，因此电解质对豆奶起稳定作用；但当电解质浓度足够大时使扩散层变薄而ξ电位下降，因此能引起蛋白质聚沉。电解质使蛋白质发生沉淀主要起作用的是蛋白质粒子带相反电荷的离子，成为反离子。反离子的价数越高，其聚沉能力越大，聚沉值越小，通常二价反离子的聚沉能力比一价的大20～80倍；三价的比一价大500～1 500倍。试验表明钠、钾离子盐能促进大豆蛋白质的溶解，而钙、镁、锌等多价离子却易引起大豆蛋白质沉淀。

（5）微生物对豆奶稳定性的影响 豆奶中最常出现的酸败沉淀现象主要是由于微生物引起的。引起豆奶腐败的微生物有细菌、霉菌和酵母菌。细菌有梭状芽孢杆菌属、变形杆菌属、芽孢菌属、假单孢菌属等；霉菌比细菌更能利用天然蛋白质，许多霉菌具有分解蛋白质、脂肪、碳水化合物的能力。

豆奶中大豆蛋白营养齐全丰富，是良好培养基，并且豆奶含水分90%以上，而其中大部分是游离水，非常适合微生物生长代谢，豆奶的pH为7～8，正好适合微生物生长，并且豆奶中含糖量不高，渗透压较低，适合大多数微生物生长繁殖。各类微生物最适生长温度为25～30℃在此温度范围内各类微生物均能引起豆奶腐败变质，尤其是耐热细菌，如嗜热脂肪芽孢杆菌、嗜热解糖梭状芽孢杆菌等，若杀菌不充分，细菌很容易生长繁殖破坏豆奶稳定性和风味；若容器密封不严，即使杀菌充分也会被入侵的微生物污染。

349. 豆奶生产的基本设备有哪些？

（1）制浆设备：制浆设备主要包括磨浆机，浆渣连续分离机及三足离心分离机，磨浆机主要有石磨、钢磨、砂轮磨；三足离心分离机用作豆浆浆渣分离时，内胆直径为φ600毫米，最大也不要超过φ800毫米。（2）冷热调制缸：又称保温消毒缸，可根据生产需要进行加热或冷却。（3）卫生泵：又叫奶泵，全部由不锈钢制成，可根据生产规模选用不同能力和规格。（4）均质机：又叫高压泵（三柱塞式），均质用。（5）杀菌锅：规格有立式和卧式。立式杀菌锅，杀菌介质为水；卧式杀菌锅有较小的和较大的，杀菌介质为蒸汽。不论立式或卧式杀菌锅，杀菌完毕降压后均采用逐步降温的方法达到目的。

350. 提高豆奶稳定性的措施有哪些？

（1）原料与容器的处理

①水质的处理：水的总硬度（即总碱度以 $CaCO_3$ 计）要达到<50 毫克/升，如果水质不符合标准，钙、镁离子含量超标，会引起蛋白沉淀。

②原料豆的处理：生产豆奶用大豆首先要经过清选，无杂质、无虫蛀，并且使用前要进行脱皮处理，因为豆皮主要成分为纤维素，纤维素不溶于水，在豆奶中会逐渐沉降，一般豆奶底部的一小层如不是腐败沉淀便是豆皮纤维颗粒。

③豆奶包装物的处理：有大部分豆奶厂采用 500 毫升玻璃瓶装豆奶，这样的包装物在使用前应用碱水浸泡 30 分钟后用经过软化的水冲洗干净或用紫外灭菌方法消毒。瓶盖的处理同样，这样以防包装物上残留杂质及大量微生物群。

(2) 工艺条件的控制

①热处理：煮浆是豆奶生产中重要一个环节，煮浆一方面使大豆蛋白空间结构破坏，氢键断裂，多肽链由卷曲而伸展，提高了大豆蛋白的溶解性；另一方面也是对一些抗营养因子，如脂肪氧化酶、异蛋白酶抑制剂等钝化，去除豆腥味与有害因子。但由于大豆蛋白本身的热变性性质，因此温度一般控制在 85℃左右较好，保温 15 分钟。

②均质可以提高豆奶稳定性：在豆奶生产中高压均质是不可缺少的一个步骤，料液经过高压均质提高乳化性，使蛋白质粒子与水分子充分水化，构成更加稳定体系，同时也改变了豆奶颜色，使之呈乳白色。在高压下能抑制一般酵母菌发酵作用。生产中通常均质条件采用 45 兆帕，10 分钟处理。

③pH 的调节：为了提高豆奶稳定性，生产中一般都将料液 pH 调至中性，以远离大豆蛋白等电点，促进大豆蛋白解离，提高起水化作用，同时也满足了口味需要。一般生产中将料液 pH 值控制在 7。

④杀菌方式的采用：杀菌的目的是杀灭微生物以保证豆奶货架期。通常豆奶罐装后采用高温瞬时杀菌。杀菌时温度、时

间的选择要考虑到大豆蛋白的热变性，一般采用121℃，15分钟。

此外，值得一提的是压盖工序，压盖必须要严，以防在杀菌时暴沸或漏气或保存时受外界侵入微生物污染。

(3) 卫生管理 豆奶生产中卫生条件也不可忽视，即使工艺严格控制，若卫生差，在某个环节污染，为微生物的生长繁殖创造了条件，因此在原料运输、贮藏以及生产加工的各个环节都要加强卫生管理，严格执行各项卫生制度，特别是机器、用具的清洗消毒。工艺上合理控制温度，尽可能实现生产的连续化、密闭化和自动化，杜绝因微生物生长繁殖引起腐败现象。

(4) 工艺配方的优用 为了进一步提高豆奶的稳定性，我们可以采用添加乳化剂与增稠剂的方法，实验表明将0.04%黄元胶和0.05%海藻酸钠混合加入豆奶中，稳定效果非常好，达到3个月的货架期要求。

另外，某些厂家生产强化豆奶，在豆奶中添加钙、锌等离子，这些离子的添加要适量，否则会使蛋白凝聚沉淀。

总之，豆奶的稳定性问题是豆奶生产中的重要问题，要严格按工艺要求加工生产，排除各种影响因素的作用，生产出合格产品。

351. 豆粉是怎样生产出来的?

豆粉的生产有干法加工和制浆干燥成粉两种加工方法。

(1) 干法加工：见图4。

(2) 豆粉的制浆干燥加工方法有四种经典加工工艺：见图5～图8。

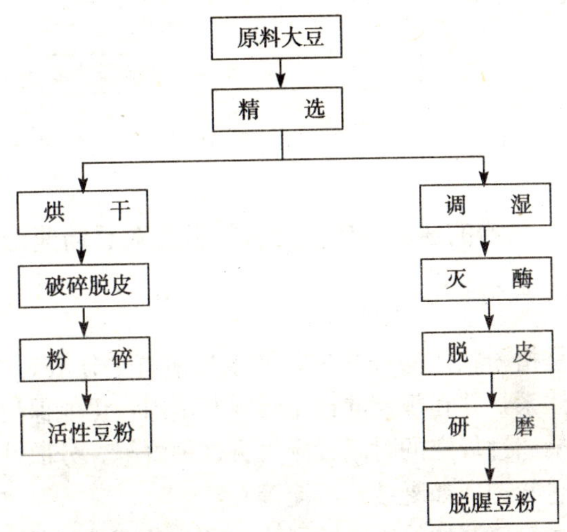

图 4　全脂大豆粉干法生产工艺流程图

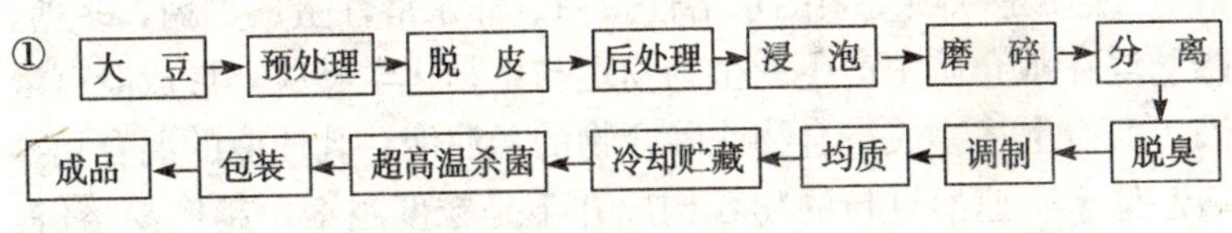

图 5　丹麦奶制品承包公司（DTD）豆奶生产工艺流程图

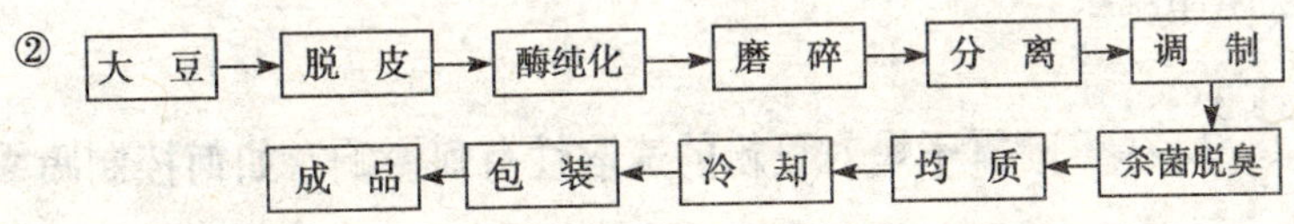

图 6　日本精研舍株式会社豆奶生产工艺流程图

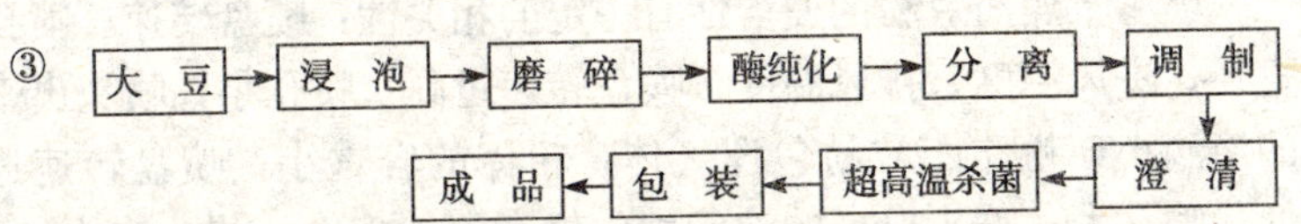

图 7　瑞典阿伐—拉伐有限公司豆奶生产工艺流程图

④ 大豆 → 加热 → 脱皮 → 蒸煮 → 磨碎 → 均质 → 调制 → 超高温杀菌 → 包装 → 成品

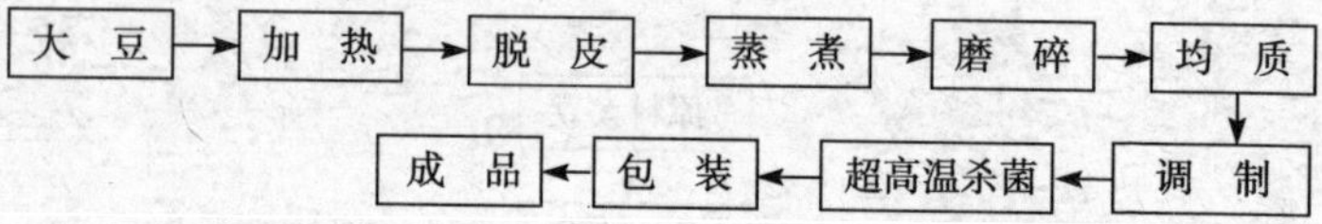

图8 美国伊利诺斯州的豆奶生产工艺流程图

352. 豆粉的速溶指的是什么？粒度对豆粉速溶性的影响如何？

速溶是指粉状产品经冲调，能很快溶解，分散到冲调液中，形成均匀体系，并在规定的饮用时间范围内，仍能保持这种均匀体系，如果超过规定的时间，则失去这种溶解、分散性能，出现分层或其它状态（如凝结、沉淀等）。

影响豆粉速溶性的原因除了大豆蛋白本身变性引起不溶外，主要还与粉的粒度有直接关系，“速溶豆粉”加水所谓的“速溶”，实质是一项复杂的水溶性蛋白、非水溶性蛋白、糖、多糖、脂肪等在水介质中产生的生物物理与生物化学反应，形成既有溶液、又有上述物质络合物或缔合物的悬浊液、乳浊液的混合相容液态体系。速溶豆粉的粉粒构成并不是粒度越细，越容易溶解。过细的粉粒，水介质很难进入微细粉粒之间，在宏观上反而易出现结团现象。

353. 喷雾干燥对豆粉的速溶性有何影响？如何控制喷雾干燥条件提高豆粉的速溶性？

喷雾干燥与豆粉的速溶性有一定的相关性：喷盘转速、喷孔直径、进风温度、排风温度。喷盘转速过高，喷孔小，喷头出来的液滴小，粉体团粒易包埋气体，粉体的容重小；喷盘转速过低，喷孔大，喷头出来的液滴大，轻者不能完全干燥，有湿心，重者挂壁、流浆。粉体的容重或者说团粒的大小也是与浆料浓度及黏度密切相关的。在喷盘转速及喷孔直径一定的情况下，浆料的浓度越高，黏度越大，喷头出来的液滴越大，粉体团粒也大，粉体的容重及流散性就好。

进风温度越高，豆粉的含水量越低，溶解性也越差，且色泽深。一般进风温度控制在150～160℃为宜，排风温度为80～90℃为宜，使粉粒保持较好的分散性。

354. 豆腐品种有哪些？各有何特点？

豆腐种类主要分为南豆腐、北豆腐和内酯豆腐制品及以其为原料制成的各种素制品。

（1）南豆腐是指采用石膏作为凝固剂而制成的豆腐产品，保水性能好、光滑细嫩。

（2）北豆腐指采用卤水（以氯化镁为主要成分）作为凝固剂而制成的豆腐产品。产品豆香味浓，含水量较南豆腐低，质地好。

（3）内酯豆腐系采用葡萄糖酸内酯作为凝固剂而制成的豆腐产品。制成的豆腐弹性大，质地滑润爽口。产品一般以盒装。

355. 大豆素制品的种类有哪些？如何加工？

大豆素制品主要包括卤制品、油炸制品、熏制品、炸卤制品。

（1）卤制品：系指大豆加工成半成品后放在卤水（食盐水或添加调味料的卤水）中经浸泡、煮沸而制成的不同风味的产品。

（2）油炸制品：

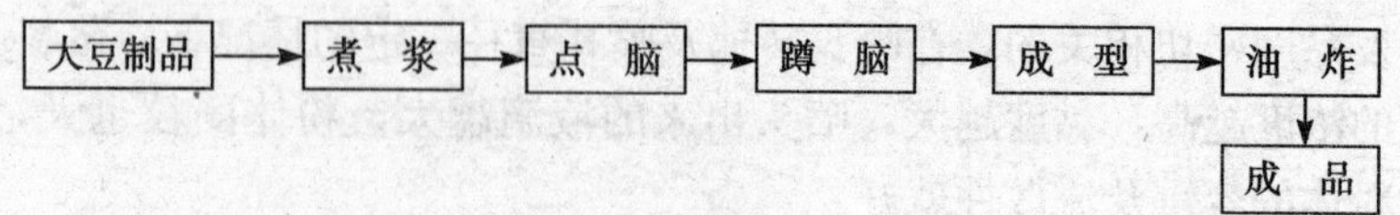

图 9 油炸制品工艺图

(3) 熏制品：

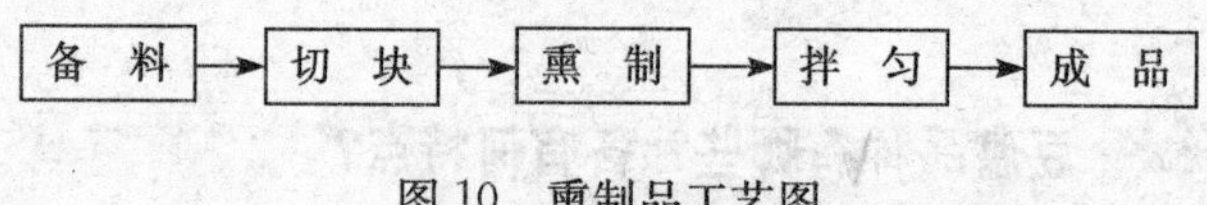

图 10 熏制品工艺图

(4) 炸卤制品：将加工成型的半成品既炸又卤，经炸、卤后，制品的色、香、味得到提高，质地松软，味道鲜美。

356. 加工豆腐常用的凝固剂有哪些？应用的技术关键是什么？

豆腐凝固剂可以分为盐类和酸类两种类型。目前国内外也研制了一些复合型凝固剂。

(1) 石膏：其主要成分是硫酸钙。硫酸钙的溶解度较低，因其凝固进展缓慢，故能形成保水性能好、光滑细嫩的豆腐。使用石膏作为凝固剂，豆浆的温度不能过高，否则豆腐发硬，一般豆浆温度控制在85℃较为适宜。一般情况下，每100千克大豆约需凝固剂石膏粉2.2～2.8千克。

(2) 卤水：又称盐卤，是海水制盐后的副产品。有固体和液体两种。液体浓度一般为25～27°Bé，固体是含氯化镁约46%的卤块。无论是液体还是固体，使用时都需调成15～16°Bé的溶液。使用量大致范围在每100千克大豆需卤水（以固体计）2～5千克。

(3) δ-葡萄糖酸内酯（GDL）：GDL是一种新型的酸类凝固剂。它易溶于水，溶在水中后会慢慢分解为葡萄糖酸。加入内酯的熟豆浆，当豆浆温度达60℃时，大豆蛋白质开始凝固，在80～90℃时，凝固成的蛋白质凝胶持水性最佳，制成的豆腐弹性大，质地滑润爽口。内酯的使用量一般在0.25%～0.35%之间（以豆浆计）。

(4) 复合凝固剂：所谓复合凝固剂就是人为地将两种或两种以上的成分加工成的凝固剂。现已研制出带有涂覆膜的有机酸或盐等颗粒凝固剂。主要利用了酸在常温下一经加热，涂覆剂溶化，包裹在内部的有机酸也就发挥了凝固作用。可采用的有机酸有：柠檬酸、异柠檬酸、山梨酸、富马酸、乳酸、葡萄糖酸及他们的内酯和酸酐。采用柠檬酸时，添加量约为豆浆（固形物10%）的0.05%～5.0%。另外还有将葡萄糖酸内酯（约40%），磷酸氢钙、酒石酸钾、磷酸氢钠、富马酸、玉米淀粉等复合起来制成的凝固剂。

357. 豆腐生产的关键工序是什么？如何掌握操作要点？

点脑是豆腐生产的关键工序：点脑又称点浆，其过程就是把凝固剂按照一定比例加入到煮熟的豆浆中，使大豆蛋白质溶胶转变成凝胶，使豆浆变为豆腐脑（又称为豆腐花）。点脑操作要点：(1) 温度：豆浆温度高，则凝固速度快，产品弹性小，发死发硬；豆浆温度低则凝固速度慢，形成的凝胶网眼大，产品保水性好，弹性好。但当温度过低时，豆腐脑含水量过高，反而缺乏弹性，易碎不成型。一般温度控制在70～90℃。要求保水性好的产品如水豆腐，点脑温度宜在75～80℃之间；要求持水性低的产品如豆腐干，常在85℃左右。(2) 豆浆浓度：实际上是豆浆中蛋白质的浓度。我国部分豆制品生产中，点脑时豆浆浓度要求大致如下：北豆腐7.5～8.0°Bé，南豆腐8.0～9.0°Bé，豆腐干7.0～8.0°Bé，干豆腐7.0～7.5°Bé。(3) pH：pH低，即偏于酸性，蛋白凝固快，产品质地粗糙；pH高，即偏碱性则凝固慢，不易成型，所以点脑时 pH 最好控制在 7 左右。pH 偏高时可以用酸浆调节，偏低可用 1.0%NaOH 溶液调节。（4）手工操作要领：手工搅拌的速度要视品种的要求而定，搅拌时间的长短要视豆腐花凝固的情况而定。豆腐花已经达到凝固程度就应立即停止搅拌。

358. 腐乳的加工工艺是怎样的？

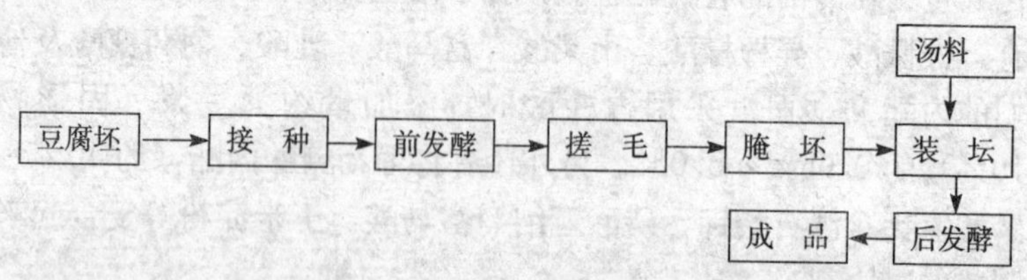

图 11　腐乳加工工艺流程图

359. 豆腐坯对腐乳加工是否有影响？如何界定？

豆腐坯，又称白坯，实际上就是（白）豆腐干，但为了适合制作腐乳，在质量上与一般豆腐干要求不同，要求洁白有弹性，块型整齐，厚薄均匀一致，表面平整，切口光滑无蜂窝。白坯的结构均匀紧密，后期发酵时才能保证腐乳的质量，白坯的水分含量多少随腐乳的品种而异，也随气候的不同而异。夏季白坯的含水量应适当低一些，白坯蛋白质的含量应在 14%以上，脂肪在 5%以上。

360. 制大豆酱有几种方法？

有传统的豆酱生产和酶法豆酱生产两种方法。传统豆酱生产是先将原料制曲再发酵制酱。这种方法操作麻烦，劳动强度大，原料中的营养成分在制曲过程中损耗较多。酶法豆酱生产是利用微生物所分泌的酶来制酱，可以大大简化工序，提高原料利用率。

361. 酱油如何加工？其工艺要点是什么？

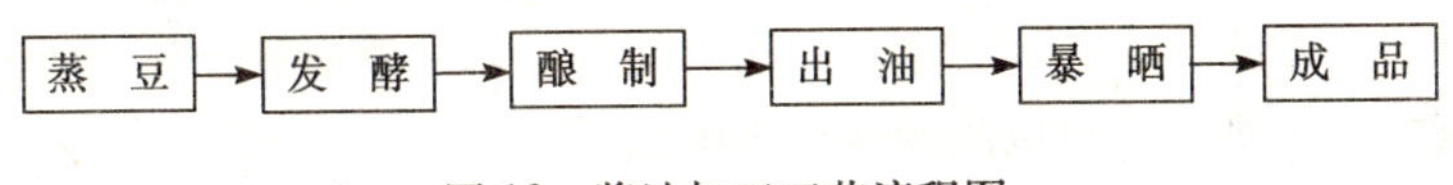

图 12 酱油加工工艺流程图

工艺要点：

（1）蒸豆： 酿制酱油的黄豆必须先放入水中浸泡肥大，浸豆的时间长短要适宜，既要使黄豆中的蛋白质最大限度的吸收水分，又要防止时间过长变酸而破坏蛋白质，然后沥水蒸煮 4～6 小时。

（2）发酵： 待蒸熟的黄豆冷却后，送进室内发酵。室内要密封，温度要在 37℃以上。入室 3 天后要翻动搅拌一次，使其发酵均匀。当手插进豆有热感、鼻闻有酱油香味时，即停止发酵。

（3）酿制： 将经过发酵的黄豆装入木桶酿制，撒一层食盐，泼一次清水，然后盖上桶盖或缸盖，并用牛皮纸封好。

（4）出油： 经过 4 个月酿制后把出油眼的木塞拔掉，套上用尼龙丝织成的罗网进行过滤。接着将盐水（100 千克清水加 17 千克食盐）分 5 天冲进缸内，从出油眼流出的即为酱油。

（5）暴晒： 将酱油用缸装好，置于阳光下暴晒 10～20 天，即可上市。

362. 大豆蛋白有几种提取方法？

大豆分离蛋白的提取方法有碱溶酸沉法、膜分离法、吸附法和醇溶法；大豆浓缩蛋白的提取方法有稀酸沉淀法和醇洗法；大豆组织蛋白的提取方法有挤压膨化法、纺丝法。

363. 在大豆分离蛋白生产中酸沉有几种方式？各有何特点？

有三种方式：间歇罐组式、连续罐组式和连续流动管道反应式。间歇罐组式达到等电点所需时间较长，一般需要十分钟而连续式反应则几乎可以瞬间达到等电点。

364. 为何称离心机是大豆分离蛋白生产中的“心脏”设备？

离心机是大豆分离蛋白生产中的关键设备，它直接影响到大豆蛋白的提取率和产品的纯度，离心效果越好则大豆蛋白的纯度越高，豆粕提取率及产品得率也越高；离心效果不好，不仅产品质量受影响，产品得率也降低，且间接地提高了产品成本。采用碱溶酸沉法生产分离蛋白工艺过程中有2个分离工序，一是用碱液提取大豆蛋白后，离心分离蛋白萃取液和豆渣；二是酸沉后离心分离蛋白凝乳和乳清。

365. 豆粕的质量对大豆分离蛋白得率有什么影响？

加工大豆分离蛋白的主要原料是豆粕。豆粕质量的好坏直接影响分离蛋白的提取率和功能特性。用于分离蛋白生产的豆粕应是经清洗、去皮、溶剂脱脂、低温或闪蒸脱溶后的低变性豆粕。豆粕中的大豆蛋白变性程度，亦即氮溶解指数（NSI）的高低与大豆分离蛋白的提取率有很大关系。当豆粕的NSI值为74.25%时，大豆分离蛋白的得率为35%；NSI值为80.3%时，大豆分离蛋白的得率为41%。分离蛋白的提取率还与用于浸油的原料大豆的蛋白质含量及组分有密切的关系。

366. 大豆品种对大豆分离蛋白的生产有何影响？

大豆分离蛋白的主要构成为大豆球蛋白中的7S和11S组分。大豆品种不同7S和11S组分的比率也不同。分析表明：7S最低的为6.52%，最高的46.79%；11S最低的为40.92%，最高的74.39%。因为大豆分离蛋白的组分主要是7S和11S，所以大豆品种的变化直接影响分离蛋白成品中的7S和11S组分的变化。用于分离蛋白生产的原料大豆必须进行检测，要采用7S和11S含量较高的大豆品种，这对稳定大豆分离蛋白的提取率和功能性是十分必要的。

367. 大豆分离蛋白的提取加水量对整个工艺有何影响？

用水浸提大豆蛋白时，加水量越多蛋白质的提取率就越高。但加水过多，酸沉时乳清液中溶解的球蛋白量增加，蛋白的损失量也就增高，成品的得率反而下降；若加水量过少，大豆蛋白的溶出率大大下降，成品的得率也跟着减少。实践证明，用水浸提大豆蛋白时，脱脂豆粕与水的比例1∶10～1∶12最适合大豆分离蛋白的提取。

368. 浸提pH对大豆分离蛋白产量的影响如何？

当浸提pH超过等电点，豆粕中的蛋白质溶解度随pH的升高而增大，达到pH7时溶解度突增，达到pH12时蛋白质溶解度趋于最大。但在实际生产中一般采用pH7～9，这是因为当pH大于9时会使碱性太强而引起脱氨、脱羧、肽键断裂，又会发生“胱赖反应”，把氨基酸转变为有毒的化合物，而且影响产品风味，丧失食用价值。另外，pH过高，酸沉时用大量的盐酸，会使产品中的盐分增加，存在大量氯化钠的情况下即使达到等电点pH，蛋白质也不会沉淀，反而使蛋白质溶解，既浪费了酸碱，又不利于产品的质量和蛋白的功能性，也影响产品的得率。所以将浸提蛋白的pH控制在7～9范围内比较合适。

369. 浸提温度的高低对提取的大豆蛋白NSI值（氮溶解指数）有何影响？

用碱性溶液提取豆粕中的蛋白过程中，温度的高低对大豆蛋白的NSI值有较大的影响。

表7　温度对大豆蛋白氮溶解指数的影响

温度（℃）	30	40	50	55	60	65	70
NSI值（%）	78.1	75.8	72.2	72.6	66.5	42.4	35.7

从表7中可以看出，随着提取温度的升高，大豆蛋白的氮溶解指数降低，一般温度达到55℃时蛋白开始变性，温度每提高10℃时蛋白变性的速度加速600倍左右，到80℃时，被埋覆着的—SH基完全暴露出来，温度大于80℃加热时促使蛋白形成凝胶。浸提温度过高不仅蛋白质容易变性，影响产品的功能特性，而且黏度增加，分离困难，浸提耗能也增高，因此浸提温度最好控制在30～50℃之间。

370. 提取时间对大豆蛋白的提取率有何影响？

在一定的时间范围内，蛋白的溶出率是随着浸提时间的延长而提高，当浸提时间达到50分钟时，蛋白质的溶出率趋于动态平衡状态。综合考虑能源消耗、设备周转、生产周期等各项因素和工艺成本、提取时间以40～50分钟为比较适宜。

表8 提取时间与蛋白质溶出率的关系

时间（分）	20	30	40	50	60
蛋白质溶出率（%）	75	78	82	84	84

371. 膜超滤如何应用于大豆分离蛋白的生产中？对产品质量与成本有何影响？

膜超滤制得的大豆分离蛋白质量比碱溶酸沉好，蛋白质含量高、灰分少。膜超滤法具有传统分离操作无可比拟的优点，如无相变、能耗低、工艺设备简单、操作方便可靠、分离效果好，同时不会造成环境污染等。但是由于大豆分离蛋白液粘度大，膜污染严重，大豆蛋白综合生产成本偏高，因而膜超滤用于一般性能大豆分离蛋白生产有一定难度。

372. 大豆分离蛋白生产中酸沉如何控制？操作要点是什么？

将浸提液以10%～35%的食用盐酸，调pH至4.4～4.6使蛋白质达到等电点，沉淀析出。酸沉工序中加酸速度和搅拌速度是关键。控制不好很容易出现pH虽然达到等电点，但蛋白质凝集下沉极为缓慢，且含水量高，上清液浑浊。酸沉时的搅拌速度宜慢不宜快，一般控制在30～100转/分比较适宜。

373. 酸沉以后大豆分离蛋白为什么用水洗？如何控制？

经酸沉分离出的蛋白凝乳中残留大量的氢离子和盐类，可用水洗的办法除掉。一般用 50～60℃的温水冲洗 2 次，经水洗后的蛋白溶液 pH 在 6 左右。

374. 闪蒸对大豆分离蛋白的质量有何影响？如何控制？

闪蒸不仅对大豆分离蛋白可以起到杀菌作用，而且可以明显提高产品的功能性。采用 135～150℃加热处理 10～15 秒，蛋白产品具有较高的粘度及凝胶性；采用 110～135℃加热处理 5～10 秒，产品具有较高的盐溶性，但黏度和凝胶性相对降低一些。

375. 大豆分离蛋白生产中为什么要均质？

高压均质处理对分离蛋白产品的功能性影响较大。经高压均质处理过的蛋白浆液，黏度明显下降，高剪切力作用能打破蛋白分子的交联和凝聚，蛋白液对热的敏感性减弱，产品 NSI 值随着均质压力的提高有所提高，但过度均质会破坏蛋白产品的凝胶性，应适度掌握。

376. 为什么大豆分离蛋白生产中用喷雾干燥法，而不用其他干燥方法？

大豆分离蛋白的干燥一般都采用喷雾干燥法，不采用冷冻干燥法。因为在冷冻条件下发生 7S 和 11S 蛋白的二硫键的聚合作用，使分离蛋白产品的溶解度降低，所以冷冻干燥不是加工植物蛋白产品的最佳方法。喷雾干燥有压力喷雾、离心喷雾、二流体喷雾等几种形式，生产分离蛋白以采用压力式喷雾干燥为最好，经压力式喷雾干燥生产的分离蛋白产品虽颗粒小，但具有较高的容重。离心喷雾干燥的容重低，产品水合后带入大量的气泡，会降低蛋白的胶凝强度，低容重的产品保值期也不理想。蛋白液在喷雾干燥时，把进风温度控制在150～160℃，排风温度控制在80～85℃为宜，喷雾温度过高会降低蛋白NSI值，蛋白粉在喷雾塔内停留时间过长，也会使凝胶性和NSI值下降。

377. 大豆分离蛋白有哪些功能特性？市售大豆分离蛋白产品有哪些特性？

大豆分离蛋白具有：乳化性、水合性、吸油性、胶凝性（又称凝胶性）、溶解性、发泡性、黏性、结团性、组织性、结膜性、调色性。

目前国产大豆分离蛋白主要以凝胶型为主，此外也有部分厂家生产高分散型大豆分离蛋白产品。

378. 如何提高、改善大豆蛋白的功能特性？方法有哪些？

改善大豆蛋白的功能特性即通过改变蛋白质的一个或几个理化性能达到加强或改善蛋白质功能性的目的，抑制酶的活性或除去有害物质，从而达到除去异味和提高营养利用率的目的。大豆蛋白的改性方法有物理改性、化学改性、生物工程改性，由于生物改性的安全性及适用性，因此具有很好的应用前景。

379. 制作大豆组织蛋白采用什么样的原料为好？

高温豆粕粉由于已经变性，水溶性蛋白含量低于30%，碳水化合物也大多焦化变色，如再膨化则不易呈胶融态，成形能力也差，产品色泽深，碎屑多，保水性和韧性均差，因此通常只用于配合饲料或颗粒饲料，而不宜制取食用组织蛋白。

冷榨饼粉虽然蛋白质变性较低，但含油量偏高（7%～9%）。因此经膨化高温处理后，油脂易氧化变质，产品不易久存。因含油多，工艺性能也较差，对保水性与咀嚼感都有影响。

低变性脱脂豆粉是制取组织蛋白的理想原料。由于蛋白质变性（PDI值在50%以上），碳水化合物含量高（20%～30%），含脂肪低（1%以下），因此在膨化成形过程中易形成胶融态，成型好，产品色泽浅、细腻、咀嚼感与吸水性均优，而且成本不高。但缺点是原料还不够纯净，经膨化后氨基酸的损失较多。

另浓缩蛋白粉与分离蛋白粉混合作组织蛋白的原料，除具有低变性粕的特点外，还由于蛋白质含量高（可溶性蛋白保持率高）、含糖少，因而膨化时胶凝性良好，氨基酸在高温作用下的保持率也较高。

380. 大豆蛋白组织化有哪几种方法?

使大豆蛋白组织化的方法有多种，例如纺丝法（用碱液拌和、酸溶解后延伸加热成型呈纤维状），挤压蒸煮法（加水、加热、膨化挤压成型呈多孔粒状产品），湿式加热法（用酸液拌和、高温切断、加热固定呈结构状产品），冻结法（加水、加热、冷冻浓缩、冻结成型呈海绵状产品）和胶化法（加水、加热、高浓度加热、加热成型）等。

381. 大豆纤维蛋白是怎么回事? 加工要点是什么?

大豆纤维蛋白也称纤维状大豆蛋白，是对纤维状大豆蛋白的组织和风味进行改良，使之接近肉类纤维，经着色、成型等加工成类似牛肉、鸡肉、猪肉、火腿、腊肉、鱼肉的制品，即所谓的模拟肉。

加工要点：将大豆分离蛋白溶解在碱液中，然后使溶解的分离大豆蛋白液通过有数千个小孔的隔膜，通过小孔挤压到含食盐的醋酸溶液中，使蛋白质凝固析出，在形成丝状的同时，使之延伸，并使之在一定程度上定向排列，从而形成纤维。

纤维经过食盐水浸泡，使之硬化，即成为类似肌肉中肌纤维素状态。

添加粘合剂（卵白和其他具有热凝固性的蛋白，或用淀粉、糊精、藻酸盐等高分子物质）使单一或复合的纤维形成束状、互相连结（或者把纤维用碱处理，使纤维表面再度溶解，利用其粘结力互相连结）。将蛋白纤维于粘结性蛋白混合、整形后进行加热，切成适当的形状，经干燥或冷藏即为成品。

382. 醇溶大豆蛋白加工工艺要点是什么？产品有何特点？

醇溶大豆蛋白加工工艺要点：

(1) 粉碎：原料粕粉碎，要求粕粉粒度为 0.15～0.30 毫米；

(2) 浸提：在豆粕粉中加入 10 倍的 60%～70%的含水乙醇，在 50℃的条件下，浸提 30 分钟，浸提过程中不断搅拌；

(3) 分离与洗涤：浸提结束后，离心分离，然后用浓度 70%～80%的含水乙醇洗涤两次，洗涤液温度为 70℃，每次浸洗 10～15 分钟；

(4) 干燥：可以采用真空干燥，也可以采用喷雾干燥。采用真空干燥时，干燥温度最好控制在 60～70℃，采用喷雾干燥时在两次洗涤后再加水调浆，使其浓度在 18%～20%左右，然后经喷塔干燥即可。

醇溶大豆蛋白产品有很小一部分蛋白质能够溶解。醇溶性蛋白质的 Cys、Met 和 Trp 含量显著高于球蛋白，Cys＋Met 在醇溶性蛋白中的含量达 7.74%，几乎是原料蛋白质的 3 倍。醇法大豆浓缩蛋白最明显的特点是溶解度低（NSI 值 5%～10%），但是应用于肉制品时仍具有较强的持水性和持油性，以及较高的粘度。

383. 组织化大豆蛋白生产中常用的组织改良剂有什么？如何应用？

组织化大豆蛋白常用的组织改良挤主要是碱，使用最多的是碳酸氢钠和碳酸钠，添加量一般在1.0%～2.5%。操作中一般是把粉料的pH调到7.5～8.0之间，这样既可以改善产品的组织结构，又不影响口感。

384. 组织化大豆蛋白生产的关键是什么？如何控制？

挤压膨化是组织化大豆蛋白生产的关键。大豆蛋白挤压膨化过程中，温度是一个很重要的因素，温度的高低决定着膨化区内的压力大小，决定着蛋白组织结构的好坏。低变性原料，温度相对要求较低，高变性原料，温度相对要求较高。一般挤出机的出口温度不应低于180℃，入口温度应控制在80℃左右。挤压机的出口温度若低于140℃时，产品明显发“生”，有硬芯。高于360℃时，产品颜色深，有焦糊味。用低变性原料生产组织大豆蛋白时，一般选用的是两区或三区加热挤出机，温度控制范围一般是第一区100～121℃，第二区121～186℃；或第一区70℃，第二区140℃，第三区180℃，用高变性原料生产组织化大豆蛋白时，一般选用四区加热挤出机，其温度控制范围是第一区70～90℃，第二区140～150℃，第三区160～190℃，第四区190～220℃。

挤出工序进料量及均匀度也影响组织化大豆蛋白的质量，进料量要与机轴转速相配合，特别注意不能空料，否则不但产品不均一，而且易喷爆、焦糊。

385. 大豆油脂的主要组成成分有哪些?

大豆油脂主要是由脂肪酸、磷脂及不皂化物组成。

(1) 大豆油脂的脂肪酸组成 大豆油脂中的不饱和脂肪酸的含量很高，达80%以上，而饱和脂肪酸的含量则较低。

表9 大豆油脂的脂肪酸组成

脂肪酸的种类		比例范围（%）	平均值（%）
饱和脂肪酸	月桂酸（C_{12}）	—	0.1
	豆蔻酸（C_{14}）	<0.5	0.2
	棕榈酸（C_{16}）	7~12	10.7
	硬脂酸（C_{18}）	2~5.5	3.9
	花生酸（C_{20}）	<1.0	0.2
	山芋酸（C_{22}）	<0.5	
	总计	10~19	15.0
不饱和脂肪酸	棕榈油酸（C_{16}）	<0.5	0.3
	油酸（C_{18}）	20~50	22.8
	亚油酸（C_{18}）	35~60	50.8
	亚麻油酸（C_{18}）	2~13	6.8
	二十碳烯酸（C_{20}）	<1.0	—
	总计	—	80.7

(2) 大豆磷脂 大豆油中还含有约1.1%~3.2%的磷脂。卵磷脂、脑磷脂及磷脂酰肌醇是其主要成分。

(3) 不皂化物 大豆油脂中的不皂化物主要为甾醇类、类胡萝卜素，植物色素及生育酚类物质，总含量约为0.5%~1.6%。

386. 考察大豆油脂有哪些指标?

物理指标：常温下呈液态，为半干性油，无确切熔点，黏度较高。

化学指标：酸价、皂化价、碘价、过氧化物值。

(1) 酸价 酸价是指中和1克油脂中的游离脂肪酸所需要氢氧化钾的毫克数，油脂的酸价越高，质量越差，越不新鲜，大豆油酸价为0.06。

(2) 皂化价 是指皂化1克油脂所需的氢氧化钾毫克数，皂化价可以判断油脂的纯度，大豆油的皂化价为188～196。

(3) 碘价 碘价就是指每100克脂肪或脂肪酸吸收碘的克数。大豆油的碘价为114～138。

(4) 过氧化物值（POV值）是显示油脂自动氧化程度的一个重要指标。我国食用植物油规定POV值不得超过0.15%。

387. 什么是大豆油脂加工的预处理？

在大豆油制取工艺中，凡是在提取油脂以前的所有工序统称为预处理。典型的大豆预处理工艺过程如下：

计量→暂存→筛选→比重去石→除铁→烘干→破碎脱皮→软化→轧坯

预处理的好坏将直接影响制油效果与产品质量，良好而合理的预处理工艺配套可达到以下目的：取得结构最佳、出油率最高的料坯；得到质量最佳的产品油脂和饼粕；提高设备处理能力；降低能耗以及提高经济技术指标。

388. 大豆浸油前料坯如何制备？

坯料的制备主要包括三道工序，即破碎、软化和轧坯。

(1) 破碎 经脱皮得到的豆瓣往往都需要进一步破碎，调整粒度。因为坯料颗粒度的大小与后续工序的浸出效率直接相关，颗粒过大，浸出效率低；颗粒过小，相应粉末度就高，会阻碍溶剂在料层内的渗透，发生溶剂“短路”现象。一般大豆破碎到

4～8 瓣，粉末度（通过 20 目筛眼）小于 10%为宜。

破碎机以槽棍式破碎机为好，它效率高，粉末度小。

（2）软化　软化就是使经过破碎的大豆籽仁变软的工序，其手段就是调温调湿。软化的作用主要是：

①赋予大豆仁一定的可塑性，便于轧坯时能轧出薄片。

②轧坯时不粘辊，粉末度小。为了达到上述目的，温度和水分必须适当。对于采用一次浸出工艺的大豆仁，软化后的水分最好在 8%～12%之间。常用的软化设备有层叠式软化锅和卧式蒸气绞龙。

③轧坯　轧坯是利用滚筒式压坯机将大豆颗粒压成薄片状坯料的工序。轧坯的作用有两点：一是增大表面积，二是破坏细胞，其目的就是提高浸出效率。

轧出的坯料，要求厚薄适当、均匀。过薄易叠片，增加粉末度；过厚不利于浸出。一般坯料厚度要求在 0.25～0.40 毫米之间。

轧坯机类型较多，如并列式对辊轧坯机、双对辊压坯机、直立式三辊、四辊和五辊式轧坯机。

389. 大豆压榨制油的特点与条件是什么？

借助机械外力的作用，将油脂从油料中挤压出来的取油方法称为压榨法取油。与其他取油方法相比具有以下特点：工艺简单，配套设备少，生产灵活，油品质量好，色泽浅，风味纯正。但压榨后的饼残油量高，出油效率较低，动力消耗大，零件易损耗。

压榨取油的必备条件为：（1）施于榨料上压力的大小须确保油脂的尽量挤出和克服榨料粒子变形时的阻力。（2）榨料的多孔性好且在压榨过程中随着榨料变形仍能保持到终了。（3）流油毛细管的长度尽量短（榨料层薄）而暴露面积大，使排油路程缩短。（4）收压油脂的粘度要低，以减少油脂在榨料内运动的阻力。

390. 大豆压榨制油的方法有哪些？

压榨制油分为液压榨油机取油与动力螺旋榨油机取油两种

（1）液压榨油机取油 液压榨油机是按液体静压力传递原理，使油料在饼圈内受到挤压而将油脂取出的一种压榨设备。液压榨油机包括液压系统和榨油机本体两大部分，其型式有立式和卧式两种。

（2）动力螺旋榨油机取油 动力螺旋榨油机的工作原理概括地说，是由于旋转着的螺旋轴在榨膛内的推进作用，使榨料连续地向前推进。同时，由于榨螺螺旋导程的缩短和根圆直径的逐渐增大，使榨膛空间体积不断缩小对榨料产生压榨作用。榨料压缩后，油脂从榨笼缝隙中挤压流出，同时榨料被压成饼块从榨膛末端排出。

螺旋榨油机取油的基本过程一般分为三个阶段，即进料（预压）段、主压榨段（出油段）和成饼段（重压沥油段）。

391. 溶剂浸出法制油的原理、特点是什么？

浸出法取油原理是利用固-液萃取的原理，选用某种能够溶解油脂的有机溶剂，经过对油料的喷淋和浸泡作用，使油料中的油脂被萃取出来的方法。

浸出法取油的特点是：粕残油量低，出油率高，粕的质量好。劳动生产率高，容易实现大规模生产和生产自动化。但溶剂大多易燃易爆，具有一定毒性，生产安全性较差。浸出毛油中含非油物质较多，色泽较深，质量较差。然而，这些缺点可以依靠改进工艺、发展适宜的溶剂、完善生产管理来克服，因此，浸出法取油在国内外得到广泛的应用。

392. 浸出法制油的溶剂要求有哪些?

用作浸出油脂的溶剂应具备以下几项条件:

(1) 对油脂有强的溶解能力 在室温或稍高于室温的条件下，该溶剂能与油脂以任何比例互溶。对油料中的其他成分，如蛋白质、糖类、类脂等，溶解能力要尽可能小，甚至不溶。这样就能一方面把大豆中的油脂尽可能多地提取出来，又可使混合油中少溶甚至不溶解其它杂质，便于溶剂和油脂分离，提高毛油质量。

(2) 既要容易汽化，又要容易冷凝回收 为了容易脱除混合油和湿粕中的溶剂，使毛油和成品粕不带异味，要求溶剂容易汽化，也就是溶剂的沸点要低，汽化潜热小。但又要考虑到脱除混合油和湿粕的溶剂时产生的溶剂蒸气容易冷凝回收，要求溶剂沸点又不能太低，否则会增加溶剂损耗。经生产实践证明溶剂的沸点在 65～70℃范围内比较合适。

(3) 溶剂本身性质要稳定 溶剂在生产过程中是循环使用，反复不断地被加热、冷却。一方面要求溶剂本身物理、化学性质稳定，不起变化；另一方面要求溶剂不与油脂和粕中的成分起化学反应，更不允许产生有毒物质；对设备不产生腐蚀作用。

(4) 不与水互溶 在生产过程中，溶剂不可避免地要与水接触，原料本身也含有水分。要求溶剂与水互不相溶，便于溶剂与水分离，减少溶剂损耗，节约能源。

(5) 使用过程中要求安全，不易燃烧，不易爆炸，对人畜无毒害。

(6) 为满足大规模生产需要，要求溶剂的价格低廉，来源丰富。

393. 浸出法制油的主要工艺指标有哪些?

浸出法制油工艺按浸出前油料处理过程可分为两种：一种是预榨-浸出工艺，另一种是一次浸出工艺。大豆制油基本上都是采用一次浸出工艺。表8列出了大豆一次浸出的主要工艺指标。

表10　大豆一次浸出主要工艺指标

坯水分（%）	坯厚度（毫米）	新鲜溶剂预热温度（℃）	溶剂比	混合油浓度（%）	湿粕含溶剂（%）	粕残油（干基%）
8～9	0.3～0.35	50～55	0.8～1：1	25～28	30	1

394. 浸出法提大豆油对坯料有何要求?

对料坯内部结构的要求：料坯的细胞组织应最大限度地被破坏且具有较大的孔隙度，以保证油脂向溶剂中迅速地扩散。

对料坯外部结构的要求：料坯应该具有必要的机械性能，容重和粉末度小，外部多孔性好，以保证混合油和溶剂在料层中良好的渗透性和排泄性，提高浸出速率和减少湿粕含溶。

395. 影响油脂浸出效果的因素有哪些?

（1）浸出的温度　浸出温度对浸出速度有很大的影响。提高浸出温度，油脂和溶剂的粘度减小，分子热运动增强，因而提高了浸出速度。但若浸出温度过高，会造成浸出器内气化溶剂量增多，压力增高，生产中的溶剂损耗增大，同时浸出毛油中非油物质的量增多。一般浸出温度控制在低于溶剂馏程初沸点5℃左右，如用浸出轻汽油作溶剂，浸出温度为55℃左右。若有条件的话，也可在接近溶剂沸点温度下浸出，以提高浸出速度。

(2) 溶剂或混合油对料层的渗透量 溶剂或混合油对料层的渗透量是以每小时内每平方米的料坯面上流过的溶剂或混合油的千克数来表示的。根据实际生产经验，渗透量必须保持在10 000千克/小时·米^{2}以上。渗透量愈大，说明溶剂或混合油通过料层的渗透速度愈高，对流扩散作用愈强，介面层厚度愈小，而且使料坯内外油脂的浓度差增大，分子扩散作用增强，这都有利于浸出速率的提高。

(3) 溶剂比和混合油浓度的影响 浸出溶剂比是指使用的溶剂与所浸出的料坯质量之比。一般来说，溶剂比愈大，浓度差愈大，对提高浸出速率和降低粕残油愈有利，但混合油浓度会随之降低。对于一般的料坯浸出，溶剂比多选用（0.8～1）∶1。混合油浓度要求达到18%～25%。对于料坯的膨化浸出，溶剂比可以降低为（0.5～0.6）∶1，混合油浓度可以更高。

(4) 浸出时间 浸出时间应保证油脂分子有足够的时间扩散到溶剂中去。但随着浸出时间的延长，粕残油的降低已很缓慢，而且浸出毛油中非油物质的含量增加，浸出设备的处理量也相应减小。在实际生产中，应在保证粕残油量达到指标的情况下，尽量缩短浸出时间，一般为90～120分钟。在料坯性能和其他操作条件理想的情况下，浸出时间可以缩短为60分钟左右。

(5) 料坯 料层高度对浸出设备的利用率及浸出效果都有影响。一般说来，料层提高，同一浸出设备的生产能力提高，同时料层对混合油的自过滤作用也好，混合油中含粕沫量减少，混合油浓度也较高。但料层太高，溶剂和混合油的渗透、滴干性能会受到影响。

396. 混合油是如何处理的?

从浸出器抽出的混合油是由溶剂、油脂和伴随油脂的类脂物组成的，同时含有一定数量（0.4%～1.0%）的固体悬浮粕粒。

混合油处理的目的是从混合油中去除固体粕粒并分离出溶剂，从而得到比较纯净的浸出毛油。

（1）净化 在混合油蒸发之前，必须尽可能地去除混合油中的悬浮杂质，混合油净化的目的是去除混合油中的固体粕粒。混合油的净化常采用过滤、重力沉降和离心分离等方法。

（2）蒸发 混合油蒸发是利用油脂与溶剂的沸点差异，对混合油进行加热使其达到沸点温度，溶剂气化与油脂分离的过程。

对混合油的蒸发一般采用两次蒸发工艺。经第一次蒸发，混合油浓度达到60%～70%；再经第二次蒸发，混合油浓度提高至90%～95%。混合油中残余溶剂再通过混合油汽提和脱臭除去。

国内中、小型浸出油厂一般采用较为简单的混合油常压蒸发工艺，而国外的浸出油厂和国内的大型浸出油厂采用混合油负压蒸发工艺。

（3）汽提 混合油的水蒸气蒸馏即汽提。混合油汽提可以使高浓度混合油的沸点降低，尽可能在最低的温度下从油中脱除溶剂。混合油汽提可以在常压或负压下进行，负压汽提较常压汽提的温度更低，对溶剂的脱除更有利。

为保证混合油汽提的效果，用于汽提水蒸气一定要先经过汽水分离，以除去蒸汽中夹带的冷凝水，保证蒸汽的干度。若直接蒸汽中的含水与油脂接触，会使混合油中的磷脂析出，沉淀下来堵塞汽提塔的空间通道及管道，且操作中还易发生液泛现象。

397. 浸油产生的湿粕是如何处理的？

从浸出器排出的湿粕，一般含有25%～35%的溶剂。必须对湿粕进行脱溶、干燥和冷却处理，以得到合格的成品粕。

（1）脱溶 对湿粕中溶剂的脱除通常采用加热解吸的方法，使溶剂受热气化与粕分离。此操作在浸出油厂称作湿粕蒸脱。

为了强化粕中溶剂蒸脱的过程，在采用间接蒸汽对湿粕加热脱溶的同时，还可采用直接蒸汽、真空和搅拌的方法。直接蒸汽首先起到高效率热载体的作用，保证物料迅速加热到需要的温度。此外，直接蒸汽的应用降低了物料表面溶剂蒸气的浓度，从而加速了溶剂的蒸脱。蒸脱设备内低真空的建立降低了溶剂蒸气在物料表面的分压，这同样强化了排除溶剂蒸气的过程。提高搅拌强度使粕的受热更均匀，溶剂的蒸发更迅速，这在蒸脱的开始阶段是十分重要的。

湿粕蒸脱过程中高温和直接蒸汽的应用，对湿粕蒸脱非常有利，但也导致粕中的蛋白质变性。在蒸脱过程中要根据粕的用途来调节脱溶的方法和工艺条件。

（2）净化 在从蒸脱机排出的溶剂蒸气和水蒸气的混合气体中，往往带有一定数量的粕粉。因此，必须在混合气体进入冷凝器之前对其进行净化，去除其中的粕粉，保证后续操作的正常进行。

混合气体的净化方法有干法和湿法两种，油厂常用湿式捕集的方法，即在湿式捕集器中利用喷入的液体将混合气体中的粕末除去。常用的湿式捕集设备有旋风湿式捕集器和隔板式捕集器。

（3）粕的冷却 浸出粕经蒸脱烘干后，温度一般在105～110℃，需要冷却至40℃左右，才能进行包装和储存。对于自身不带冷却作用的蒸脱机，出粕必须再经冷却装置冷却。

对于粕的冷却，国内一些小型浸出油厂常采用风冷的方法以降低粕温。而大型浸出油厂则需要采用专门的粕冷却设备对粕进行冷却。常用的冷却设备有层式冷却机、流化床冷却机、网带式冷却机等。

398. 采用什么方法来强化湿粕中溶剂的蒸脱？

在采用间接蒸汽对湿粕加热脱溶的同时，还可采用直接蒸汽、真空和搅拌的方法。直接蒸汽首先起到高效率热载体的作用，保证物料迅速加热到需要的温度。此外，直接蒸汽的应用降低了物料表面溶剂蒸气的浓度，从而加速了溶剂的蒸脱。蒸脱设备内低真空的建立降低了溶剂蒸气在物料表面的分压，这同样强化了排除溶剂蒸气的过程。提高搅拌强度使粕的受热更均匀，溶剂的蒸发更迅速，这在蒸脱的开始阶段是十分重要的。

湿粕蒸脱过程中高温和直接蒸汽的应用，对湿粕蒸脱非常有利，但也导致粕中的蛋白质变性。在蒸脱过程中要根据粕的用途来调节脱溶的方法和工艺条件。

399. 浸出法提油溶剂是如何回收的?

在油脂浸出生产中，所用的溶剂是循环使用的，因此，必须对生产过程中的溶剂进行有效的回收。溶剂回收是浸出生产中的一个重要工序，它直接关系到生产的成本和经济效益，浸出毛油和粕的质量、生产的安全，废气、废水对环境的污染以及车间的工作条件等，因此，应予以高度重视。

油脂浸出生产中的溶剂回收，包括了溶剂气体的冷凝和冷却，溶剂和水的分离，废水中溶剂的回收，废气中溶剂的回收等四部分。

(1) 溶剂蒸气的冷凝和冷却 从蒸发器排出的蒸气几乎全部是溶剂蒸气，将其冷凝后可直接进入溶剂周转库。从汽提塔、蒸脱机及蒸煮罐等设备排出的蒸汽是溶剂蒸气和水蒸气的混合气体，经冷凝后的冷凝液需要先进行分水，然后再进入溶剂周转库。

溶剂蒸气的冷凝、冷却可采用间接冷凝和直接冷凝两种方法，油厂常用的冷凝设备有列管式冷凝器和喷淋式冷凝器。

(2) 溶剂与水的分离 溶剂与水的分离原理是依据溶剂与水的相互溶解度很小，而且溶剂与水的相对密度不同。在分水设备中，让溶剂与水的混合液自然静置，溶剂与水即分层，上层溶剂排入溶剂周转库，下层废水排入水封池或被送往蒸煮罐。

分水设备的型式很多，其分水原理相同，区别在于分水器容积大小、形状及分离次数的不同。

（3）废水中溶剂的回收 在正常情况下，分水器排出的废水中含溶剂量是很少的，一般不需另行处理。但当分水操作不正常，溶剂与水发生乳化时，废水中就会含有较多的溶剂。此时应将废水送入蒸煮罐进行蒸煮处理以回收其中的溶剂。

（4）自由气体中溶剂的回收 进入系统中的空气与溶剂蒸气接触后，会含有一定数量饱和的溶剂蒸气，这种混合气体称为自由气体。自由气体中溶剂的含量取决于溶剂馏分的组成及自由气体的温度。自由气体的温度越高，其中的溶剂饱和含量也越大。如在20℃时，自由气体中溶剂含量为0.739千克/米^3；30℃时，其内溶剂含量为1.31千克/米^3。

对自由气体中溶剂的回收，首先须经过最后冷凝器冷凝，回收其中的部分溶剂并降低自由气体的温度，而后再采用冷却法或矿物油吸收法回收其中的残留溶剂。

400. 油脂为什么精炼？有哪些方法？

（1）油脂精炼的目的 毛油中的某些杂质会严重影响油脂加工的顺利进行，影响油脂的安全储藏，降低油脂的品质和使用价值。为了保证食用油的品质和得到适应工业要求的油脂，必须除去油中的有害杂质。油脂精炼的目的即是根据不同的用途与要求，除去油脂中的有害成分，并尽量减少中性油和有益成分的损失；有时，还要尽一切可能为副产品的综合利用提供良好的原料。前者为主要目的，后者只是在特定的情况下才要考虑。

（2）油脂精炼的方法 应根据毛油内所含杂质的性质、数量及精炼后油脂的用途、要求而采取不同的方法。油脂精炼的方法很多，根据炼油时的操作特点及炼油时用的材料和杂质相互作用的不同，可将其分为以下三种：

①机械方法。包括沉降、过滤、离心分离，主要用以分离悬浮在油脂中的机械杂质及部分胶溶性杂质。

②化学方法。包括酸炼、碱炼，还有氧化、酯化等。酸炼即用酸处理，用来除去色素、胶溶性杂质等；碱炼即用碱处理，除去游离脂肪酸等杂质；氧化则用于脱色；酯化极少用，它用来使游离脂肪酸变成甘油三酸酯，以降低游离脂肪酸的含量。

③物理化学方法。物理化学方法主要包括水化、吸附、水蒸气蒸馏及液一液萃取法。水化主要用来除去磷脂，吸附主要用来除去色素，水蒸气蒸馏用于脱除臭味物质和游离脂肪酸（即物理法精炼），液一液萃取用于脱色、脱除游离脂肪酸等。

401. 大豆油中悬浮杂质如何脱除?

以悬浮状态存在于油脂中的杂质称为悬浮杂质。目前，工业上常用的分离方法有自然沉降、过滤、离心分离、分子膜分离法等，其中过滤法使用得较为普遍。

（1）沉降分离法　沉降法又可分为自然沉降、流动床沉降和超声波沉降等，自然沉降分离的设备在油脂厂被广泛采用。这种设备有沉降池、履带式捞渣机等。

（2）过滤分离法　过滤分离法是借助于压滤机、输油泵、过滤介质，在重力或机械动力作用下使液体穿过滤布，杂质被截留成滤饼，从而达到清除悬浮杂质目的的方法。国内常用的过滤设备为厢式压滤机、板框式压滤机和圆盘叶滤机。

（3）离心分离法　油厂常用的离心分离设备是卧式螺旋卸料离心沉降机。亦可用碟式离心机进行分离。

402. 大豆色拉油的“四脱”指的是什么?

大豆色拉油的“四脱”指的是：脱胶、脱酸、脱色、脱臭这四道精炼工艺。

(1) 脱胶 脱除油中胶体杂质的工艺过程称为脱胶，而粗油中的胶体杂质以磷脂为主，故油厂常将脱胶称为脱磷。脱胶的方法有水化法、加热法、加酸法以及吸附法等。水化法脱胶在工业上应用最为广泛，加酸法仅限于工业用油脱胶。

(2) 脱酸 脱除粗油中游离脂肪酸的过程称之为脱酸。脱酸的方法有碱炼、蒸馏、溶剂萃取及酯化等，其中应用最广泛的为碱炼脱酸和蒸馏法脱酸。碱炼脱酸又称为化学脱酸，而蒸馏脱酸又称物理精炼法脱酸。

(3) 脱色 纯净的甘油三酸酯呈液态时无色，呈固态时为白色。但常见的各种油脂都带有不同的颜色，这是因为油脂中含有数量和品种都不相同的色素所致，这些色素有些是天然色素，主要有叶绿素、类胡萝卜素等，有些是油料在储藏、加工过程中糖类、蛋白质的降解产物。油脂中的色素影响油脂的外观和稳定性，要生产较高品级的油脂就必须进行脱色处理。油脂脱色的方法很多，工业生产中应用最广泛的是吸附脱色法，此外还有加热脱色、氧化脱色、化学试剂脱色法等。

(4) 脱臭 纯净的甘油三酸酯是没有气味的。但经压榨、浸出制得的天然油脂中含有程度不等的各种气味，人们把这些气味统称为“臭味”。去除油脂中臭味组分的过程称为脱臭。

403. 油脂精炼主要脱胶工艺有哪些?

水化脱胶工艺分为间歇式和连续式两种。

(1) 间歇式水化工艺 间歇式水化法在我国被广泛使用。按水化温度，可将间歇式水化法分为高、中、低温三种。

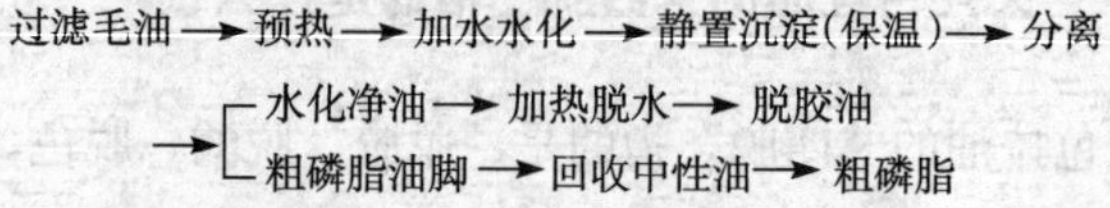

过滤毛油 → 预热 → 加水水化 → 静置沉淀(保温) → 分离 → [水化净油 → 加热脱水 → 脱胶油；粗磷脂油脚 → 回收中性油 → 粗磷脂]

图 13　间歇式水化法的工艺过程

①高温水化　高温水化是把油加热到较高温度，用沸水进行水化。终温控制在 90～95℃，加水量为粗油胶质含量的 3～3.5 倍。

②中温水化　中温水化的水化温度为 60～65℃，加水量为粗油含胶质量的 2～3 倍。

③低温水化　低温水化脱胶，水化温度一般控制在 20～30℃，加水量仅为粗油胶质含量的 1/2。低温水化被称为简易水化法，常用于小型油厂。

（2）连续式水化脱胶工艺　连续式水化脱胶工艺分离油脚的方法有离心式分离和沉降式分离两种。

（3）其他脱胶法　除水化脱胶法外，其他还有酸炼脱胶法、碱炼法、吸附法、电聚法及热聚法等。

404. 主要碱炼脱酸工艺有哪些?

碱炼法是用碱中和油脂中的游离脂肪酸，所生成的皂吸附部分及其他杂质而从油中沉降分离的精炼方法。用于中和游离脂肪酸的碱有氢氧化钠（烧碱）、碳酸钠（钝碱）和氢氧化钙等。油脂工业生产上普遍采用的是烧碱。

碱炼脱酸过程的主要作用可归纳为以下几点：

第一，烧碱能中和粗油中绝大部分的游离脂肪酸，生成的脂肪酸钠盐（钠皂）在油中不易溶解，成为絮凝胶状物而沉降。

第二，中和生成的钠皂为一表面活性物质，吸附和吸收能力都较强，因此，可将相当数量的其他杂质（如蛋白质、黏液物、色素、磷脂及带有羟基或酚基的物质）也带入沉降物内，甚至悬浮固体杂质也可被絮状皂团挟带下来。因此，碱炼本身具有脱酸、脱胶、脱杂质和脱色等综合作用。

第三，烧碱和少量甘三酯的皂化反应引起炼耗的增加，因此，必须选择最佳工艺操作条件，以获得成品的最高得率。

碱炼工艺分间歇式和连续式，间歇式适用于小型企业，连续式适用于大型企业。

405. 油脂脱色的影响因素有哪些？

大豆油脂的脱色主要采用吸附脱色的方法，吸附脱色就是利用某些表面活性物质具有吸附的能力，将其加入油中，在一定的工艺条件下，它们能吸附油脂中色素，因而降低了油色的过程。主要吸附剂包括天然漂土、活性炭。

影响油脂脱色的因素主要有以下几个方面：

(1) 工艺参数、工艺操作的影响

①温度　在吸附剂表面生成“吸附剂-色素”化合物，需要一定的能量，所以必须有一定的温度，才能提供足够的能量使它们发生反应。温度太高，生成的热无法放出；温度太低，吸附反应无法进行。吸附温度为 80～110℃，一般控制在 80℃ 不超过 85℃。

②压力　脱色操作分常压和减压。常压脱色时，油脂热氧化反应总是伴随着吸附作用；减压脱色（压力为 6.7～8.0 千帕即真空度 93.3～94.7 千帕）可防止油脂氧化。

③搅拌　搅拌速度≤80 转/分钟，使色素与吸附剂充分接触，使吸附剂在油中分布均匀。

④时间　加入酸性白土后，随着时间的加长，油脂的氧化程度、酸价回升速度都会提高，脱色时间一般为 20～30 分钟。

(2) 吸附剂的使用

①挥发物　105℃的烘干物。

②白土的酸度　白土的酸度越高，脱色能力越强。

③白土的用量　不同种类的色素所需的白土量不同。目前，国内大宗油脂的脱色，均使用市售的白土。达到高烹油、色拉油标准所需的白土量为油重的1%～3%，最多不大于7%。

(3) 原料油的质量因素

①油的色度　油质的色度不同，选用白土量亦不同。

②油中水分　油中水分影响白土对色素的吸附作用，因此，油在脱色前，必须先进行脱水，使油中水含量在0.1%以下。

③油中的胶杂　白土和胶杂的相互吸附能力强。白土首先和胶杂作用，使白土中毒，这大大影响了白土的用量和白土的吸附能力，故在脱色中，应尽量减少胶杂。

④油中残皂　残皂增加了白土的用量，影响了白土的吸附能力，使油脂酸价增加。

⑤油中的金属离子　脱色可以大大降低油中的金属离子，油中金属离子的浓度大，也将大大影响油脂的脱色。

406. 油脂脱臭的影响因素有哪些?

油脂脱臭是基于在同等条件下臭味组分的蒸汽压远大于甘油三酸酯的蒸汽压的原理，因此有可能应用蒸馏的方法将两者分离，实现脱臭。

影响油脂脱臭的因素主要有以下几个方面：

(1) 温度　增加温度能使臭味物质的蒸汽压迅速增加，可以降低脱臭需要的直接蒸汽量。但温度过高会使部分油脂水解和热聚合，降低油脂的氧化稳定性。一般脱臭温度应控制在180～250℃内。

(2) 操作压力　汽提脱臭所需的蒸汽量与设备的操作压力成正比，低的操作压力将会降低蒸汽耗量。操作压力越低，臭味物质从油脂中逸出所需的能量越低，对脱臭越有利，臭味脱除的时间也可相应缩短。

(3) 脱臭时间 脱臭时间长可降低臭味浓度，但时间长，又会导致油脂的热聚合，油产生焦味，脱臭后油色变深。因此，在保证成品油质量的情况下，应尽量缩短脱臭时间。

(4) 原料油的制取和前处理 原料油的制取工艺和前处理的好坏决定了油的臭味浓度，直接影响到脱臭的效果，脱臭前要很好地脱除胶质、色素、微量金属离子后，才能得到优质的成品油。

407. 什么是油脂的改性与调制？

(1) 油脂改性（或称改质） 油脂改性是通过改变甘油三酸酯的组成和结构，使油脂的物理性质和化学性质发生改变，使之适应某种用途。改性可以充分利用本国盛产的或廉价的油脂制取对天然油脂来说是特制的油脂制品。这里指的特制的油脂是天然不存在的，但又不纯粹是合成的油脂。这样使油脂有了高度的互换性，因此，这是一种开发和高度利用油脂的手段。

(2) 油脂调制 每一种油脂制品都必须具有一定的性质，而有些制品不可能用一种油脂（包括精炼油和改性后的油）制成，要用几种油脂，有时还要加上一些配料搭配，以便取长补短，改善油脂的某些性能。调制的目的就是把数种原料油和其他配料加工成具有某种性能的油脂制品。

(3) 油脂改性和调制的方法

①油脂改性的方法 油脂的氢化、酯交换和分提是油脂改性的三种主要方法，也是生产食品专用油脂的三大主要工艺。这三种工艺各有所长，也各有所短。在工业生产中，往往将其中两个工艺结合在一起应用，相辅相成。

②油脂调制的方法 调合、乳化、急冷捏合、均质是调制的

主要方法。可根据各种油脂制品的功能特性，将数种原料和其他配料按比例调合，然而全部或部分地使用这些方法进行加工。

408. 什么是油脂的酯交换?

油脂的酯交换是指油脂中的甘油三酸酯与脂肪酸、醇、自身或其他酯类作用而引起酯基交换或分子重排的过程。通过酯交换，可以改变油脂的甘油酯组成、结构和性质，生产出天然没有的、具有全新结构的油脂，或人们希望得到的某种天然油脂，以适应某种需要。也可生产单甘酯、双甘酯以及甘油酯以外的其他酯类。酯交换与氢化、分提组成油脂改性的三大基本工艺。

交酯反应的速度因催化剂的种类、使用量以及反应温度的不同而异。另外，酯交换前的原料油脂品质对反应能否顺利进行也有很明显的影响。

（1）催化剂 油脂在没有催化剂的条件下，到250℃左右就可以进行部分酯交换，不过速度较慢。为了降低反应温度和加快反应速度，必须使用催化剂。

（2）反应温度 交酯反应的温度高，反应快。温度不仅影响反应的速度，而且影响交酯反应平衡的方向。交酯反应是可逆反应。当反应温度高于熔点时，化学平衡向正反应方向移动，即进行定向酯交换。

（3）原料油品质 为了确保催化剂的功效、原料油脂应尽可能地含催化剂毒。原料油最好经过精炼降低酸价，达到理想的干燥程度，在充氮的情况下进行交酯反应。

409. 什么是油脂的氢化?

在金属催化剂的作用下，把氢加到甘油三酸酯的不饱和脂肪酸的双键上，这种化学反应称为油脂的氢化反应，简称油脂氢化。氢化反应后的油脂，碘值下降，熔点上升，固体脂数量增加，被称为氢化油或硬化油。

根据加氢反应程度的不同，又有轻度氢化（选择性氢化）和深度（极度）氢化之分。选择性氢化是指严格控制高不饱和甘油脂的加氢顺序和速度，分别得到不同特性的产品；深度氢化，则是指几乎将不饱和双键全部加氢反应制得高度饱和的油脂产品。

影响氢化反应的主要因素：

(1) 温度 一般温度高，分子动能大，传质速度、反应速度均较快；但温度过高，氢在油中的溶解度小，在催化剂上氢的吸附量减少，反应反而受阻。常用温度为 100～180℃，脂肪酸深度氢化的温度高达 200～220℃。选择性氢化常控制温度在130～150℃。

(2) 压力 压力越大，浓度越高，催化剂上吸附的氢浓度越大。选择性氢化压力一般为 0.02～0.5 兆帕。生产极低碘值的脂肪酸和工业用油，为缩短反应时间，工作压力可高达 1.0～2.5 兆帕。

(3) 搅拌速度 氢化反应中，催化剂呈悬浮状，气、液、固三相之间必须进行有效的物质、能量交换，要求反应过程需强烈的搅拌。搅拌速度过高会使异构酸数量、动力消耗增加，应选择适当的搅拌速度。

(4) 反应时间 反应时间取决于温度、催化剂的添加量及活性、工作压力等因素，其中有一个或几个因素上升，反应速度就会加快，得到同碘值产品所需要的时间也就加快。选择性氢化反应时间常为 2～4 小时。

(5) 原料处理即将氢化前原料油中存在的各种能导致催化剂活性降低和中毒的杂质除去。

(6) 不同产品要求选择不同特性的催化剂。

410. 脂肪酸是如何制取的?

(1) 混合脂肪酸的制取 制取脂肪酸的原料有油脂碱炼皂脚

和油脂水化油脚两种，制取方法有皂化酸解法和酸化水解法两种。

①皂化酸解法　油脚或皂脚中的油脂加碱皂化，生成肥皂。肥皂与加入的有机酸或无机酸反应，置换出脂肪酸。

②酸化水解法　首先用无机酸将皂脚中的肥皂酸解，将脂肪酸置换出来，再水解皂脚中所带的油脂，释放出脂肪酸。

（2）混合脂肪酸的分离　工业上常用的分离混合脂肪酸的方法有冷冻压榨法、表面活性剂分离法、精馏法、溶剂分离法等。

①冷冻压榨法　冷冻压榨法的原理是利用不同脂肪酸的熔点不同，将混合脂肪酸冷却到一定温度，使熔点低的脂肪酸逐步结晶出来，再通过压榨方法将其与熔点高的脂肪酸分离。

②表面活性剂分离法　表面活性剂法分离混合脂肪酸的基本原理基于饱和脂肪酸与不饱和脂肪酸的凝固点不同，饱和脂肪酸熔点高，不饱和脂肪酸熔点较低。在低于饱和脂肪酸的熔点和高于不饱和脂肪酸熔点的温度下冷冻，饱和脂肪酸结晶，结晶体在机械搅拌作用下呈分散的晶体微粒，此时不饱和脂肪酸呈液态，附在饱和脂肪酸晶体表面。

③精馏分离法　混合脂肪酸中不同脂肪酸之间的沸点有较大的差异，如棕榈酸和硬脂酸的沸点分别为206.1℃和224.1℃。因此，在较高的真空下，通过精馏厅以把十六碳的棕榈酸作为主要成分的初馏分，同十八碳的硬脂酸作为主体的主馏分两者加以分离。

411. 大豆磷脂的用途有哪些？

大豆磷脂具有重要的理化特性及营养价值，所以它在食品、医药、饲料及其他工业方面有着广泛的用途。

（1）在食品工业中的用途　磷脂是营养价值很高的物质，特别是大豆磷脂被广泛用于食品工业上，用在人造奶油、烘焙食品、糖果、饮料等方面。

(2) 在医药工业中的用途 大豆磷脂是天然的两性离子型表面活性剂，具有亲水和亲油基团，对油脂的乳化作用很强，使油粒分散细，制成的乳状液不易破裂，因此它在医药上制备脂质体时有特殊作用。

(3) 在饲料工业中的用途 磷脂可以作为畜禽动物的饲料营养添加剂用于饲料工业，提高了饲料的营养价值。

(4) 其他方面的应用 磷脂在各种行业都有着广泛的用途，对提高产品质量有一定的作用。

①化妆品 磷脂具有 O/W 和 W/O 型的乳化性质，同时磷脂对人体细胞的正常活动和新陈代谢起着重要作用，对皮肤有很好的协调和渗透性。在化妆品中适量添加磷脂，对滋润皮肤、防止皮肤干燥有一定的作用。

②洗涤剂 在洗涤剂中添加磷脂，可以降低溶液的表面张力，增加润湿能力，提高洗涤剂的洗涤效果。

③涂料 磷脂添加在涂料中，可作为乳化剂和分散剂，防止颜料沉淀及稀释分层，增进粉刷性能，使粉刷面平滑、柔美、光亮、涂膜均匀。

④橡胶 在天然橡胶、合成橡胶、硬橡胶和再生橡胶中添加磷脂，有柔软、分散、促进硫化、防止老化的功能。

⑤皮革 磷脂使用在制革方面，能增加皮革的塑性和强度，使皮革柔软具光泽。

⑥纺织工业 磷脂在纺织、印染中有多种用途，如作乳化剂、渗透剂、扩散剂、抗氧剂等，也可用于纺织品的洗涤、脱胶、丝光处理、染色等工艺中。

412. 不同磷脂产品是如何制取的?

目前，食用磷脂一般从大豆油中制取，可以制取浓缩磷脂、流质磷脂、精制磷脂、分提磷脂等产品。

(1)浓缩磷脂的制取 机榨毛油或浸出毛油，在水化脱胶前应进行细致的过滤或采用其他除杂工艺，以满足生产食用磷脂的要求。然后水化油脚通过真空浓缩制得浓缩磷脂。

(2)流质磷脂的制取 为了使用磷脂时方便和增加浓缩磷脂的流动性，防止浓缩磷脂和油脂分层，保证磷脂质量的稳定，在真空浓缩时加入一定量的混合脂肪酸或混合脂肪酸乙酯作流化剂，得到的产品在常温下能保持流体状态，这种磷脂产品称流质磷脂。

(3)漂白流质磷脂 为了满足浅色食品的需求，在油脚浓缩后期加入氧化剂，使磷脂颜色变淡，成为淡黄色可塑性磷脂，这种磷脂产品称漂白磷脂。

(4)粉状磷脂 在浓缩磷脂中还含有较多的油脂、脂肪酸，黏度较大。由于某些应用需要纯度较高的磷脂，因而要求磷脂无异味、浅色无油。利用丙酮能溶解油脂和脂肪酸而磷脂不溶于丙酮的性质，采用丙酮萃取油脂和脂肪酸，得到高纯度的粉末磷脂。

(5)分提磷脂 利用磷脂在一些溶剂中溶解度的不同，用溶剂萃取磷脂，分离和提纯某些磷脂组分，得到的产品称分提磷脂。一般使用乙醇萃取，得到含有较高卵磷脂成分的分提磷脂产品。

(6)改性磷脂 从大豆中提取的磷脂是各种磷脂的混合物，乳化性能并不能满足所有的工业用途。为了改善磷脂的亲水亲油性能，有时需要对磷脂进行改性。

①磷脂水解改性 磷脂在酸碱条件下进行水解，水解掉其中的某些脂肪酸，可以改变磷脂的亲水性。水解改性缺乏选择性，通常得到的产品带有较深的颜色。

②磷脂的酶改性 磷脂可以被磷脂酶酶解，且酶的专一性

高，得到的产品质量高。磷脂酶有磷脂酶A、磷脂酶B、磷脂酶C、磷脂酶D，不同的磷脂酶分别水解磷脂不同部位的基团，得到不同的酶解磷脂产品。

③磷脂的乙酰化　磷脂与乙酰化试剂在一定条件下反应，可以将磷脂中的脑磷脂上的胺基乙酰化，从而封闭了两性集团，改善了O/W的乳化性能。低级乙酰化可以在水化脱胶时添加乙酸酐作为脱胶剂进行，反应时间、反应温度、乙酰化试剂的量都会在不同程度上影响改性的程度。

④磷脂的羟基化　磷脂与羟基化试剂在一定条件下反应，可以在磷脂中的不饱和脂肪酸的碳链上加上羟基，明显地改善磷脂产品的亲水性能，使产品可以在冷水中分散。

⑤磷脂的氢化　磷脂与氢在催化剂的作用下，可以发生加氢反应，使脂肪酸的部分不饱和键变为饱和键，这样可以增强磷脂的稳定性，同时也有脱色、脱味的效果。磷脂氢化产品可以用在化妆品、医药等行业。

⑥磷脂的精制　对一些有特殊用途的磷脂，需要进行精制处理。如磷脂用作制静脉注射用的脂肪乳剂、脂质体等。这样的磷脂需要进行更深一步的精制，以脱除热源物质、降压物质、农药残留等。

413. 什么是大豆低聚糖？大豆低聚糖有哪些作用？

大豆低聚糖是从大豆籽粒中提取出的可溶性寡糖的总称。大豆中的寡糖属于α-半乳糖苷类，包括棉籽糖（蜜三糖）、水苏糖。我们通常所说的大豆低聚糖主要包括上述三种成分，大豆尚含有少量的其它糖类，如：葡萄糖、果糖、右旋肌醇甲醚、半乳糖肌醇甲醚等。下表是具代表性的大豆低聚糖的糖组成（干重）%。

表11 大豆低聚糖组成（干重）

单位：%（质量分数）

成分	含量
水苏糖	24
棉籽糖	8
蔗糖	39
果糖、葡萄糖	16
其他糖	3

414. 大豆低聚糖有哪些生理功能？

大豆低聚糖的生理功效主要表现在以下几个方面：

（1）促进双歧杆菌的增殖，改善人体肠内菌群 由于人体内缺乏水解大豆低聚糖中的水苏糖、棉子糖的消化酶α-D半乳糖酶，所以它可不经消化吸收直接到达大肠为双歧杆菌所利用，是双歧杆菌的有效增殖因子。在人体的肠道内双歧杆菌是占绝对优势的菌群，既不产生内毒素又不产生外毒素，无致病性，并对人体有许多重要生理功能的有益菌群，对改善人体肠内菌群有重要作用。

（2）抑制肠内腐败物的产生，降低致癌酶的活性 服用大豆低聚糖后可抑制肠内腐败物指数之一的氨的成分，降低肠内因细菌引起的致癌因素β-葡萄醛酸酶和偶氮还原酶。

（3）改善排便 摄入大豆低聚糖后，因减少了肠内细菌数量可抑制病原菌和腹泻。另外双歧杆菌发酵低聚糖产生大量的短链脂肪酸能刺激肠道蠕动，增加粪便湿润度并保持一定的渗透压，从而防止便秘发生，并且对便秘有治疗作用。

（4）保护肝脏作用 摄入大豆低聚糖可减少有毒代谢产物的形成，这大大减轻了肝脏分解毒素的负担。

（5）增加人体免疫力，有防癌、抗癌作用 大豆低聚糖促进双歧杆菌通过抑制腐生菌的生长和分解致癌物而起到防癌、抗癌作用。这种作用归功于双歧杆菌的细胞、细胞壁成分和胞外分泌物使机体的免疫力提高。

(6) 大豆低聚糖促进生成营养物质 双歧杆菌在人体肠道内能自然形成"B族"维生素、烟酸等营养物质，双歧杆菌还能通过抑制某些维生素分解菌来保障微生素的供应；双歧杆菌产生的磷蛋白分解酶可使幼儿容易吸收蛋白质，促进幼儿的健康发育。

(7) 大豆低聚糖具有抗衰老作用 自由基是能在代谢中不断产生损害自身的毒性产物，它广泛地参与生理及病理过程，机体在自由基及其诱导的氧化反应下导致衰老，同时自由基促成的脂质过氧化作用及生成的氢化脂类，也随年龄而增加。自由基的消除主要靠抗氧化剂完成，尤其是超氧化物歧化酶（SOD）和过氧化氢酸（CAT）。服用大豆低聚糖可明显增加血中SOD活性和含量，因此大豆低聚糖在抗衰老过程中可发挥重要作用。

415. 什么是大豆皂甙？大豆皂甙有哪些生理功能？

大豆皂甙是大豆中存在的一类具有较强生物活性的物质，它是由三萜类同系物（皂甙元）与糖（或糖酸）缩合形成的一类化合物。组成大豆皂甙的糖类为葡萄糖、半乳糖、木糖、鼠李糖、阿拉伯糖和葡萄糖醛酸等；皂甙元按结构属β一香树脂醇型，皂甙元与不同的糖结合以及结合部位的不一致，就构成了多种皂甙。目前已知的大豆皂甙有两组五种，即A组（双糖链皂甙）A1和A2两种，B组（单糖链皂甙）Ⅰ、Ⅱ和Ⅲ三种。

大豆皂甙的生理功能：

(1) 降脂功能 大豆皂甙可以降低血中胆固醇和甘油三酯的含量，同时还可以抑制血清中脂类的氧化，抑制过氧化脂质的生成。

(2) 抗凝血、抗血栓及抗糖尿病作用 大豆皂甙可抑制血小板的凝聚作用并使血纤维蛋白原减少；它可以抑制内毒素引起的纤维蛋白的凝聚作用，也可抑制凝血酶引起的血栓纤维蛋白的形成，表明大豆皂甙具有抗血栓形成作用；大豆皂甙，可以降低其血糖、血小板聚集率，提高胰岛素水平，从而表现出抗糖尿病的作用。

（3）抗氧化作用 机体的许多病理现象如炎症、老化、致癌等均与脂质过氧化有关，大豆皂甙可以抑制血清中脂质的氧化，进而抑制过氧化脂质的生成。

（4）抗病毒作用 大豆皂甙对被某些病毒感染的细胞具有明显的保护作用，表现出广谱的抗病毒能力。

（5）免疫调节作用 大豆皂甙的免疫功能的调节作用被认为是其抗病毒、抗癌作用的机理之一。

（6）保护心血管

①抑制血小板凝聚作用 大豆皂甙所具有的对血小板的作用，改善脂质的作用以及抗氧化作用三者联合起来，则使其表现出明显的抗动脉粥样硬化的作用。

②钙离子通道阻滞作用 大豆皂甙具有钙离子通道阻滞作用，由于钙离子通道广泛分布于人体的各种组织，它涉及神经兴奋、肌肉收缩，腺体分泌等多种功能，如将大豆皂甙的此种功能进行开发，预计在医药领域将具有非常广泛的应用前景。

③扩张心、脑血管，改善心肌缺氧功能 大豆皂甙可减少冠状动脉和脑血管阻力，增加冠状动脉和脑的血流量，改善心、脑供血不足，并可减慢心率。说明其对改善缺血心肌对氧的供求失调亦有一定作用。

（7）大豆皂甙的抗突变、抗癌作用 由于大豆皂甙的结构具有亲脂亲水的双亲特性，因而具有很好的表面活性，抗突变，抗癌特性。

416. 大豆低聚糖是如何生产的?

大豆低聚糖是以生产大豆分离蛋白时产生的大量乳清为原料，采用如图所示的工艺流程，分离精制而成。

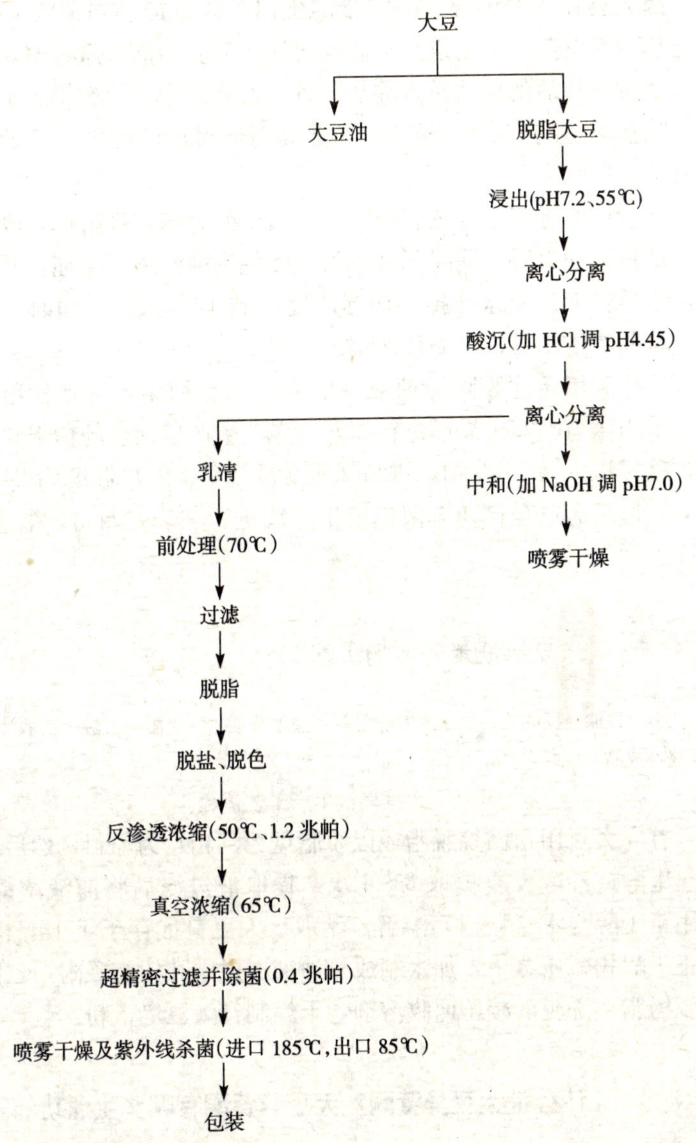

图 14　大豆低聚糖工艺流程

因大豆乳清中仍含有一定量的蛋白，通过加热到70℃以上使之热变性沉降，然后进行离心、过滤，使乳清液清澈透明。

经过净化后的乳清转入除盐装置，使乳清中的盐类得到了清除，除盐率达到93%～95%，显著提高低聚糖的纯度，使糖分彻底除去咸味。

除盐后的乳清通过树脂柱，使乳清中的异味被吸附掉，改善乳清低聚糖的口感，同时降低色值，使低聚糖色浅、味纯。并利用反渗透将大部分水除掉，使糖浓度达到12%以上，同时回收高质量的渗透水可进行循环使用。

然后利用超滤膜除掉糖液中的悬浮物和细菌，达到食用标准。采用压力喷雾干燥塔进行喷雾干燥，生产出白色的粉末状产品，喷雾压力为14兆帕，进口风温为185℃、出口温度为84～89℃。最后通过全自动无菌包装生产线进行装袋、封口、装箱，入库。

417. 大豆皂甙是如何加工的？

大豆→脱脂→提取→过滤→浓缩→萃取→蒸干→混悬→吸附→洗脱→回收溶剂→干燥→成品

图15 大豆皂甙生产工艺流程

首先大豆用正己烷脱脂或以脱脂豆粉（粕）为原料，然后再用热甲醇或乙醇反复提取3～4次，提取液过滤后将滤液浓缩，再用正丁醇与水（1∶1）溶解、萃取，大豆皂甙存于正丁醇相，取正丁醇相减压蒸干，加水制成悬浊液通过大孔树脂吸附，乙醇洗脱树脂，洗脱液减压回收溶剂，干燥制得大豆皂甙粉。

418. 什么是大豆异黄酮？大豆异黄酮有哪些生理功能？

大豆异黄酮主要分布于大豆种子的子叶和胚轴中，种皮中含量极少。80％～90％异黄酮存在于子叶中，浓度为0.1％～0.3％。胚轴中所含异黄酮种类较多且浓度较高，为1％～2％，但由于胚芽只占种子总重量的2％，因此尽管浓度很高，所占比例却较少（10％～20％）。

目前发现的大豆中异黄酮共有12种，分为游离型的甙元和结合型的糖甙两类，甙元占总量的2％～3％，包括金雀异黄素、大豆苷和黄豆素。糖甙占总量的97％～98％，主要以金雀异黄甙（染料木甙）和大豆甙及丙二酰金雀异黄甙和丙二酰大豆甙形式存在，约占总量的95％。

大豆异黄酮的生理功能：

（1）抗癌功能 异黄酮的抗酸化能力，表现在抑制活性酶（如酪氨酸蛋白激酶的活性）上，从而可控制多种癌症（乳癌、肠癌、子宫癌、前列腺癌等）的发展。

（2）植物雌激素与抗雌激素物质的作用 大豆异黄酮具有类似雌激素结构，故称为植物雌激素。大豆异黄酮可以缓解妇女更年期综合症。

（3）防骨质疏松 大豆异黄酮能改善妇女更年期障碍和骨质疏松症，服用大豆异黄酮制品增加激素分泌量，病症可逐渐消失。

（4）防止心血管疾病 大豆异黄酮具有抗酸化能力，能增强心肌收缩力，增加冠状动脉血流量，对心脏病的危害有良好的预防效果，异黄酮可降低体内胆固醇和脂肪量，并能影响脂肪代谢，防止高血压，预防心血管疾病发生。

（5）其他功能 除上述功能、作用外，大豆异黄酮还有抗氧化作用。异黄酮具有抗真菌性从而抑制真菌活性的功能。最近日本正研究，通过大豆异黄酮具有雌激素调节作用，改善妇女皮肤，美容并对糖尿病及其并发症、肾肝疾病、牙周炎等的预防和治疗功效。

419. 大豆异黄酮是如何加工的?

大豆总异黄酮的提取，主要根据被提取物的性质及伴存杂质的情况来选择适合的提取用溶剂。若用大豆提取，则首先要进行脱脂处理，但处理温度不宜超过70℃，现在制油工业上低温豆粕是提取大豆异黄酮的最佳原料。

总的来说，对于大豆异黄酮，一般可用乙酸乙酯、丙酮、乙醇、甲醇、水或某些极性较大的混合溶剂，例如甲醇与水（1∶1）进行提取。忒元用极性较小的溶剂，如乙醚、氯仿、乙醇乙酯等来提取。现在一般的工艺是按下图的工艺进行加工。

低温豆粕→粉碎→提取→过滤→浓缩→酸沉→离心→中和→混悬→吸附→洗脱→回收溶剂→干燥→成品

图16 大豆异黄酮生产工艺流程

首先将低温豆粕粉碎，用70%～90%的乙醇反复提取2～3次，每次时间2～4小时，将提取液合并后过滤浓缩，用盐酸调节pH至蛋白等电点，离心分离沉淀，上清液用NaOH中和至中性，加水制成悬浊液，通过大孔树脂吸附，乙醇洗脱树脂，洗脱液减压回收溶剂，干燥制得大豆异黄酮粉。

420. 什么是大豆肽？大豆肽有哪些生理功能?

大豆肽即“肽基大豆蛋白水解物“的简称，它来源于大豆蛋白质的酶解产物，是大豆蛋白质经蛋白酶作用后，再经特殊处理而得到的蛋白质水解物。较之相同组成氨基酸及其母体蛋白，肽具有许多独特的理化性能与生物活性。

大豆肽的生理功能：

（1）大豆多肽的易吸收性及营养价值 二肽和三肽的吸收速度比同一组成的氨基酸快，可得结论：多肽在肠道的吸收率最好，而且人体内实际上也是大部分以多肽形式直接吸收的。目前已经确认的是在多肽当中以大豆多肽的吸收率最高，大豆多肽不仅具有与大豆蛋白质相同的必需氨基酸组成，而且其消化吸收性比蛋白质更佳。

（2）大豆多肽降低血脂和胆固醇的作用 大豆蛋白具有降血脂与胆固醇的作用，而大豆蛋白水解物——大豆多肽同样具有这样的功能，而且效果更佳，表现以下特点：①对于胆固醇值正常的人，没有降低胆固醇的作用；②对于胆固醇值高的人具有降低总胆固醇值的功效；③胆固醇值正常的人，在食用高胆固醇含量的蛋、肉、动物内脏等食品时，也有防止血清胆固醇值升高的作用；④使总胆固醇中有害的 LDL、VLDL 值降低，但不会使有益的 HDL 值降低。

（3）大豆多肽降低血压的作用 由于血管中的 ACE 能使血管紧张素 X 转换成为 Y，后者能使末梢血管收缩，血压升高。大豆多肽能抑制血管紧张素转换酶 ACE 活性，因而可防止血管末梢收缩，达到降血压作用。而大豆多肽对正常血压没有降压作用。

（4）大豆多肽对矿物质的促进吸收作用 大豆多肽分子可以与 Ca、Zn、Cu、Mg、Fe 离子形成螯合物，保证其可溶状态，因而有利于机体的吸收。

（5）大豆多肽与运动员体能的关系 要使运动员的肌肉量有所增加，必须要有适当的运动刺激和充分的蛋白质补充。运动前、运动中及运动后蛋白质的增加或补充，均可以补充体内蛋白质的消耗，且由于肽易于吸收，能迅速利用，抑制或缩短了体内“负 N 平衡”的负作用。尤其是运动前和运动中，肽的添加还可以减轻肌蛋白降解，维持体内正常蛋白质合成，及减轻或延缓由运动引发的其余生理方面的改变，达到抗疲劳的效果。

（6）大豆多肽促进脂肪代谢的效果 肽不仅能阻碍脂肪的吸收，而且能促进“脂质代谢”。因此，在保证足够肽摄入的基础上，将其余能量组分降至最低，则可以达到减肥的目的，且能保证减肥者的体质。

421. 什么是大豆维生素E?

维生素E又名生育酚，是一种脂溶性维生素，发现于20世纪初，Evans等人发现在植物中存在一种不明物质，对动物的生殖、发育都有明显影响，缺乏时会使动物的生殖功能受损，补充它则可恢复其生育机能，故命名为生育酚。

1936—1937年间才确定其化学结构。维生素E具有独特的生理功能，对人体健康是至关重要的。大豆又是维生素E的主要来源。大豆油脂中生育酚类的含量为0.09%～0.28%，其中δ型生育酚占24.3%～36.2%，γ型占57.8%～65.7%，α型占6.0%～13.5%，β型含量极少。生育酚类物质使大豆油脂具有抗氧化性。但在大豆油精制过程中，生育酚类物质或是被除去或是被氧化，而在精制加工过程中进行脱臭处理时，若采取一定的技术手段，生育酚可被分离出来。

422. 大豆肽是如何加工的?

大豆多肽的加工主要是以大豆或者豆粕为原料，利用化学方法或酶法将大豆蛋白质水解而成，其工艺流程如图所示。

目前较为典型的制备大豆多肽的方法是采用低变性脱脂大豆粕作为生产原料，首先将豆粕经弱碱浸泡、磨浆分离、酸沉、中和调浆一系列工序得到浓度约10%的分离大豆蛋白溶液；接着在pH为8.0，温度为70℃条件下加热10分钟，主要目的是提高酶解速率；然后在温度为45℃、酶用量为E/S＝2%，pH＝8.0条件下水解4小时，加酸调pH至4.3使未水解的大豆蛋白酸沉而除去，并加热升温至70℃，维持15分钟钝化蛋白酶，因此得到水解率为70℃的大豆蛋白水解物溶液；然后用固液比为

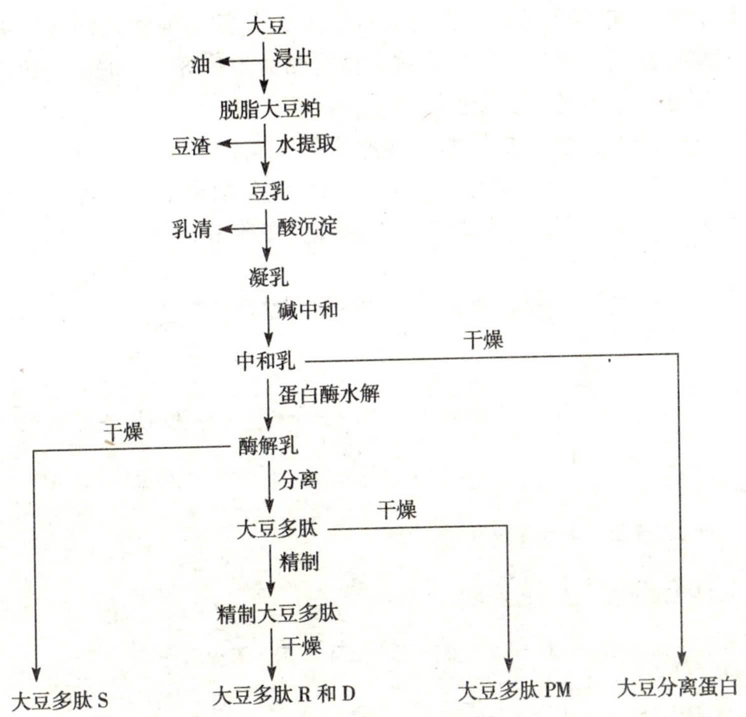

图 17　大豆多肽制备工艺流程图

1∶10 的活性炭粉在 50℃搅拌 30 分钟，冷却过滤，可达到明显的脱色、脱苦效果；脱色脱苦后使大豆多肽溶液缓缓流经阴阳离子交换树脂除去酸沉、中和调浆及水解过程中所加入酸碱生成的盐；最后在 89.325 千帕的真空度下浓缩 30 分钟，即得到成品大豆多肽浓缩液，为澄清的浅黄色溶液，无豆腥和其他任何异味，可直接作为流食食用，亦可与果汁、糖、酸按一定比例制成酸甜适口的蛋白类饮料或喷雾干燥制成粉末。

423. 大豆维生素 E 是如何加工的？

随着维生素 E 用途的扩展，人们研究维生素 E 的积极性空前高涨。80年代以来，有关天然维生素E的提取和精制方面的文献更是屡见报道。这些方法大体可归纳为：溶剂萃取法、化学处理法、吸附与离子交换法、层析法等。

生产天然维生素E的主要原料是植物油厂生产高级精炼油（如色拉油、高级烹调油）的剩余物—脱臭馏出物，通过一系列技术加工生产所得，其生产工艺流程如图所示。

原料 → 酯化工段冷析 → 分离 → 维生素E甲酯混合物 →

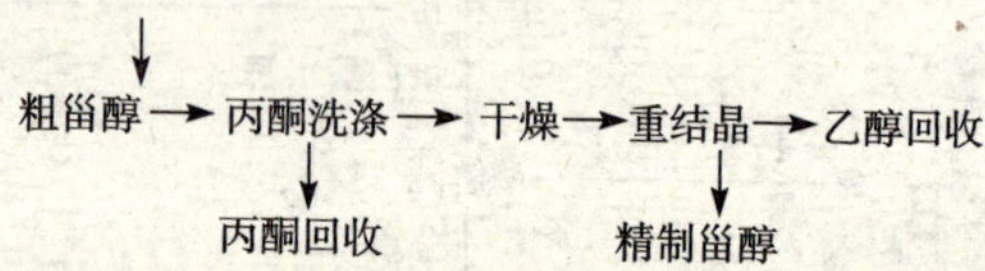

→ 短程蒸馏 → 分子蒸馏

脂肪酸甲酯　商品维生素E

图18　天然维生素E生产工艺流程图

424. 大豆膳食纤维是如何加工的？

大豆膳食纤维一般采用豆渣进行加工，其工艺流程如下：

豆渣→水清洗→分离→均质→碱处理→酶解→灭酶→分离→湿纤维→水洗→干燥→超微粉碎→成品

图19　大豆膳食纤维生产工艺流程图

新鲜豆渣用清水冲洗去除杂质后，用胶体磨均质处理，按原料重量的5.5%加入6%的NaOH溶液，加热至70℃，保持90分钟，将温度降至50℃，用NaOH调pH至中性，加入原料中的0.4%胰蛋白酶，于温度45～50℃保温酶解3小时，用离心机分离去除水分，用清水洗涤滤渣，于80～85℃烘干，用粉碎机粉碎过150目筛后，即得大豆膳食纤维粉。

参 考 文 献

[1] 张子金等．中国大豆育种与栽培．北京：农业出版社，1987
[2] 费家新，仲崇儒主编．中国夏大豆栽培与综合利用．济南：山东科技出版社，1988
[3] 中国种植业信息网种植业数据库 http：//zzys. agri. gov. cn/nongqing/nongqing. asp
[4] 石桂芳，梁芳芝，任洪志等．大豆规范化栽培．郑州：河南科学技术出版社，1991
[5] 余松烈主编．作物栽培学．北京：农业出版社，1980
[6] 李永孝主编．山东大豆．济南：山东科学技术出版社，1999
[7] 李卫东主编．河南大豆审定品种及技术参数．北京：中国农业科技出版社，1997
[8] 李卫东主编．河南大豆改良种质．北京：中国农业科技出版社，1998
[9] 任洪志，李卫东，毛守民．大豆高产专家谈．郑州：中原农民出版社，1997
[10] 雒魁虎，汤其林主编．河南种业 50 年．北京：中国农业科技出版社，2002
[11] 吴建军、郝欣先、蒋惠兰、高建韦．北方夏大豆品种高产基因型特征分析．大豆科学，1995 年 14（1）1～6
[12] 郝欣先、蒋惠兰、吴建军．山东夏大豆品种农艺性状演进和遗传型特征分析．山东农业科学，2000 年 2：4～7
[13] 李卫东等．河南省夏大豆主要农艺性状演变趋势分析．中国油料作物学报，1999（2）
[14] 李卫东等．河南省夏大豆再高产主要农艺性状的量化探讨．华北农学报，1999（4）
[15] 王彦丰等．大豆栽培与病虫害防治．北京：中国农业出版社，1995

[16] 杨庆凯．大豆优质高产栽培技术（全国大豆品种试验技术培训班培训教材）．2002
[17] 高虹等．大豆重迎茬危害及控制技术研究．大豆通报，2001年1期（总字第50期）12～13
[18] 农报．高油大豆高产栽培技术．农村天地，2003年第1期 19～20
[19] 石彦国，任莉．大豆制品工艺学．北京：中国轻工业出版社，1993
[20] 王尔惠．大豆蛋白质生产新工艺．北京：中国轻工业出版社，1999
[21] 李荣和．大豆新加工技术原理于应用．北京：科学技术文献出版社，1998
[22] 仇农学，李建科．大豆制品加工技术．北京：中国轻工业出版社，2000
[23] 李正明，王兰君．植物蛋白生产工艺与配方．北京：中国轻工业出版社，1998
[24] 郑建先．现代新型蛋白和油脂食品开发．北京：科学技术文献出版社，2003
[25] 赵齐川．豆制品加工技艺．北京：金盾出版社，1994
[26] 李小平．粮油食品加工技术．北京：中国轻工业出版社，2000
[27] 陆启玉．油脂化工产品生产技术．北京：化学工业出版社，2003
[28] 汪学德．油脂制备工艺与设备．北京：化学工业出版社，2003
[29] 刘玉兰．植物油脂生产与综合利用．北京：中国轻工业出版社，1999
[30] 倪培德．油脂加工技术．化学工业出版社，2002
[31] 崔洪斌．大豆生物活性物质的开发与应用．中国轻工业出版社，2001
[32] 王俊国等．浅谈大豆油水化工艺操作．中国油脂，1999（3）：30～31
[33] 李家民等．豆粕低温脱溶技术开发与应用．中国油脂，1999（2）：20～21
[34] 钟云尧．对大豆几种预处理工艺的实践和分析．中国油脂，1998（4）：25～27
[35] 柏云爱等．油料预处理的现状与发展趋势．中国油脂，1999（6）：3～5
[36] 李晓霞等．大豆异黄酮、大豆皂甙纯化工艺．粮食与油脂，2003（3）：3～6
[37] 胡学烟等．大豆皂甙的研究进展（Ⅱ）．中国油脂，2001（5）：

81～84
[38] 刘晶莹等．大豆异黄酮精制工艺研究．辽宁化工，2003（10）：428～429
[39] 袁建平等．大豆异黄酮生理活性的研究．中国食品学报，2003（3）：81～84
[40] 王文侠等．大豆低聚糖制备工艺研究．粮油食品科技，1999（1）：4～5
[41] 黄友如，华欲飞，裘爱泳．醇法大豆浓缩蛋白制取工艺的探讨．中国油脂，2002，27（3）：50～52
[42] 刘大川，杨国燕，翁利荣等．超滤膜法制备大豆分离蛋白工艺研究．中国油脂，2003，28（11）：30～34
[43] 朱秀清．豆奶和豆浆有何区别．大豆通报，1995（1）
[44] 朱秀清．豆奶稳定性的影响因素分析及技术措施．大豆通报，1995（6）
[45] 朱秀清．浅谈豆腐凝固剂．大豆通报，1997（4）
[46] 龚振平．大豆优质高效生产技术．哈尔滨：黑龙江省科学技术出版社，2003
[47] 胡国华．无公害大豆安全生产手册．北京：中国农业出版社，2008